本書で学習する内容

本書でWordの基本機能を効率よく学んで、ビジネスで役立つ本物のスキルを身に付けましょう。

Word習得の第一歩
基本操作をマスターしよう

第1章 Wordの基礎知識

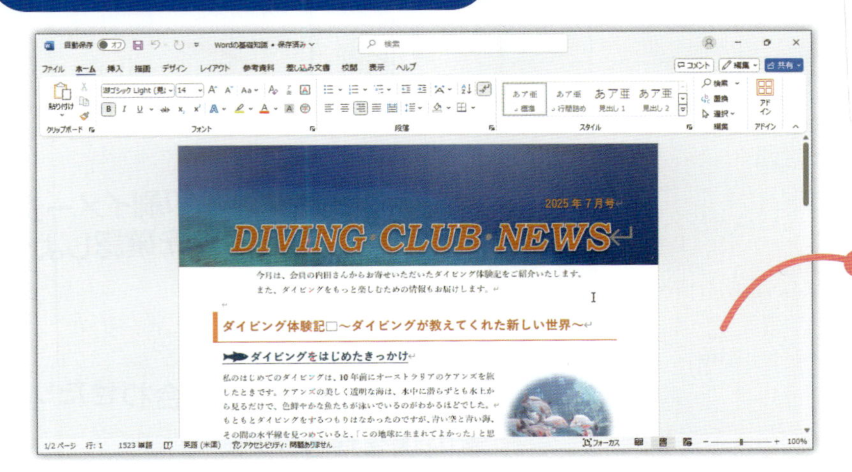

Wordの画面構成や基本操作はOffice共通！ひとつ覚えたらほかのアプリにも応用できる！

第2章 文字の入力

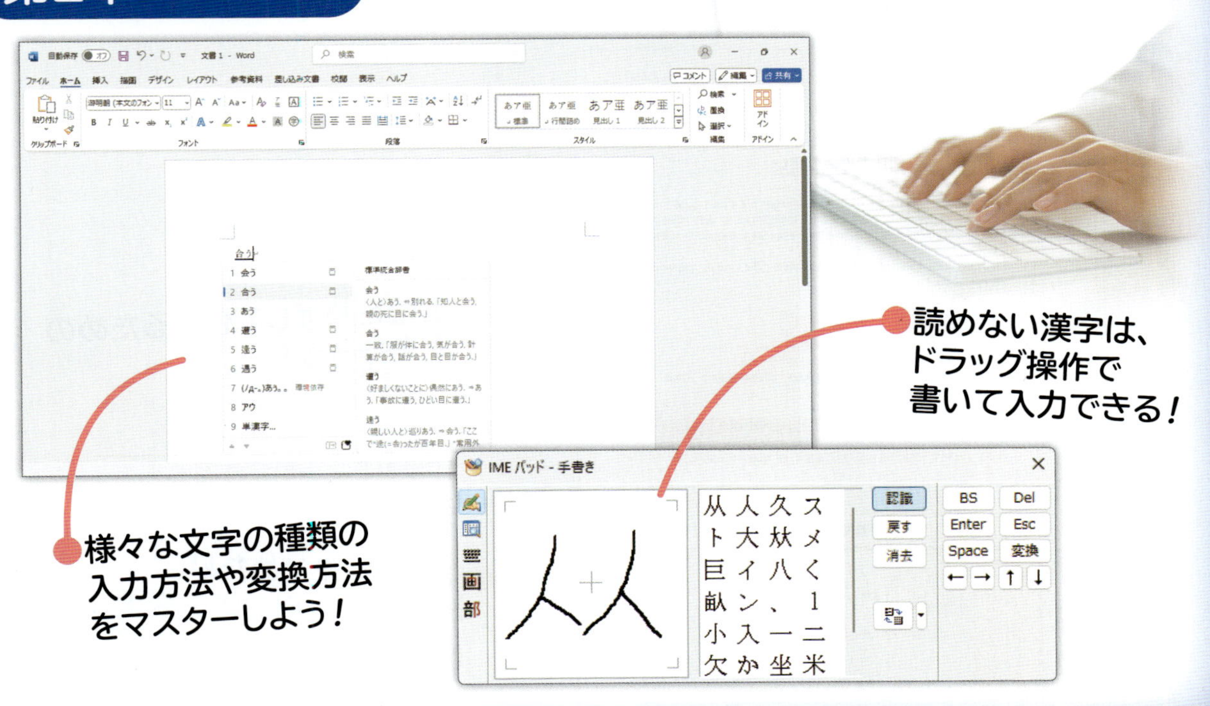

読めない漢字は、ドラッグ操作で書いて入力できる！

様々な文字の種類の入力方法や変換方法をマスターしよう！

基本機能を使って、ビジネス文書を作成しよう

第3章 文書の作成

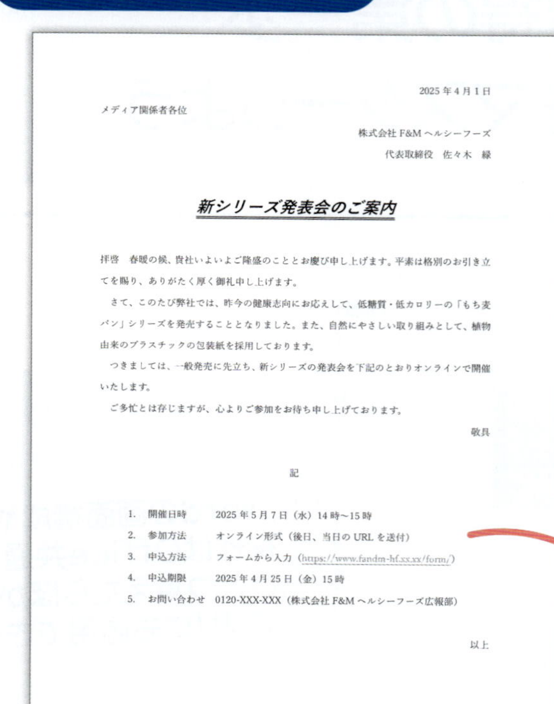

2025 年 4 月 1 日

メディア関係者各位

株式会社 F&M ヘルシーフーズ
代表取締役　佐々木　緑

新シリーズ発表会のご案内

拝啓　春暖の候、貴社いよいよご隆盛のこととお慶び申し上げます。平素は格別のお引き立てを賜り、ありがたく厚く御礼申し上げます。

さて、このたび弊社では、昨今の健康志向にお応えして、低糖質・低カロリーの「もち麦パン」シリーズを発売することとなりました。また、自然にやさしい取り組みとして、植物由来のプラスチックの包装紙を採用しております。

つきましては、一般発売に先立ち、新シリーズの発表会を下記のとおりオンラインで開催いたします。

ご多忙とは存じますが、心よりご参加をお待ち申し上げております。

敬具

記

1. 開催日時　2025 年 5 月 7 日（水）14 時～15 時
2. 参加方法　オンライン形式（後日、当日の URL を送付）
3. 申込方法　フォームから入力（https://www.fandm-hf.xx.xx/form/）
4. 申込期限　2025 年 4 月 25 日（金）15 時
5. お問い合わせ　0120-XXX-XXX（株式会社 F&M ヘルシーフーズ広報部）

以上

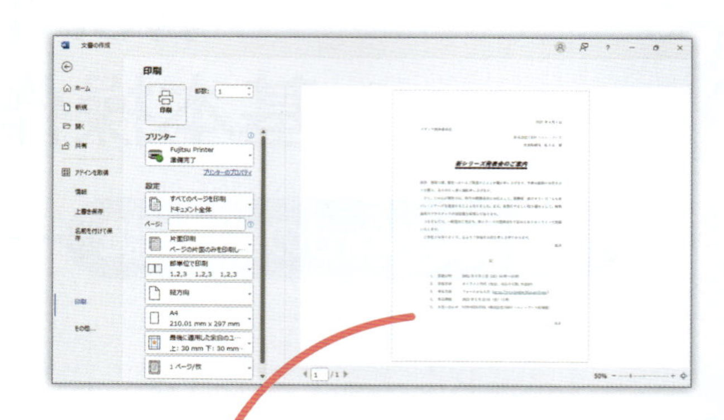

印刷前に、印刷イメージでページ全体を確認しよう！

あいさつ文を入れたり、ビジネス文書の形式に合わせたりして、案内状を作ろう！

第4章 表の作成

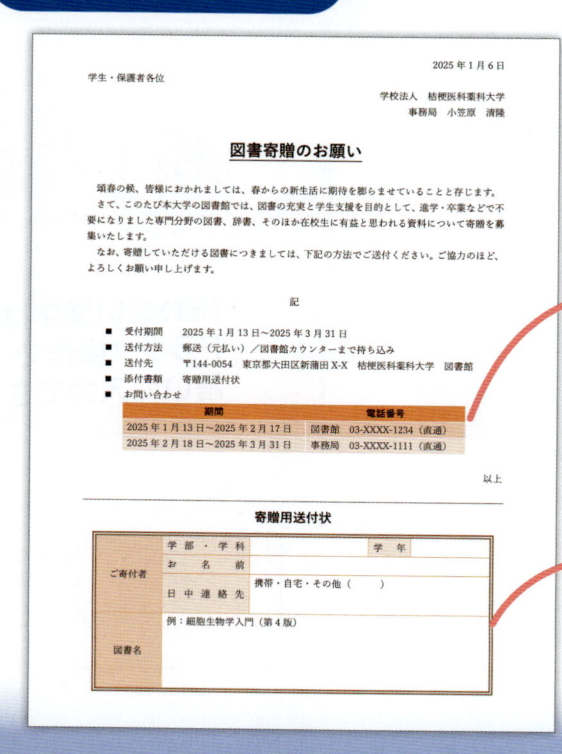

2025 年 1 月 6 日

学生・保護者各位

学校法人　桔梗医科薬科大学
事務局　小笠原　清隆

図書寄贈のお願い

頌春の候、皆様におかれましては、春からの新生活に期待を膨らませていることと存じます。

さて、このたび本大学の図書館では、図書の充実と学生支援を目的として、進学・卒業などで不要になりました専門分野の図書、辞書、そのほか在校生に有益と思われる資料について寄贈を募集いたします。

なお、寄贈していただける図書につきましては、下記の方法でご送付ください。ご協力のほど、よろしくお願い申し上げます。

記

- 受付期間　2025 年 1 月 13 日～2025 年 3 月 31 日
- 送付方法　郵送（元払い）／図書館カウンターまで持ち込み
- 送付先　〒144-0054　東京都大田区新蒲田 X-X　桔梗医科薬科大学　図書館
- 添付書類　寄贈用送付状
- お問い合わせ

期間	電話番号
2025 年 1 月 13 日～2025 年 2 月 17 日	図書館　03-XXXX-1234（直通）
2025 年 2 月 18 日～2025 年 3 月 31 日	事務局　03-XXXX-1111（直通）

以上

寄贈用送付状

ご寄付者	学部・学科		学年	
	お名前			
	日中連絡先	携帯・自宅・その他（　　）		
図書名	例：細胞生物学入門（第 4 版）			

情報を整理して伝えるための表を作ろう！

マス目をまとめたり、行の高さや列の幅を変更したり、表のレイアウトを変更してみよう！

ワンランク上の
編集テクニックを習得しよう

第5章 文書の編集

市報わかば　6月号

市民講座のご案内

わかば市市民講座では、市民の皆様の生活に役に立つ内容を毎月ご紹介しています。
今月のテーマは「デジタル情報の管理方法」です。今月から、市民講座はオンラインで開催します。ご自宅のパソコンやスマートフォンからお気軽にご参加ください。

◆講座「デジタル情報の管理方法」◆

この講座では、パスワードの管理やデータのバックアップ、もしものときの備えなど、ご自宅でのデジタル情報の安全な管理方法についてご紹介します。

- 開催日　2025年7月5日（土）、19日（土）※どちらも同じ内容です。
- 時　間　13時～14時
- 受講方法　オンライン
- 参加費　無料

◆お申し込み◆

参加をご希望の方は、ホームページ、電話、ファクスのいずれかで、わかば市役所
課までお申し込みください。お申し込みの期限は、2025年7月4日（金）15時で

㊟電話がつながらない場合、ホームページからご連絡ください。折り返しご連絡

わかば市役所　デジタル推進課
ホームページ：https://www.wakaba-city.xx.xx/
電話番号：XXX-XXX-XXXX
ファクス：YYY-YYY-YYYY

ドロップキャップ、均等割り付け、囲い文字、ルビなどWordのワンランク上の編集テクニックを身に付けよう！

特定の位置に文字をそろえたり、文章を複数の段に分けて配置したり、読みやすい文書を作成しよう！

◆接続方法のお問い合わせ◆

接続方法についてご不安な方は、講座にお申し込み後、以下の担当までご相談ください。

わかば市役所　デジタル推進課……………………担当：王生　花音
TEL：XXX-XXX-XXXX
MAIL：ikurumi@wakaba-city.xx.xx

◆講座内容◆

第1部　情報を守る

忘れてしまうからと、生年月日などの簡単なパスワードを設定したり、同じパスワードを使いまわしたりしていませんか？パスワードが見破られてしまうかもしれませんよ。パスワードの決め方や管理方法などを解説します。

(1) パスワードの設定
・身近な情報をパスワードにしていませんか？
・同じパスワードを使っていませんか？
・パスワードの適切な長さって？
(2) パスワードの管理
・初期パスワードのまま使っていませんか？
・パスワードを人前で入力していませんか？
・念のためと他人に教えていませんか？
(3) ウイルス対策
・ウイルスってなに？
・Windows Update ってなに？

第2部　情報の管理

予期せぬ落雷や停電などでパソコンなどの機器が故障したり、ウイルスの感染などでデータが破損したりしてしまうことがあります。パソコンのデータ管理を中心に、大切なデータを管理する方法などを解説します。

(1) 施設・設備の管理
・落雷による雷サージを防ぐには？
(2) データのバックアップ
・バックアップする理由は？
・どのデータをバックアップするの？
・どこにバックアップするの？
・バックアップしたデータの保管方法は？

2

視覚に訴える文書を作ってみよう

第6章 表現力をアップする機能

第２回　親子料理教室

いちごジャム作り

こんにちは！ニコニコ SUN キッチンです。
今回の親子料理教室は、簡単でおいしい「いちごジャム作り」です。

■家族で COOKING！

お子さんと一緒にご参加いただくのは、お父さん、お母さん、おじいちゃん、おばあちゃん、15 歳以上の方となら、どなたとでも OK です。ジャムの味は、「甘め」「ふつう」「甘さ控えめ」からお好みでお選びいただけます。オリジナルのいちごジャムを作りましょう。

■作りたてのジャムで LUNCH！

併設のカフェスペースで、食パンやヨーグルト、チーズケーキなどをご用意しています。
作りたてのジャムでランチにしませんか？

■詳細

- 開催日時：2025 年 3 月 22 日（土）10 時～12 時
- 対　象：小学生～中学生とその保護者（定員：6 組 12 名）
- 参加費：1 人 1,000 円（カフェご利用の場合はプラス 1,000 円）
- 場　所：ニコニコ SUN キッチンスタジオ
- 持ち物：エプロン、三角巾、布巾 2 枚、マスク、筆記用具

ニコニコ SUN キッチン

住所：横浜市港北区 X-X-X　営業時間：9 時 30 分～18 時
TEL：045-XXX-XXXX　URL：https://www.2525sunk.xx.xx/

文書全体の配色やフォントなどを一括設定しよう！

ページの周囲に飾りの罫線を引いて強調しよう！

インパクトのある文字や写真を使って、表現力をアップしよう！

便利な機能を使いこなそう

第7章 便利な機能

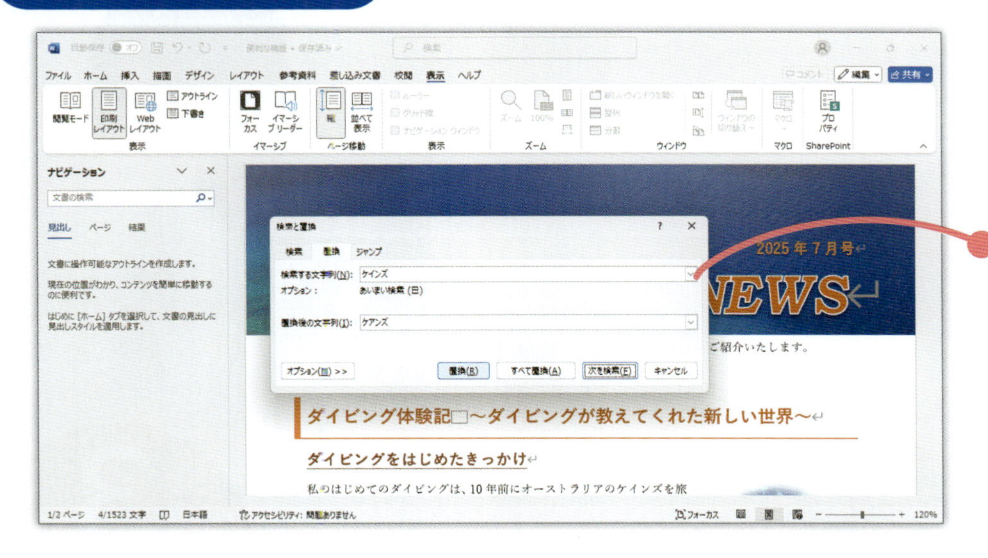

文書内の単語を検索したり、ほかの単語に置き換えたりできる！

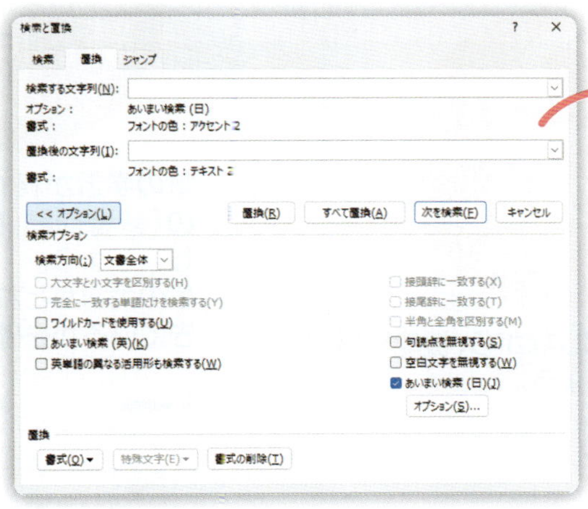

文字の色などの書式の置換もできる！

PDFファイルは、配布するのに最適。文書をPDFファイルとして保存しよう！

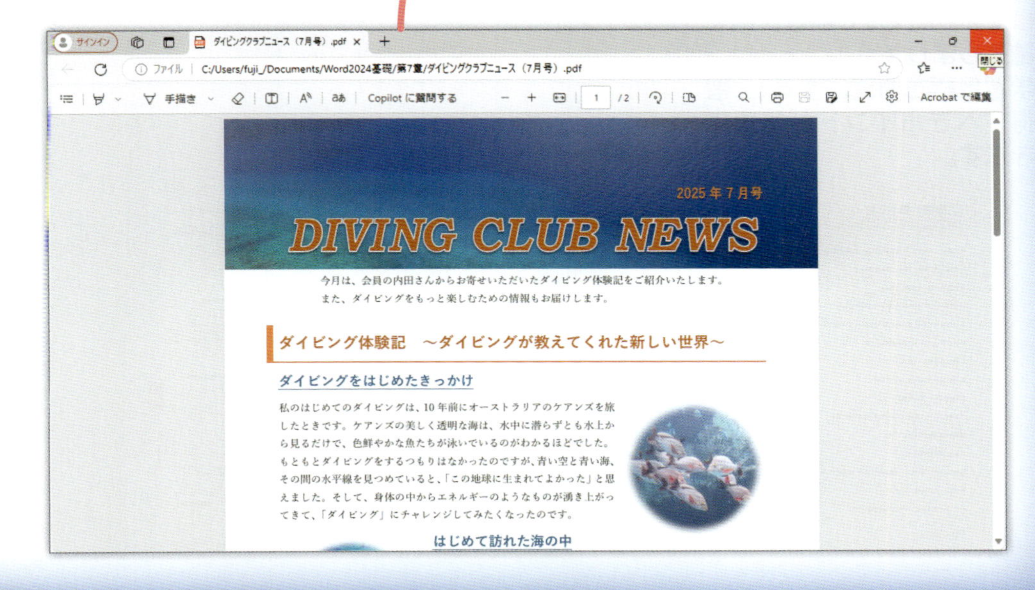

本書を使った学習の進め方

1 学習目標を確認

学習をはじめる前に、「**この章で学ぶこと**」で学習目標を確認しましょう。
学習目標を明確にすると、習得すべきポイントが整理できます。

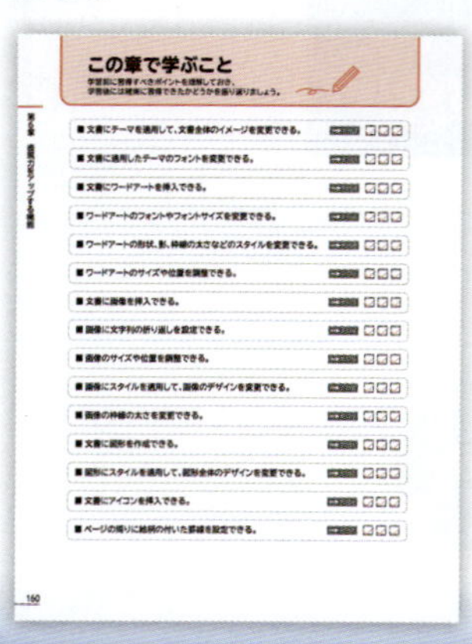

この章で学ぶこと

■ 文書にテーマを適用して、文書全体のイメージを変更できる。
■ 文書に適用したテーマのフォントを変更できる。
■ 文書にワードアートを挿入できる。
■ ワードアートのフォントやフォントサイズを変更できる。
■ ワードアートの形状、影、枠線の太さなどのスタイルを変更できる。
■ ワードアートのサイズや位置を調整できる。
■ 文書に画像を挿入できる。
■ 画像に文字列の折り返しを設定できる。
■ 画像のサイズや位置を調整できる。
■ 画像にスタイルを適用して、画像のデザインを変更できる。
■ 画像の枠線の太さを変更できる。
■ 文書に図形を作成できる。
■ 図形にスタイルを適用して、図形全体のデザインを変更できる。
■ 文書にアイコンを挿入できる。
■ ページの周りに絵柄の付いた罫線を設定できる。

160

2 章の学習

学習目標を意識しながら、機能や操作を学習しましょう。

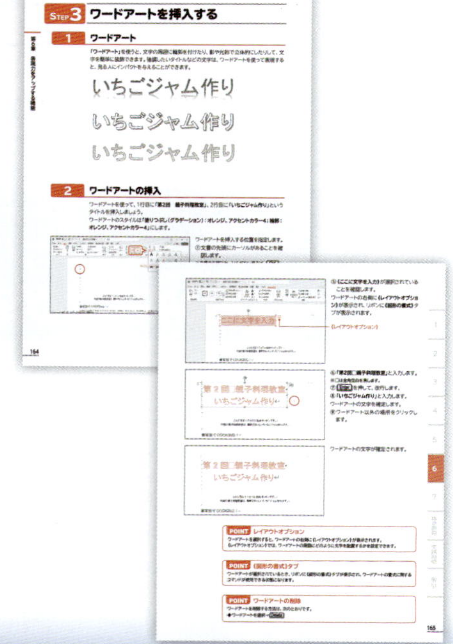

STEP3 ワードアートを挿入する

1 ワードアート

いちごジャム作り
いちごジャム作り
いちごジャム作り

2 ワードアートの挿入

POINT レイアウトオプション

POINT ［図形の書式］タブ

POINT ワードアートの削除

164 165

3 練習問題にチャレンジ

章の学習が終わったら、章末の「**練習問題**」にチャレンジしましょう。
章の内容がどれくらい理解できているかを確認できます。

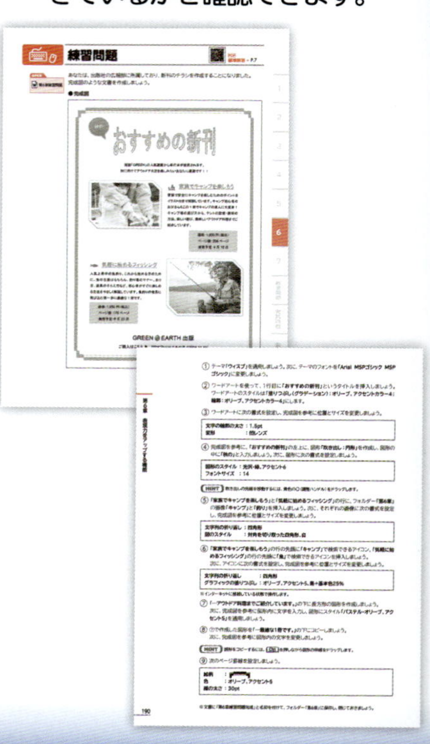

練習問題

おすすめの新刊

GREEN＠EARTH 出版

190

本書の各章は、次のような流れで学習を進めると、効果的な構成になっています。

4 学習成果をチェック

章のはじめの「**この章で学ぶこと**」に戻って、学習目標を達成できたかどうかをチェックしましょう。
十分に習得できなかった内容については、該当ページを参照して復習しましょう。

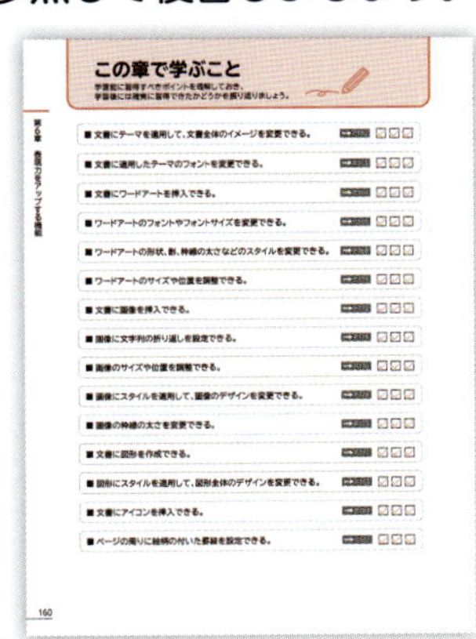
この章で学ぶこと
- 文書にテーマを適用して、文書全体のイメージを変更できる。
- 文書に適用したテーマのフォントを変更できる。
- 文書にワードアートを挿入できる。
- ワードアートのフォントやフォントサイズを変更できる。
- ワードアートの形状、影、枠線の太さなどのスタイルを変更できる。
- ワードアートのサイズや位置を調整できる。
- 文書に画像を挿入できる。
- 画像に文字列の折り返しを設定できる。
- 画像のサイズや位置を調整できる。
- 画像にスタイルを適用して、画像のデザインを変更できる。
- 画像の枠線の太さを変更できる。
- 文書に図形を作成できる。
- 図形にスタイルを適用して、図形全体のデザインを変更できる。
- 文書にアイコンを挿入できる。
- ページの周りに絵柄の付いた罫線を設定できる。

160

5 総合問題にチャレンジ

すべての章の学習が終わったら、「**総合問題**」にチャレンジしましょう。
本書の内容がどれくらい理解できているかを確認できます。

総合問題7

Le Jardin de Piano

218

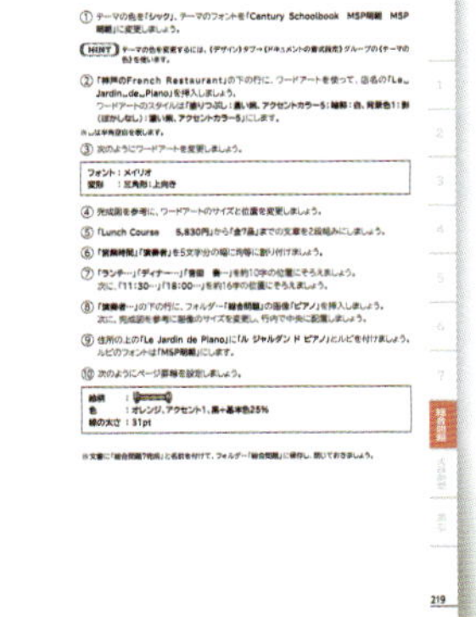
219

6 実践問題で力試し

本書の学習の仕上げに、「**実践問題**」にチャレンジしてみましょう。
Wordをどれくらい使いこなせるようになったかを確認できます。

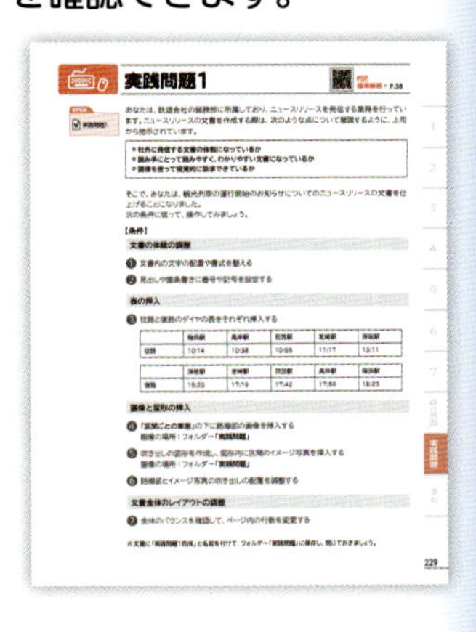
実践問題1

229

実践問題で力試し

本書の学習の仕上げに、実践問題にチャレンジしてみましょう。

実践問題は、どのような成果物を仕上げればいいのかを自ら考えて解く問題です。
問題文に記載されているビジネスシーンにおける上司や先輩からの指示・アドバイス、条件をもとに、Wordの機能や操作手順を考えながら問題にチャレンジしてみましょう。
標準解答の完成例と同じに仕上げる必要はありません。自分で最適と思える方法で操作してみましょう。

実践問題1

PDF 標準解答 ▶ P.38

OPEN 実践問題1

あなたは、鉄道会社の総務部に所属しており、ニュースリリースを発信する業務を行っています。ニュースリリースの文書を作成する際は、次のような点について意識するように、上司から指示されています。

- 社外に発信する文書の体裁になっているか
- 読み手にとって読みやすく、わかりやすい文書になっているか
- 画像を使って視覚的に訴求できているか

そこで、あなたは、観光列車の運行開始のお知らせについてのニュースリリースの文書を
上げることになりました。
次の条件に従って、操作してみましょう。

【条件】

文書の体裁の調整

❶ 文書内の文字の配置や書式を整える

❷ 見出しや箇条書きに番号や記号を設定する

表の挿入

❸ 往路と復路のダイヤの表をそれぞれ挿入する

	梅浜駅	高岸駅	日笠駅	芝崎駅	深坂駅
往路	10:14	10:38	10:55	11:17	13:11

	深坂駅	芝崎駅	日笠駅	高岸駅	梅浜駅
復路	15:25	17:19	17:42	17:59	18:23

画像と図形の挿入

❹「**区間ごとの車窓**」の下に路線図の画像を挿入する
画像の場所：フォルダー「**実践問題**」

❺ 吹き出しの図形を作成し、図形内に区間のイメージ写真を挿入する
画像の場所：フォルダー「**実践問題**」

❻ 路線図とイメージ写真の吹き出しの配置を調整する

文書全体のレイアウトの調整

229

問題文で、ビジネスシーンや上司からの指示、先輩からのアドバイスを確認！
操作するうえでの条件を確認！
どの機能を使う？
どういう手順で行う？
自分で考えて操作しよう！
梅浜駅
高岸駅
日笠駅
芝崎駅
深坂駅

はじめに

多くの書籍の中から、**「Word 2024基礎 Office 2024／Microsoft 365対応」**を手に取っていただき、ありがとうございます。
本書は、これからWordをお使いになる方を対象に、文字の入力から文書の作成、印刷までの基本操作や、表現力のある文書作成に役立つ表、図形、画像などの機能についてわかりやすく解説しています。
また、各章末の練習問題、総合問題、そして実務を想定した実践問題の3種類の練習問題を用意しています。これらの多様な問題を通して学習内容を復習することで、Wordの操作方法を確実にマスターできます。

巻末には、作業の効率化に役立つ**「ショートカットキー一覧」**を収録しています。

本書は、根強い人気の**「よくわかる」**シリーズの開発チームが、積み重ねてきたノウハウをもとに作成しており、講習会や授業の教材としてご利用いただくほか、自己学習の教材としても最適です。

本書を学習することで、Wordの知識を深め、実務にいかしていただければ幸いです。

本書を購入される前に必ずご一読ください
本書に記載されている操作方法は、2025年1月時点の次の環境で動作確認しております。
・Windows 11（バージョン24H2　ビルド26100.2894）
・Word 2024（バージョン2411　ビルド16.0.18227.20082）
本書発行後のWindowsやOfficeのアップデートによって機能が更新された場合には、本書の記載のとおりに操作できなくなる可能性があります。あらかじめご了承のうえ、ご購入・ご利用ください。

2025年3月17日
FOM出版

目次

■第4章　表の作成 101

練習問題・総合問題・実践問題の標準解答は、FOM出版のホームページで提供しています。P.5「5 学習ファイルと標準解答のご提供について」を参照してください。

本書をご利用いただく前に

本書で学習を進める前に、ご一読ください。

1 本書の記述について

操作の説明のために使用している記号には、次のような意味があります。

記述	意味	例
□	キーボード上のキーを示します。	Ctrl　Enter
□＋□	複数のキーを押す操作を示します。	Ctrl＋End （Ctrlを押しながらEndを押す）
《　》	ボタン名やダイアログボックス名、タブ名、項目名など画面の表示を示します。	《コピー》をクリックします。 《ページ設定》ダイアログボックスが表示されます。 《レイアウト》タブを選択します。
「　」	重要な語句や機能名、画面の表示、入力する文字などを示します。	「編集記号」といいます。 「拝啓」と入力します。

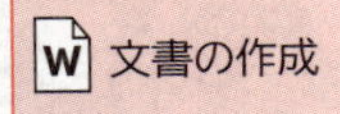

学習の前に開くファイル

知っておくべき重要な内容

STEP UP　知っていると便利な内容

※　補足的な内容や注意すべき内容

Let's Try　学習した内容の確認問題

確認問題の答え

HINT　問題を解くためのヒント

2 製品名の記載について

本書では、次の名称を使用しています。

正式名称	本書で使用している名称
Windows 11	Windows 11 または Windows
Microsoft Word 2024	Word 2024 または Word

3 学習環境について

本書を学習するには、次のソフトが必要です。
また、インターネットに接続できる環境で学習することを前提にしています。

Word 2024　または　Microsoft 365のWord

◆本書の開発環境

本書を開発した環境は、次のとおりです。

OS	Windows 11 Pro（バージョン24H2　ビルド26100.2894）
アプリ	Microsoft Office Home and Business 2024 Word 2024（バージョン2411　ビルド16.0.18227.20082）
ディスプレイの解像度	1280×768ピクセル
その他	・WindowsにMicrosoftアカウントでサインインし、インターネットに接続した状態 ・OneDriveと同期していない状態

※本書は、2025年1月時点のWord 2024またはMicrosoft 365のWordに基づいて解説しています。
今後のアップデートによって機能が更新された場合には、本書の記載のとおりに操作できなくなる可能性があります。

POINT OneDriveの設定

WindowsにMicrosoftアカウントでサインインすると、同期が開始され、パソコンに保存したファイルがOneDriveに自動的に保存されます。初期の設定では、デスクトップ、ドキュメント、ピクチャの3つのフォルダーがOneDriveと同期するように設定されています。
本書はOneDriveと同期していない状態で操作しています。
OneDriveと同期している場合は、一時的に同期を停止すると、本書の記載と同じ手順で学習できます。
OneDriveとの同期を一時停止および再開する方法は、次のとおりです。

一時停止

◆通知領域の《OneDrive》→《ヘルプと設定》→《同期の一時停止》→停止する時間を選択
※時間が経過すると自動的に同期が開始されます。

再開

◆通知領域の《OneDrive》→《ヘルプと設定》→《同期の再開》

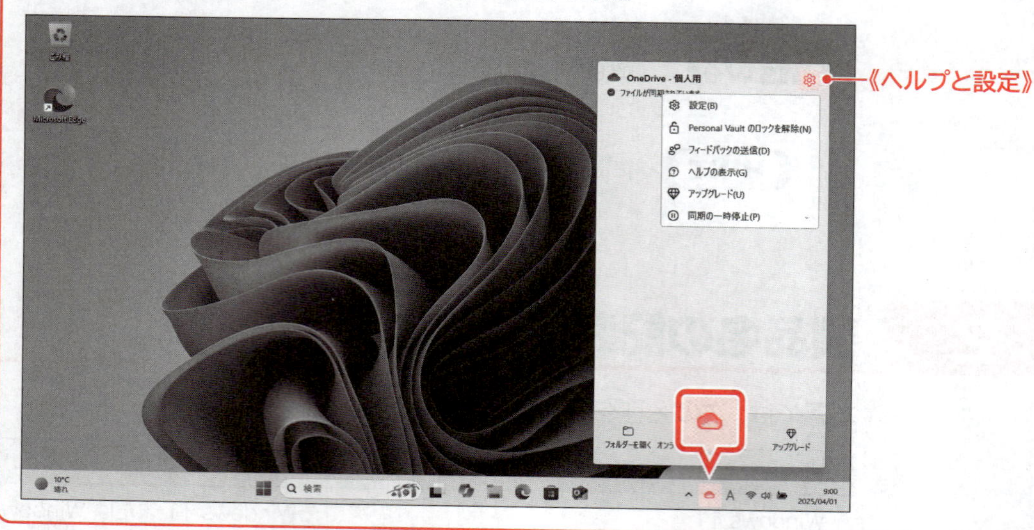

4 学習時の注意事項について

お使いの環境によっては、次のような内容について本書の記載と異なる場合があります。
ご確認のうえ、学習を進めてください。

◆画面図のボタンの形状

本書に掲載している画面図は、ディスプレイの解像度を**「1280×768ピクセル」**、ウィンドウを最大化した環境を基準にしています。
ディスプレイの解像度やウィンドウのサイズなど、お使いの環境によっては、画面図のボタンの形状やサイズ、位置が異なる場合があります。
ボタンの操作は、ポップヒントに表示されるボタン名を参考に操作してください。

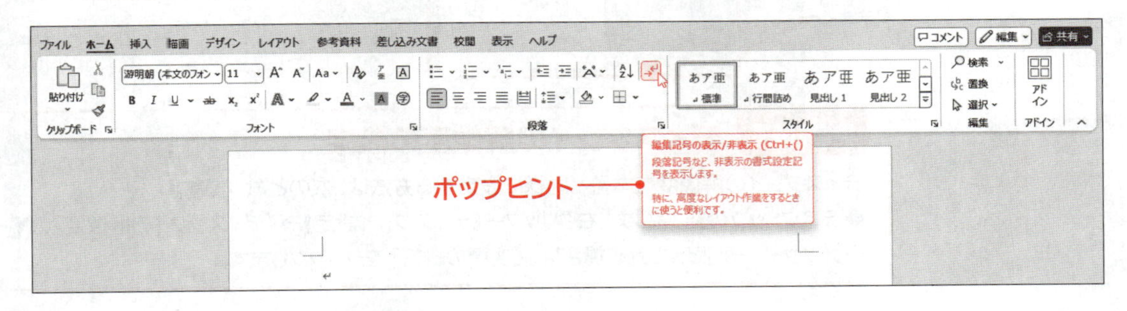

ディスプレイの解像度が高い場合／ウィンドウのサイズが大きい場合

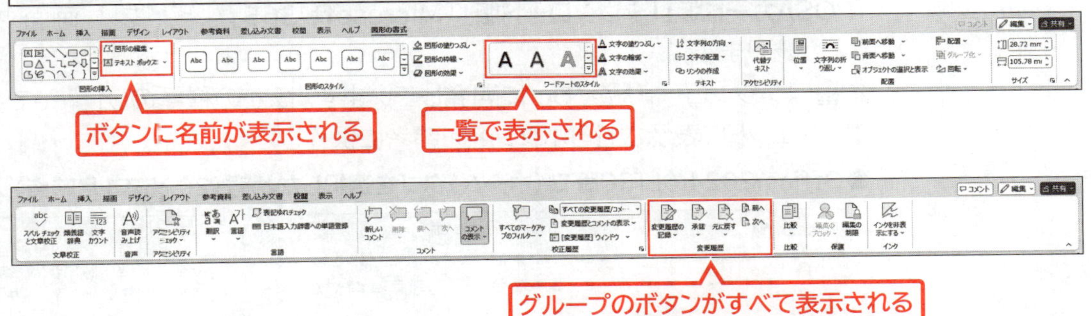

ディスプレイの解像度が低い場合／ウィンドウのサイズが小さい場合

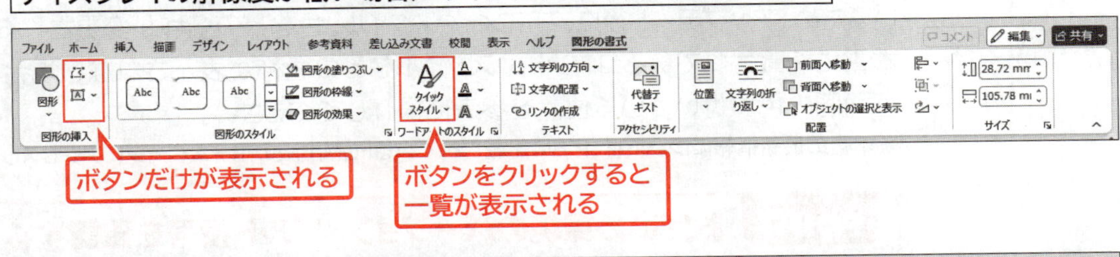

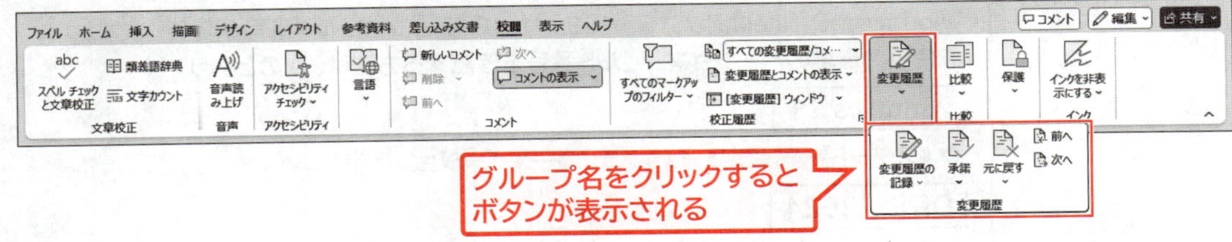

◆《ファイル》タブの《その他》コマンド

《ファイル》タブのコマンドは、画面の左側に一覧で表示されます。お使いの環境によっては、下側のコマンドが**《その他》**にまとめられている場合があります。目的のコマンドが表示されていない場合は、**《その他》**をクリックしてコマンドを表示してください。

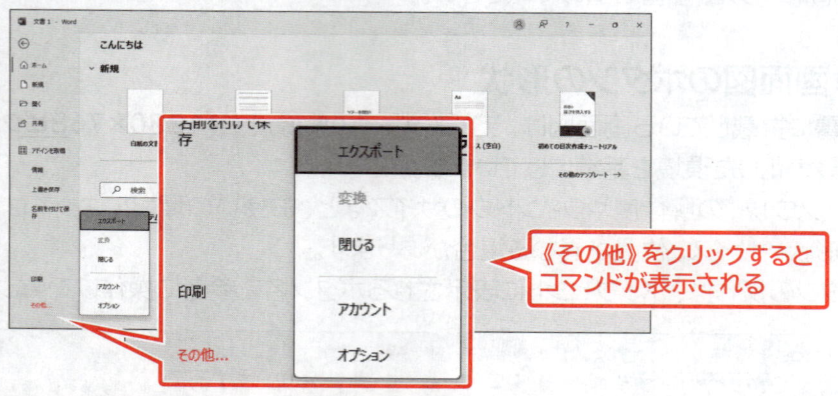

POINT ディスプレイの解像度の設定

ディスプレイの解像度を本書と同様に設定する方法は、次のとおりです。

◆デスクトップの空き領域を右クリック→《ディスプレイ設定》→《ディスプレイの解像度》の▼→《1280×768》

※メッセージが表示される場合は、《変更の維持》をクリックします。

◆Officeの種類に伴う注意事項

Microsoftが提供するOfficeには**「ボリュームライセンス（LTSC）版」「プレインストール版」「POSAカード版」「ダウンロード版」「Microsoft 365」**などがあり、画面やコマンドが異なることがあります。

本書はダウンロード版をもとに開発しています。ほかの種類のOfficeで操作する場合は、ポップヒントに表示されるボタン名を参考に操作してください。

●Office 2024のLTSC版で《ホーム》タブを選択した状態（2025年1月時点）

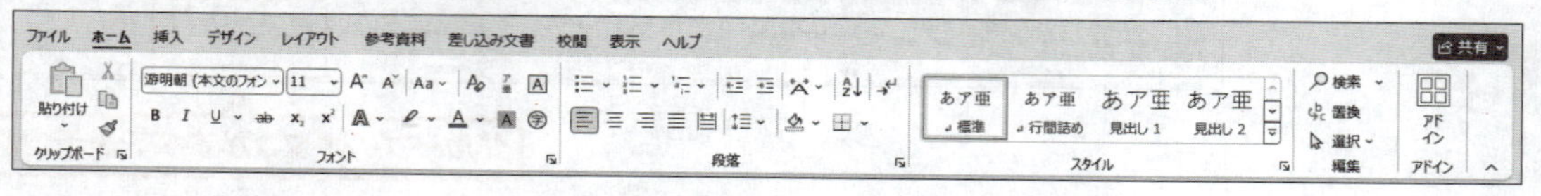

◆アップデートに伴う注意事項

WindowsやOfficeは、アップデートによって不具合が修正され、機能が向上する仕様となっているため、アップデート後に、コマンドやスタイル、色などの名称が変更される場合があります。

本書に記載されているコマンドやスタイルなどの名称が表示されない場合は、掲載している画面図の色が付いている位置を参考に操作してください。

※本書の最新情報については、P.8に記載されているFOM出版のホームページにアクセスして確認してください。

POINT お使いの環境のバージョン・ビルド番号を確認する

WindowsやOfficeはアップデートにより、バージョンやビルド番号が変わります。
お使いの環境のバージョン・ビルド番号を確認する方法は、次のとおりです。

Windows 11

◆《スタート》→《設定》→《システム》→《バージョン情報》

Office 2024

◆《ファイル》タブ→《アカウント》→《（アプリ名）のバージョン情報》

※お使いの環境によっては、《アカウント》が表示されていない場合があります。その場合は、《その他》→《アカウント》をクリックします。

5 学習ファイルと標準解答のご提供について

本書で使用する学習ファイルと標準解答のPDFファイルは、FOM出版のホームページで提供しています。

ホームページアドレス

https://www.fom.fujitsu.com/goods/

※アドレスを入力するとき、間違いがないか確認してください。

ホームページ検索用キーワード

FOM出版

1 学習ファイル

学習ファイルはダウンロードしてご利用ください。

◆ダウンロード

学習ファイルをダウンロードする方法は、次のとおりです。

①ブラウザーを起動し、FOM出版のホームページを表示します。
※アドレスを直接入力するか、キーワードでホームページを検索します。
②**《ダウンロード》**をクリックします。
③**《アプリケーション》**の**《Word》**をクリックします。
④**《Word 2024基礎 Office 2024／Microsoft 365対応　FPT2416》**をクリックします。
⑤**《学習ファイル》**の**《学習ファイルのダウンロード》**をクリックします。
⑥本書に関する質問に回答します。
⑦学習ファイルの利用に関する説明を確認し、**《OK》**をクリックします。
⑧**《学習ファイル》**の「**fpt2416.zip**」をクリックします。
⑨ダウンロードが完了したら、ブラウザーを終了します。
※ダウンロードしたファイルは、《ダウンロード》に保存されます。

◆ダウンロードしたファイルの解凍

ダウンロードしたファイルは圧縮されているので、解凍（展開）します。ダウンロードしたファイル「**fpt2416.zip**」を**《ドキュメント》**に解凍する方法は、次のとおりです。

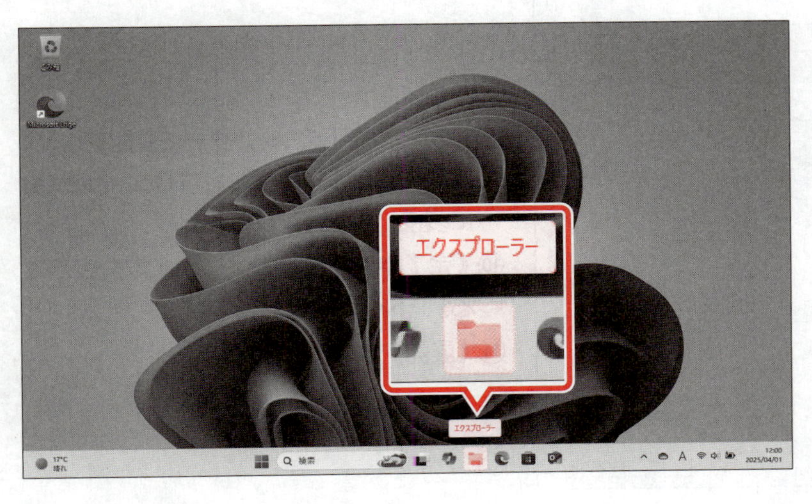

①デスクトップ画面を表示します。
②タスクバーの**《エクスプローラー》**をクリックします。

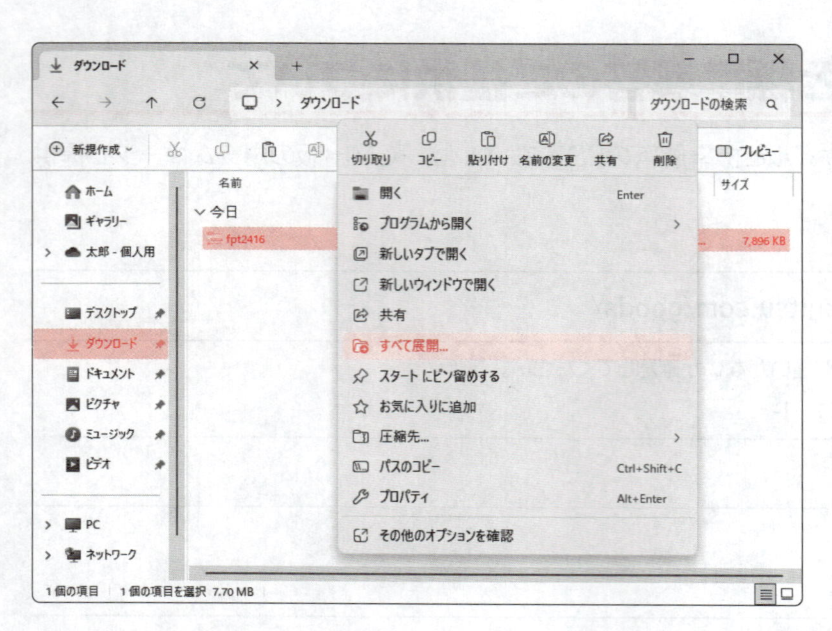

③《**ダウンロード**》をクリックします。

④ファイル「**fpt2416**」を右クリックします。

⑤《**すべて展開**》をクリックします。

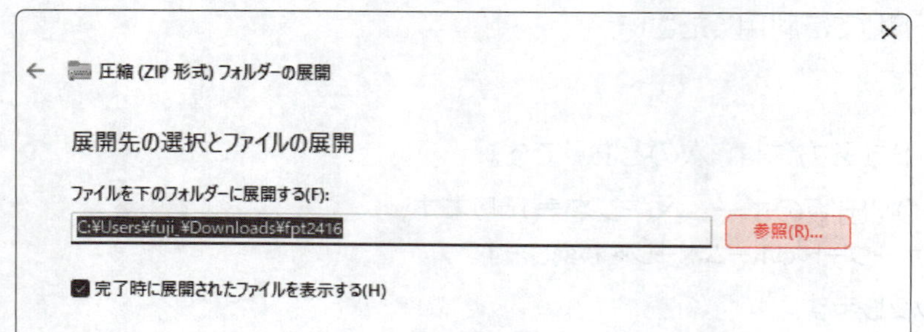

⑥《**参照**》をクリックします。

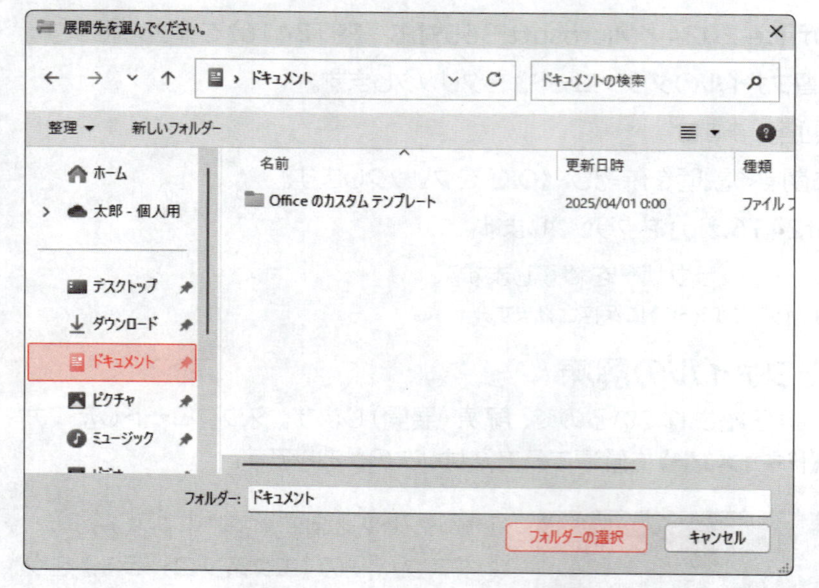

⑦左側の一覧から《**ドキュメント**》を選択します。

※《ドキュメント》が表示されていない場合は、スクロールして調整します。

⑧《**フォルダーの選択**》をクリックします。

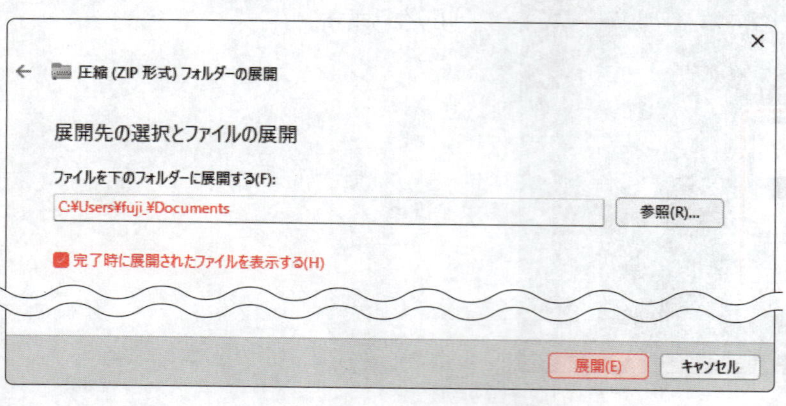

⑨《**ファイルを下のフォルダーに展開する**》が「**C:¥Users¥(ユーザー名)¥Documents**」に変更されます。

⑩《**完了時に展開されたファイルを表示する**》を☑にします。

⑪《**展開**》をクリックします。

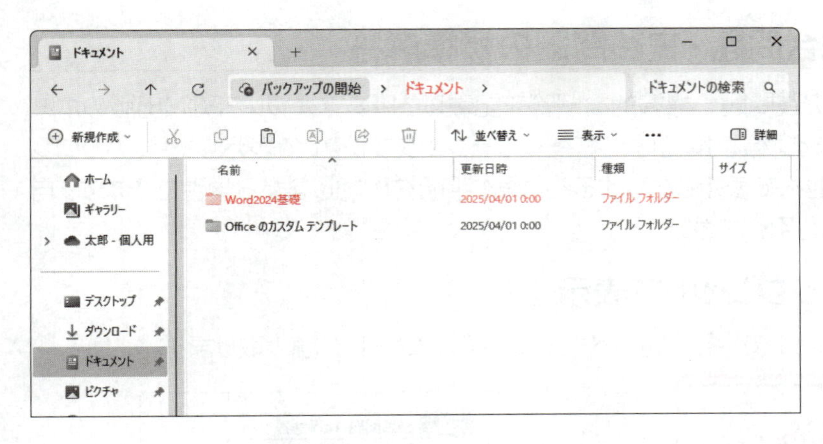

⑫ファイルが解凍され、**《ドキュメント》**が開かれます。

⑬フォルダー**「Word2024基礎」**が表示されていることを確認します。

※すべてのウィンドウを閉じておきましょう。

◆学習ファイルの一覧

フォルダー**「Word2024基礎」**には、学習ファイルが入っています。タスクバーの**《エクスプローラー》**→**《ドキュメント》**をクリックし、一覧からフォルダーを開いて確認してください。

※ご利用の前に、フォルダー内の「ご利用の前にお読みください.pdf」をご確認ください。

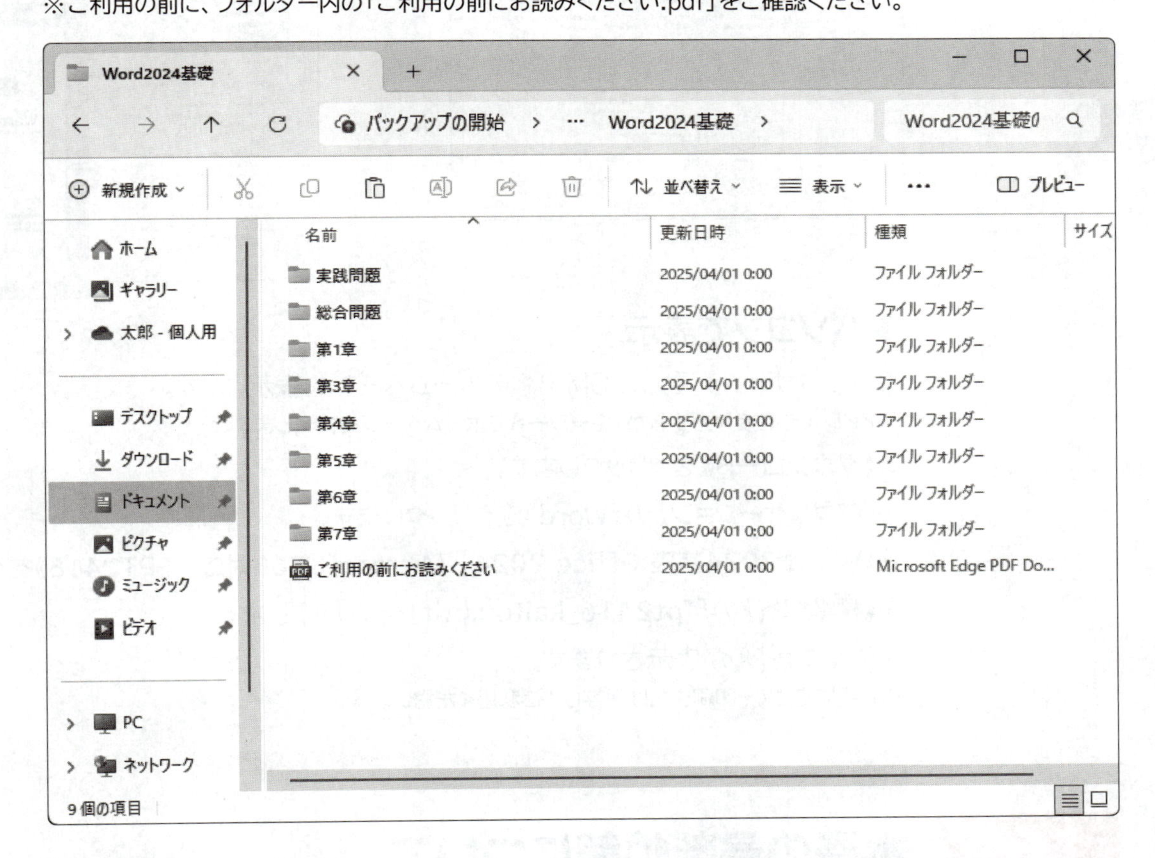

◆学習ファイルの場所

本書では、学習ファイルの場所を**《ドキュメント》**内のフォルダー**「Word2024基礎」**としています。**《ドキュメント》**以外の場所に解凍した場合は、フォルダーを読み替えてください。

◆学習ファイル利用時の注意事項

ダウンロードした学習ファイルを開く際、そのファイルが安全かどうかを確認するメッセージが表示される場合があります。学習ファイルは安全なので、**《編集を有効にする》**をクリックして、編集可能な状態にしてください。

2 練習問題・総合問題・実践問題の標準解答

練習問題・総合問題・実践問題の標準的な解答を記載したPDFファイルをFOM出版のホームページで提供しています。標準解答は、スマートフォンやタブレットで表示したり、パソコンでWordのウィンドウを並べて表示したりすると、操作手順を確認しながら学習できます。自分にあったスタイルでご利用ください。

◆スマートフォン・タブレットで表示

①スマートフォン・タブレットで、各問題のページにあるQRコードを読み取ります。

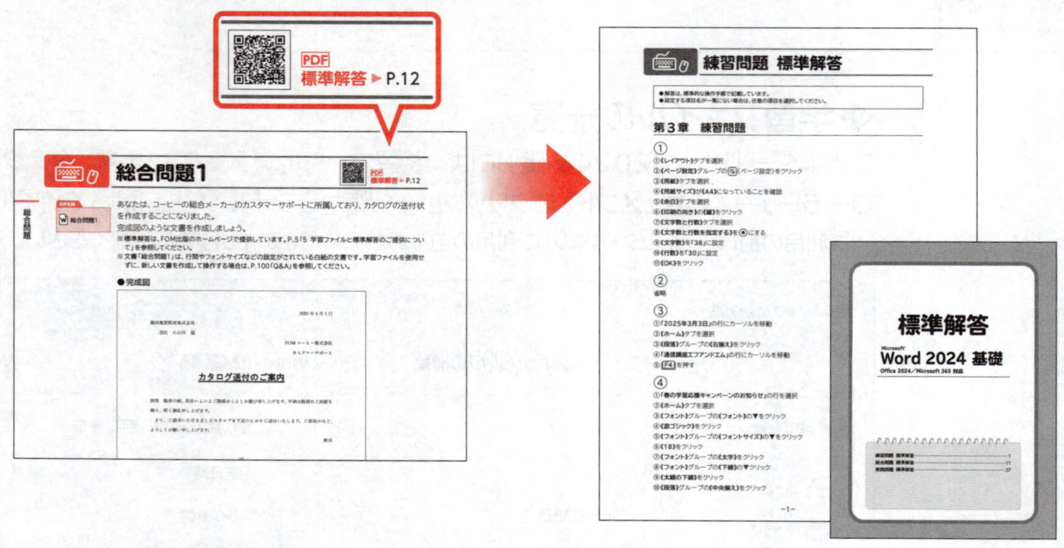

◆パソコンで表示

①ブラウザーを起動し、FOM出版のホームページを表示します。
※アドレスを直接入力するか、キーワードでホームページを検索します。

②《ダウンロード》をクリックします。

③《アプリケーション》の《Word》をクリックします。

④《Word 2024基礎 Office 2024／Microsoft 365対応　FPT2416》をクリックします。

⑤《標準解答》の「fpt2416_kaitou.pdf」をクリックします。

⑥PDFファイルが表示されます。
※必要に応じて、印刷または保存してご利用ください。

6 本書の最新情報について

本書に関する最新のQ＆A情報や訂正情報、重要なお知らせなどについては、FOM出版のホームページでご確認ください。

ホームページアドレス

https://www.fom.fujitsu.com/goods/

※アドレスを入力するとき、間違いがないか確認してください。

ホームページ検索用キーワード

FOM出版

第1章

Wordの基礎知識

この章で学ぶこと

学習前に習得すべきポイントを理解しておき、
学習後には確実に習得できたかどうかを振り返りましょう。

■ Wordで何ができるかを説明できる。 → P.11

■ Wordを起動できる。 → P.14

■ Wordのスタート画面の使い方を説明できる。 → P.15

■ 既存の文書を開くことができる。 → P.16

■ Wordの画面の各部の名称や役割を説明できる。 → P.18

■ 画面をスクロールして、文書の内容を確認できる。 → P.20

■ 表示モードの違いを理解し、使い分けることができる。 → P.21

■ 文書の表示倍率を変更できる。 → P.24

■ 文書を閉じることができる。 → P.26

■ Wordを終了できる。 → P.28

STEP 1 Wordの概要

1 Wordの概要

「Word」は、文書を作成するためのアプリです。効率よく文字を入力したり、表やイラスト・写真・図形などを使って表現力豊かな文書を作成したりできます。
Wordには、主に次のような機能があります。

1 文字の入力

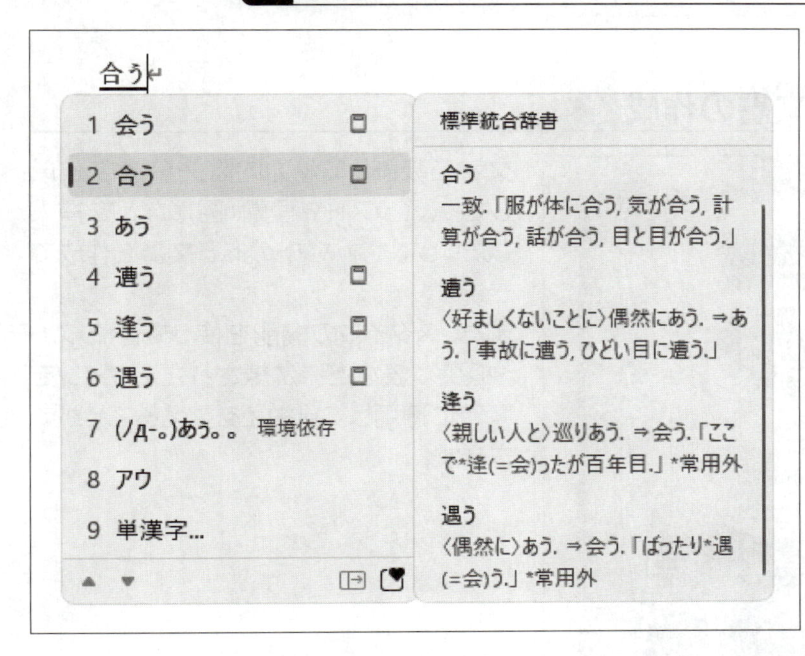

日本語入力システム「IME」を使って文字をスムーズに入力できます。
入力済みの文字を再変換したり、入力内容から予測候補を表示したり、読めない漢字を検索したりする便利な機能が搭載されています。

2 ビジネス文書の作成

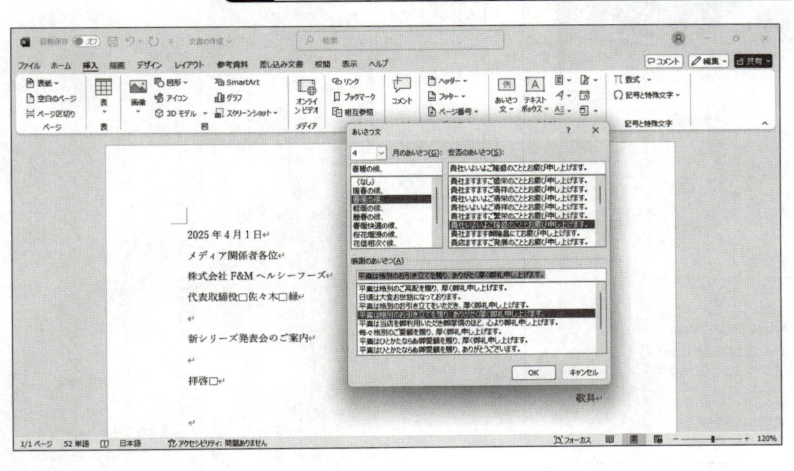

定型のビジネス文書を効率的に作成できます。頭語と結語・あいさつ文・記書きなどの入力をサポートするための機能が充実しています。

3 表の作成

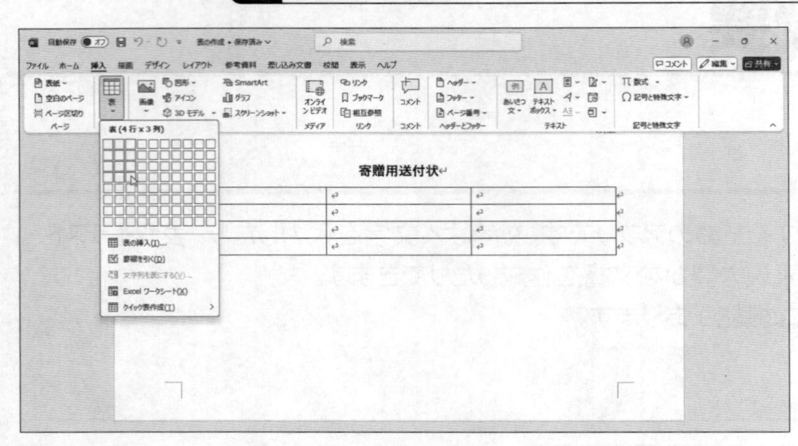

行数や列数を指定するだけで簡単に表を作成できます。行や列を挿入・削除したり、列の幅や行の高さを変更したりできます。
また、罫線の種類や太さ、色などを変更することもできます。

4 表現力のある文書の作成

第２回　親子料理教室

いちごジャム作り

こんにちは！ニコニコ SUN キッチンです。
今回の親子料理教室は、簡単でおいしい「いちごジャム作り」です。

■家族で COOKING！

お子さんと一緒にご参加いただくのは、お父さん、お母さん、おじいちゃん、おばあちゃん、15 歳以上の方となら、どなたとでも OK です。ジャムの味は、「甘め」「ふつう」「甘さ控えめ」からお好みでお選びいただけます。オリジナルのいちごジャムを作りましょう。

■作りたてのジャムで LUNCH！

併設のカフェスペースで、食パンやヨーグルト、チーズケーキなどをご用意しています。
作りたてのジャムでランチにしませんか？

■詳細

- 開催日時：2025 年 3 月 22 日（土）10 時～12 時
- 対　象：小学生～中学生とその保護者（定員：6 組 12 名）
- 参加費：1 人 1,000 円（カフェご利用の場合はプラス 1,000 円）
- 場　所：ニコニコ SUN キッチンスタジオ
- 持ち物：エプロン、三角巾、布巾 2 枚、マスク、筆記用具

ニコニコ SUN キッチン
住所：横浜市港北区 X-X-X　営業時間：9 時 30 分～18 時
TEL：045-XXX-XXXX　URL：https://www.2525sunk.xx.xx/

文字を装飾して魅力的なタイトルを作成したり、イラストや写真、図形などを挿入したりしてインパクトのある文書を作成できます。
また、スタイルの機能を使って、イラストや図形、表などに洗練されたデザインを瞬時に適用して見栄えを整えることができます。

5 差し込み印刷

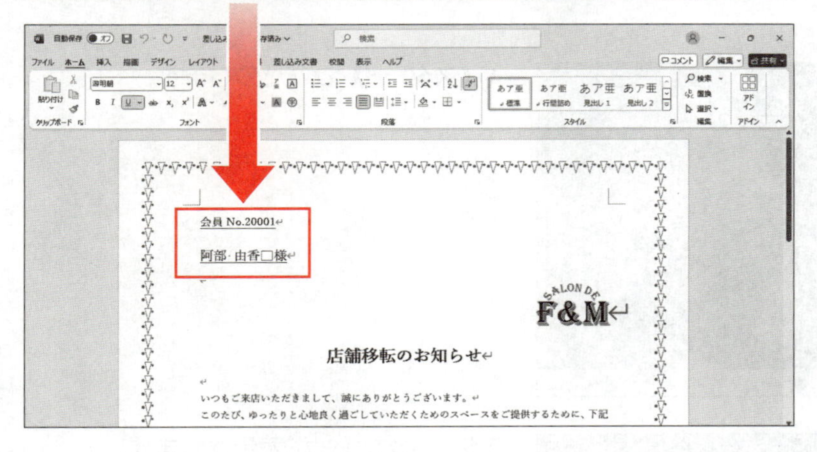

	A	B	C	D	E	F	G	H	I
1	会員番号	氏名	郵便番号	住所	電話番号	職業	誕生月	来店回数	担当者
2	20001	阿部 由香	135-0091	東京都港区台場X-X-X	080-5500-XXXX	会社員	4月	8	高橋
3	20002	加藤 秀子	101-0021	東京都千代田区外神田X-X-X	090-3222-XXXX	自営業	12月	10	高橋
4	20003	笹本 光子	231-0023	神奈川県横浜市中区山下町X-X-X	045-131-XXXX	公務員	8月	1	横井
5	20004	田村 優菜	181-0001	東京都三鷹市井の頭X-X-X	090-9939-XXXX	会社員	3月	4	高橋
6	20005	中島 久子	179-0085	東京都練馬区早宮X-X-X	090-2390-XXXX	自営業	6月	6	及川
7	20006	木下 優紀	105-0022	東京都港区海岸X-X-X	03-5444-XXXX	会社員	9月	7	横井
8	20007	清水 雅美	222-0022	神奈川県横浜市港北区篠原東X-X-X	080-1232-XXXX	主婦	1月	7	横井
9	20008	江田 京子	220-0023	神奈川県横浜市西区平沼X-X-X	090-9812-XXXX	会社員	10月	8	及川
10	20009	島田 あかね	220-0034	神奈川県横浜市西区赤門町X-X-X	090-3491-XXXX	会社員	5月	9	高橋

作成した文書に別ファイルのデータを差し込んで印刷することができます。WordやExcelで作成した顧客名簿や住所録などの情報を、文書内の指定した位置に差し込んで印刷したり、ラベルや封筒などの宛先として印刷したりできます。

6 長文の作成

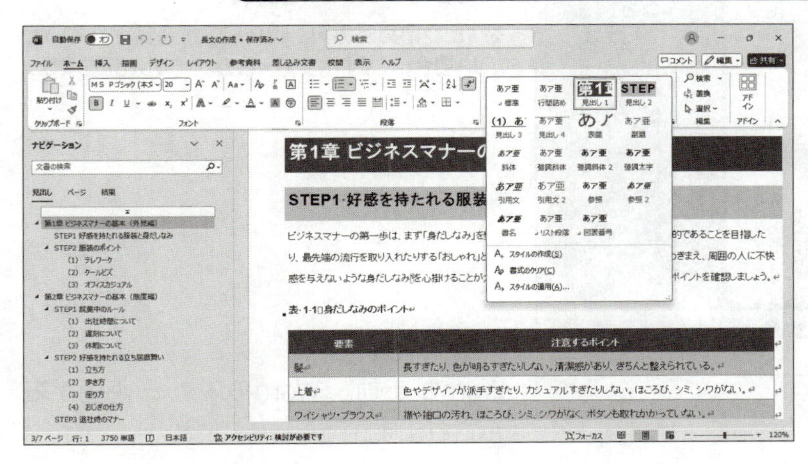

ページ数の多い報告書や論文など、長文を作成するときに便利な機能が用意されています。見出しのレベルを設定したり、見出しのスタイルを整えたりできます。

また、見出しを利用して目次を作成したり、すばやく表紙を挿入したりできます。

7 文章の校閲

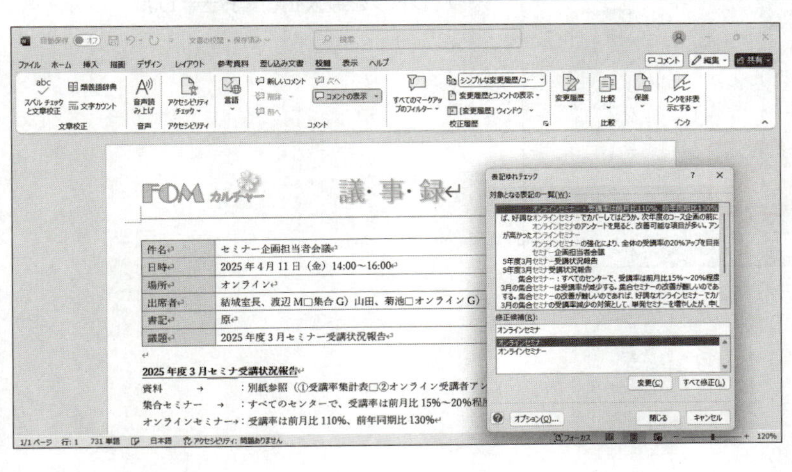

文章を校閲する機能を使って、誤字や脱字がないか、表記ゆれやスペルミスがないかなどをチェックすることができます。また、変更履歴の機能を使って、変更内容を記録して校閲できます。

STEP 2 Wordを起動する

1 Wordの起動

Wordを起動しましょう。

①《**スタート**》をクリックします。

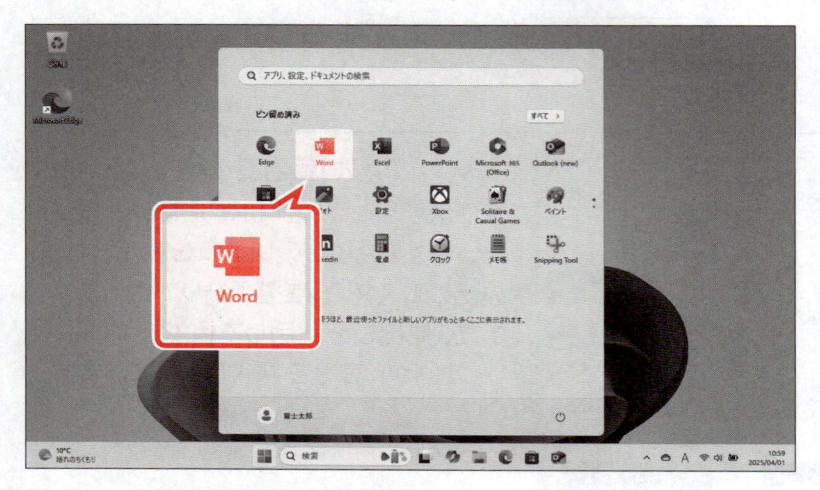

スタートメニューが表示されます。

②《**ピン留め済み**》の《**Word**》をクリックします。

※《ピン留め済み》に《Word》が登録されていない場合は、《すべて》→《W》の《Word》をクリックします。

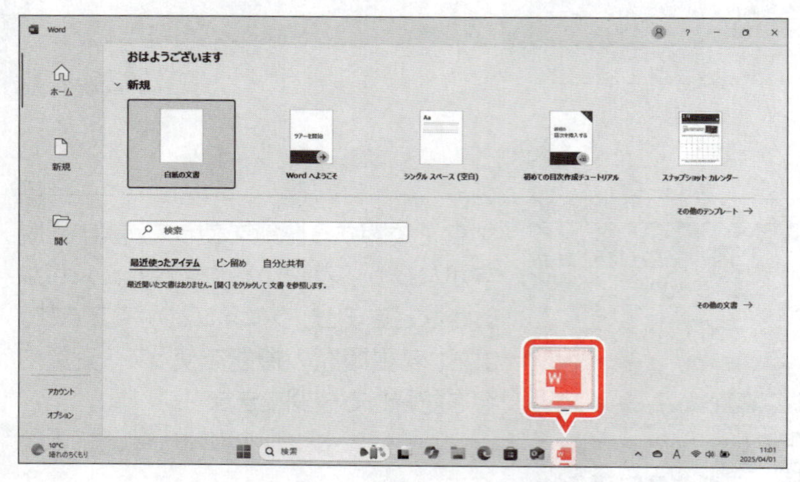

Wordが起動し、Wordのスタート画面が表示されます。

③タスクバーにWordのアイコンが表示されていることを確認します。

※ウィンドウを最大化しておきましょう。

2 Wordのスタート画面

Wordが起動すると、**「スタート画面」**が表示されます。
スタート画面では、これから行う作業を選択します。スタート画面を確認しましょう。
※お使いの環境によっては、表示が異なる場合があります。

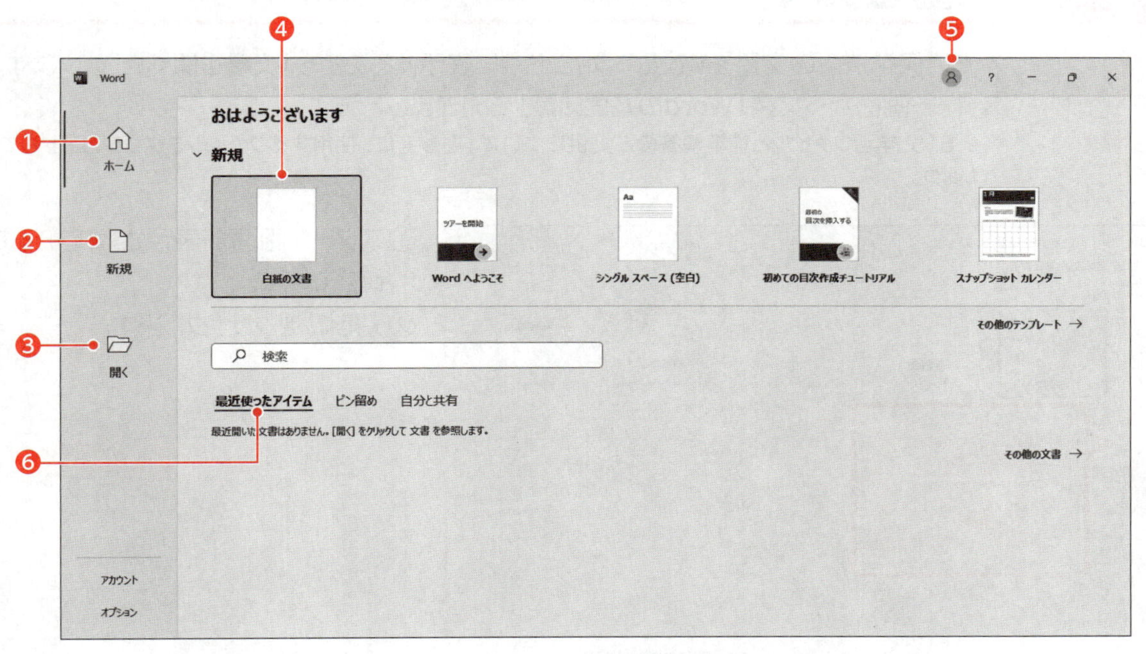

❶ホーム
Wordを起動したときに表示されます。
新しい文書を作成したり、最近開いた文書を簡単に開いたりできます。

❷新規
新しい文書を作成します。
白紙の文書を作成したり、書式が設定されたテンプレートを検索したりできます。

❸開く
すでに保存済みの文書を開く場合に使います。

❹白紙の文書
新しい文書を作成します。
何も入力されていない白紙の文書が表示されます。

❺Microsoftアカウントのユーザー情報
Microsoftアカウントでサインインしている場合、ポイントするとアカウント名やメールアドレスなどが表示されます。

❻最近使ったアイテム
最近開いた文書がある場合、その一覧が表示されます。
一覧から選択すると、文書が開かれます。

POINT サインイン・サインアウト

「サインイン」とは、正規のユーザーであることを証明し、サービスを利用できる状態にする操作です。
「サインアウト」とは、サービスの利用を終了する操作です。

POINT ウィンドウの操作ボタン

Wordウィンドウの右上のボタンを使うと、次のような操作ができます。

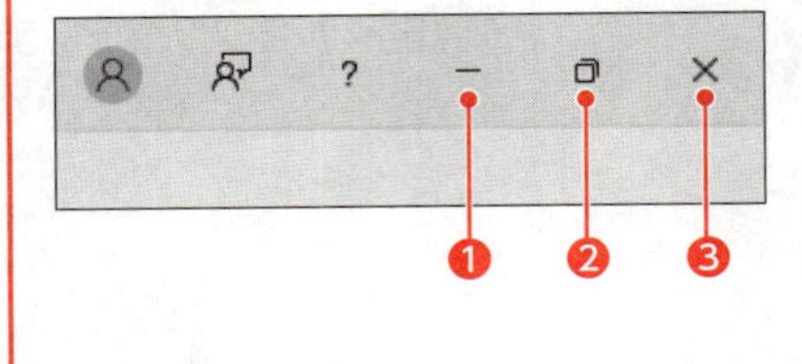

❶最小化
ウィンドウが一時的に非表示になり、タスクバーにアイコンで表示されます。

❷元のサイズに戻す
ウィンドウが元のサイズに戻ります。
※ウィンドウを元のサイズに戻すと、ボタンが《最大化》に切り替わります。クリックすると、ウィンドウが最大化されます。

❸閉じる
Wordを終了します。

STEP 3 文書を開く

1 文書を開く

すでに保存済みの文書をWordのウィンドウに表示することを**「文書を開く」**といいます。
スタート画面から文書**「Wordの基礎知識」**を開きましょう。

※P.5「5 学習ファイルと標準解答のご提供について」を参考に、使用するファイルをダウンロードしておきましょう。

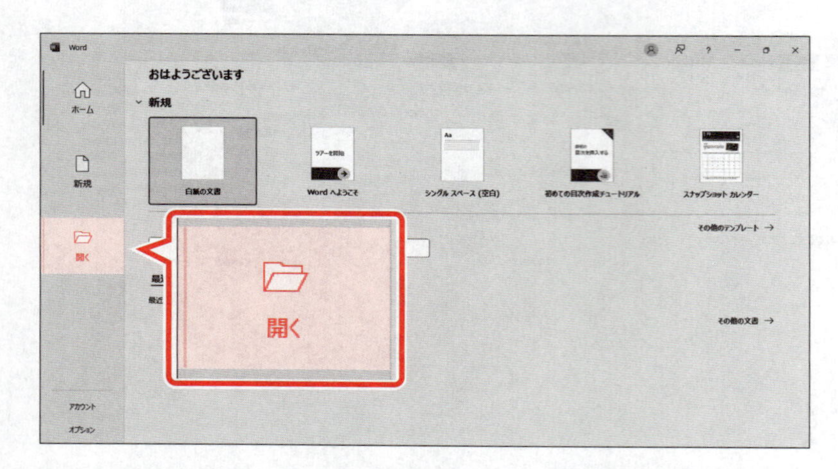

①スタート画面が表示されていることを確認します。
②**《開く》**をクリックします。

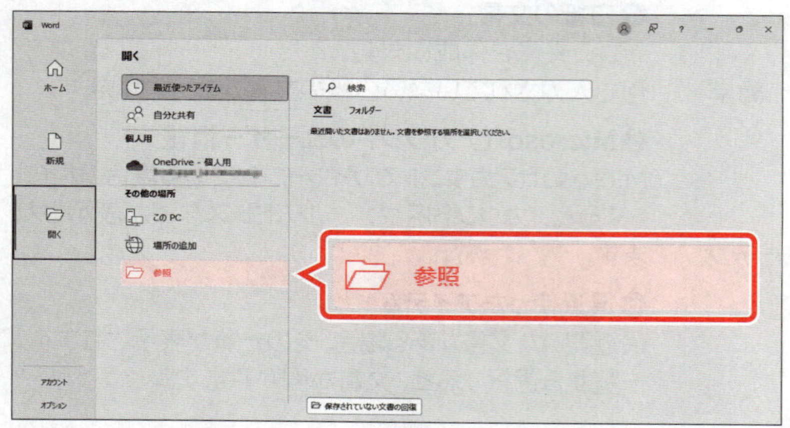

文書が保存されている場所を選択します。
③**《参照》**をクリックします。

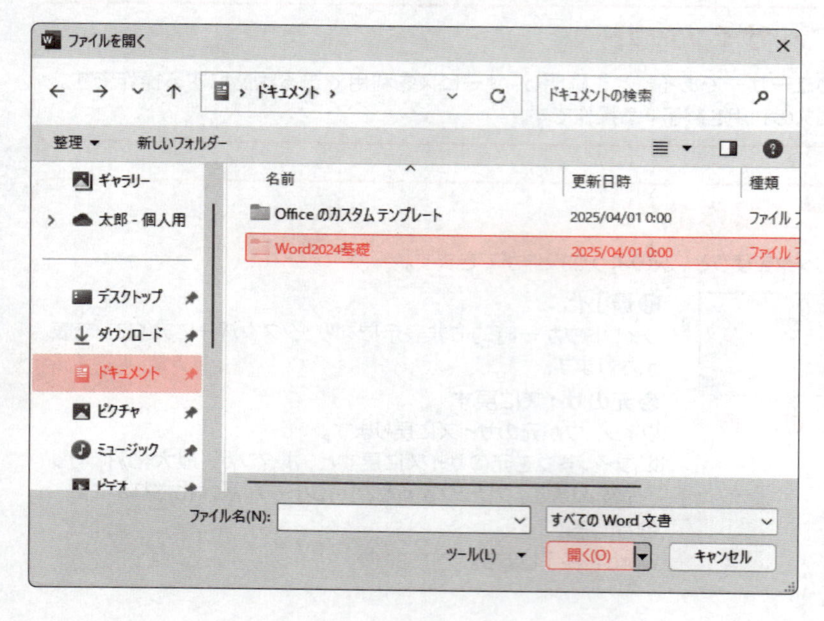

《ファイルを開く》ダイアログボックスが表示されます。
④左側の一覧から**《ドキュメント》**を選択します。
⑤一覧から**「Word2024基礎」**を選択します。
⑥**《開く》**をクリックします。

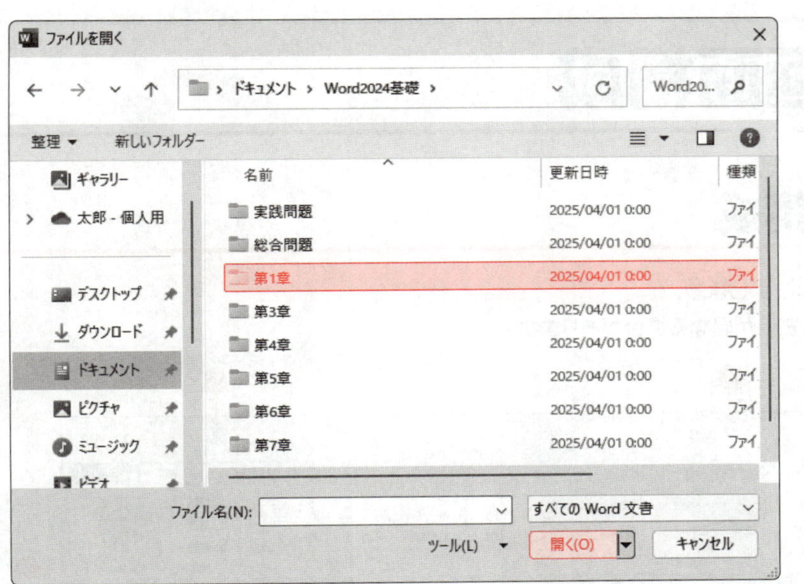

⑦一覧から**「第1章」**を選択します。

⑧**《開く》**をクリックします。

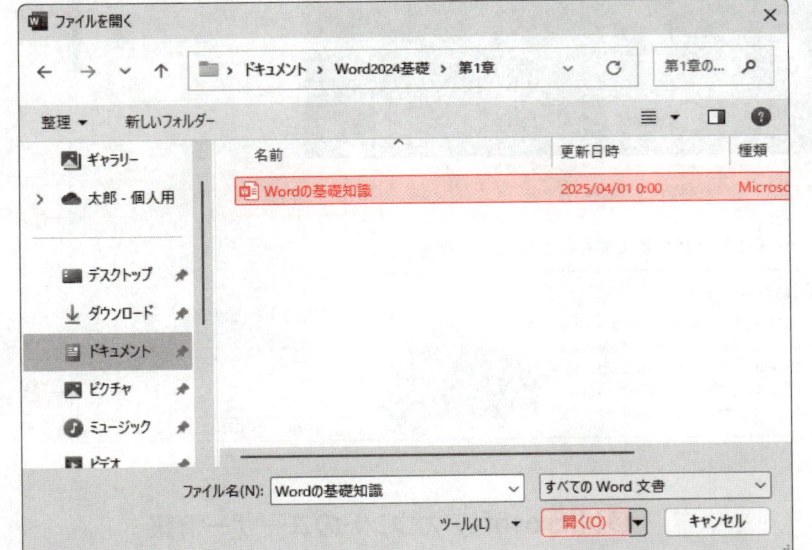

開く文書を選択します。

⑨一覧から**「Wordの基礎知識」**を選択します。

⑩**《開く》**をクリックします。

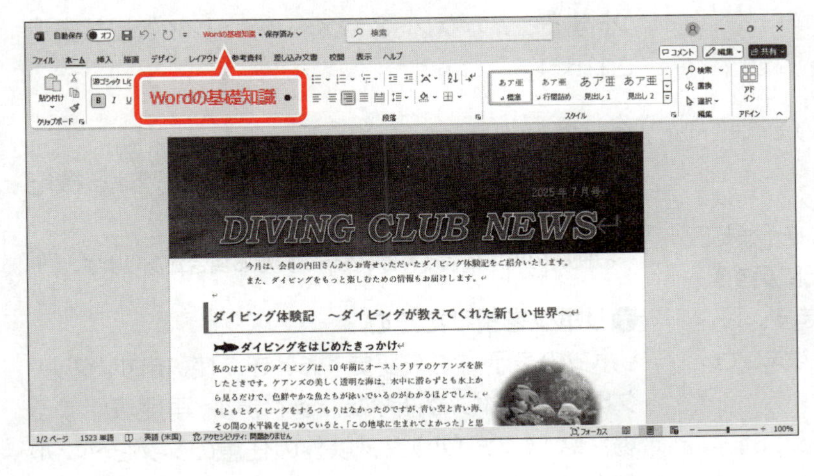

文書が開かれます。

⑪タイトルバーに文書の名前が表示されていることを確認します。

※画面左上の自動保存がオンになっている場合は、オフにしておきましょう。自動保存については、P.19「POINT 自動保存」を参照してください。

STEP UP その他の方法（文書を開く）

◆《ファイル》タブ→《開く》

◆ Ctrl + O

POINT エクスプローラーから文書を開く

エクスプローラーから文書の保存場所を表示した状態で、文書をダブルクリックすると、Wordを起動すると同時に文書を開くことができます。

STEP 4 Wordの画面構成

1 Wordの画面構成

Wordの画面構成を確認しましょう。
※お使いの環境によっては、表示が異なる場合があります。

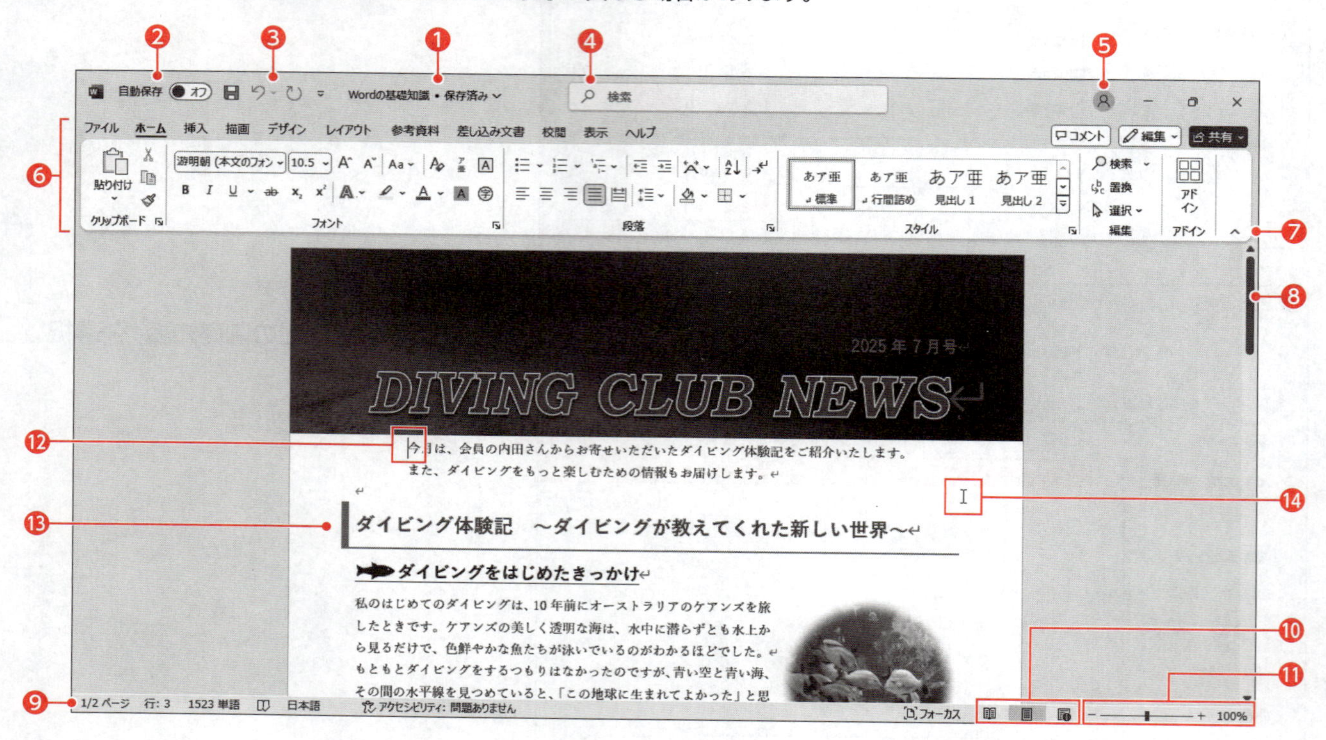

❶タイトルバー
ファイル名やアプリ名、保存状態などが表示されます。

❷自動保存
自動保存のオンとオフを切り替えます。
※お使いの環境によっては、表示されない場合があります。

❸クイックアクセスツールバー
よく使うコマンド(作業を進めるための指示)を登録できます。初期の設定では、**《上書き保存》**、**《元に戻す》**、**《やり直し》**の3つのコマンドが登録されています。
※OneDriveと同期しているフォルダー内の文書を表示している場合、《上書き保存》は、《保存》と表示されます。

❹Microsoft Search
機能や用語の意味を調べたり、リボンから探し出せないコマンドをダイレクトに実行したりするときに使います。

❺Microsoftアカウントのユーザー情報
Microsoftアカウントでサインインしている場合、ポイントするとアカウント名やメールアドレスなどが表示されます。

❻リボン
コマンドを実行するときに使います。関連する機能ごとに、タブに分類されています。
※お使いの環境によっては、表示が異なる場合があります。

❼リボンを折りたたむ
リボンの表示方法を変更するときに使います。クリックすると、リボンが折りたたまれます。再度表示する場合は、**《ファイル》**タブ以外の任意のタブをダブルクリックします。

❽スクロールバー
文書の表示領域を移動するときに使います。
※スクロールバーは、マウスを文書内で動かすと表示されます。

❾ステータスバー
文書のページ数や文字数、選択されている言語などが表示されます。また、コマンドを実行すると、作業状況や処理手順などが表示されます。

❿表示選択ショートカット
画面の表示モードを切り替えるときに使います。

⓫ズーム
文書の表示倍率を変更するときに使います。

⓬カーソル
文字を入力する位置やコマンドを実行する位置を示します。

⓭選択領域
ページの左端にある領域です。行を選択したり、文書全体を選択したりするときに使います。

⓮マウスポインター
マウスの動きに合わせて移動します。画面の位置や選択するコマンドによって形が変わります。

1
2
3
4
5
6
7
総合問題
実践問題
索引

POINT 自動保存

自動保存をオンにすると、一定の時間ごとにファイルが自動的に上書き保存されます。自動保存を使用するには、ファイルをOneDriveと同期されているフォルダーに保存しておく必要があります。
自動保存によって、元のファイルを上書きされたくない場合は、自動保存をオフにします。

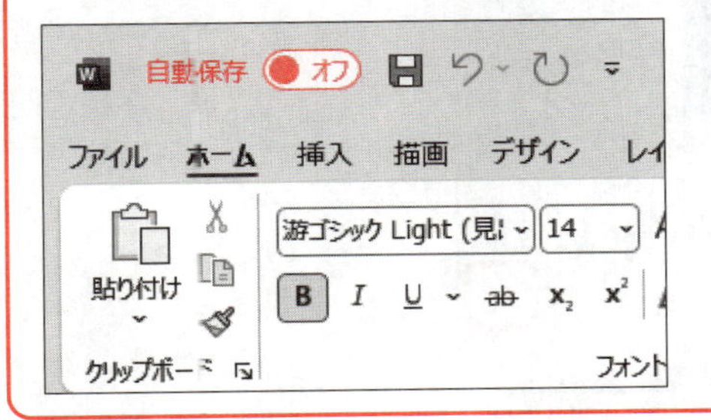

STEP UP アクセシビリティチェック

ステータスバーに「アクセシビリティチェック」の結果が表示されます。「アクセシビリティ」とは、すべての人が不自由なく情報を手に入れられるかどうか、使いこなせるかどうかを表す言葉です。視覚に障がいのある方などにとって、判別しにくい情報が含まれていないかをチェックします。ステータスバーのアクセシビリティチェックの結果をクリックすると、詳細を確認できます。
ステータスバーの表示内容を設定する方法は、次のとおりです。
◆ステータスバーを右クリック→表示する項目を☑にする

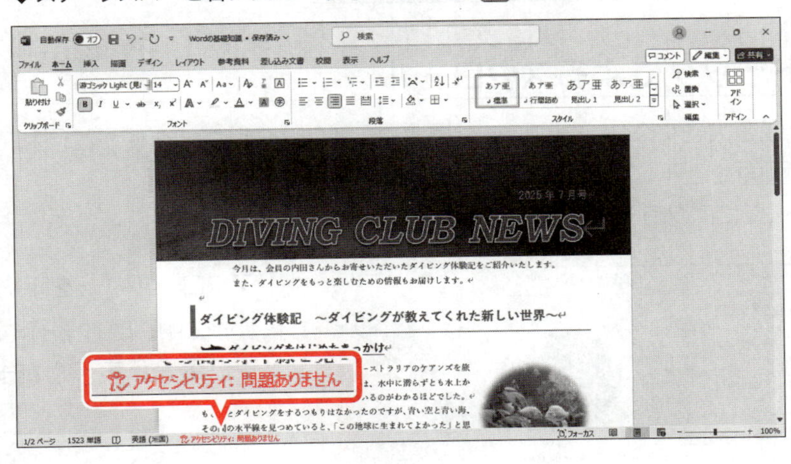

2 画面のスクロール

画面に表示する範囲を移動することを**「スクロール」**といいます。目的の場所が表示されていない場合は、スクロールバーを使って文書の表示領域をスクロールします。
スクロールバーは、マウスをリボンに移動したり一定時間マウスを動かさなかったりすると非表示になりますが、マウスを文書内で動かすと表示されます。

1 クリックによるスクロール

表示領域を少しだけスクロールしたい場合は、スクロールバーの▲や▼を使うと便利です。クリックした分だけ画面を上下にスクロールできます。
画面を下にスクロールしましょう。

①スクロールバーの▼を何度かクリックします。

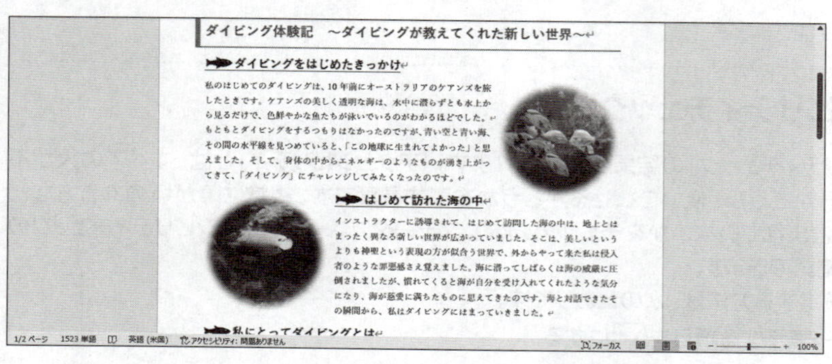

下にスクロールされます。

※カーソルの位置は変わりません。
※クリックするごとに、画面が下にスクロールします。

2 ドラッグによるスクロール

表示領域を大きくスクロールしたい場合は、スクロールバーを使うと便利です。ドラッグした分だけ画面を上下にスクロールできます。
次のページにスクロールしましょう。

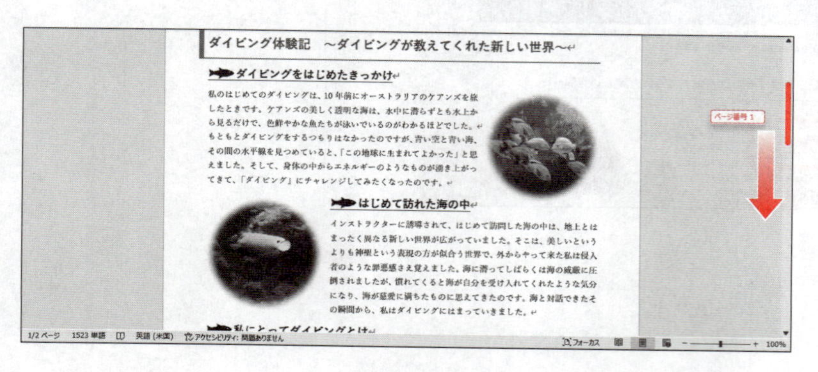

①スクロールバーを下にドラッグします。
ドラッグ中、現在表示しているページのページ番号が表示されます。

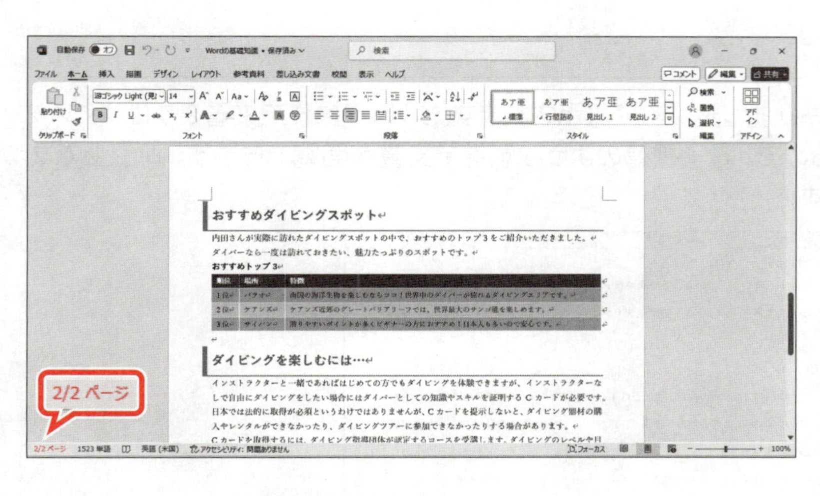

2ページ目が表示されます。

②現在のページ数がステータスバーに表示されていることを確認します。

※カーソルの位置は変わりません。

※スクロールバーを上にドラッグして、1ページ目の先頭を表示しておきましょう。

STEP UP スクロール機能付きマウス

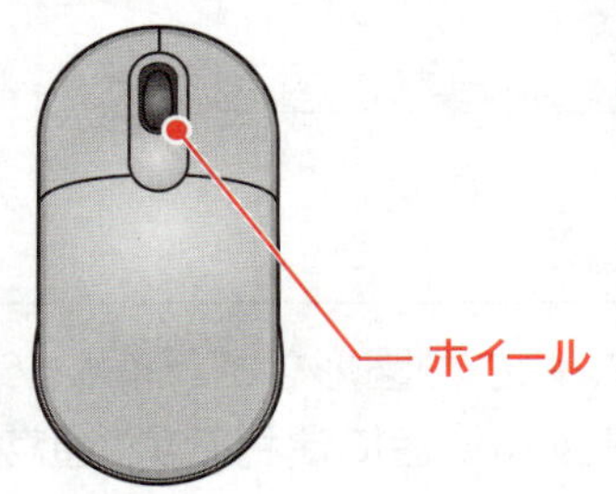

多くのマウスには、スクロール機能付きの「ホイール」が装備されています。
ホイールを使うと、スクロールバーを使わなくても上下にスクロールできます。

3 Wordの表示モード

Wordには、次のような表示モードが用意されています。
表示モードを切り替えるには、表示選択ショートカットのボタンをそれぞれクリックします。

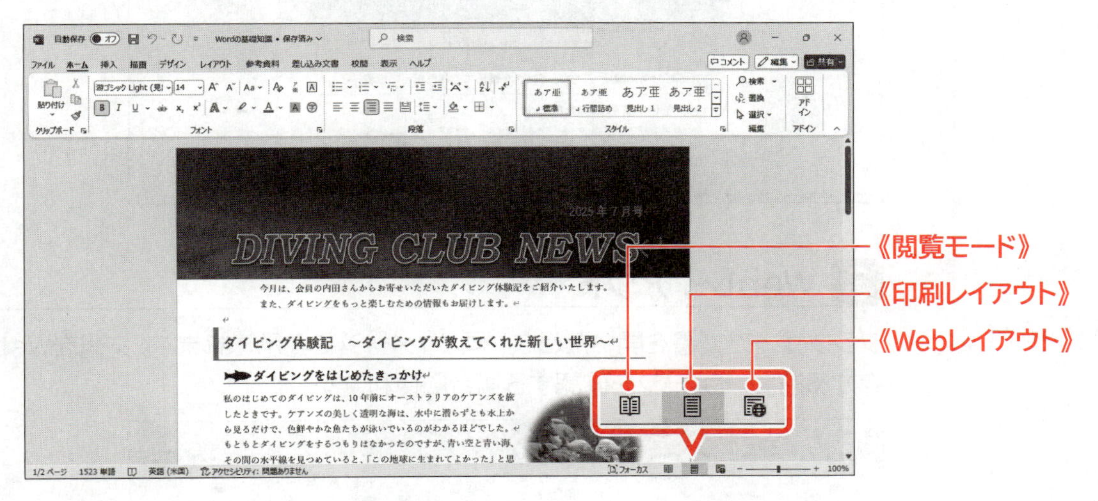

1 閲覧モード

画面の幅に合わせて文章が折り返されて表示されます。クリック操作で文書をすばやくスクロールすることができるので、電子書籍のような感覚で文書を閲覧できます。画面上で文書を読む場合に便利です。

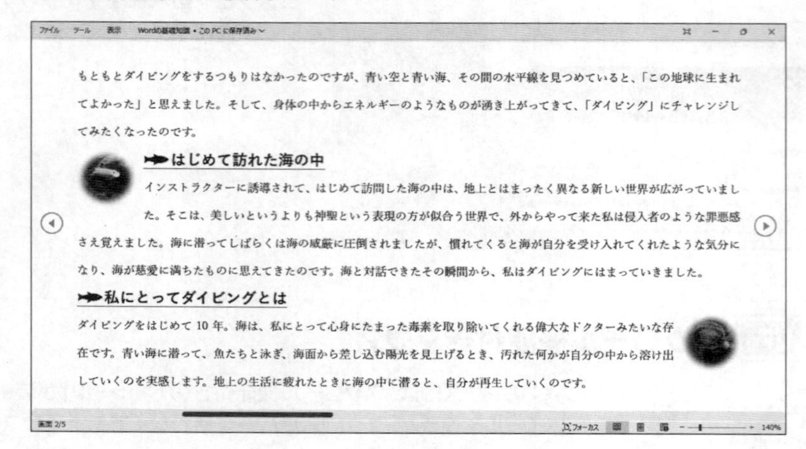

2 印刷レイアウト

印刷結果とほぼ同じレイアウトで表示されます。余白や図形などがイメージどおりに表示されるので、全体のレイアウトを確認しながら編集する場合に便利です。通常、この表示モードで文書を作成します。

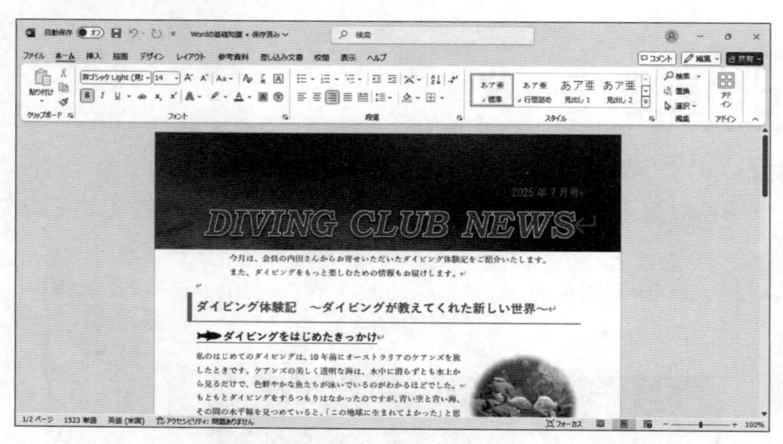

3 Webレイアウト

ブラウザーで文書を開いたときと同じイメージで表示されます。文書をWebページとして保存する前に、イメージを確認する場合に便利です。

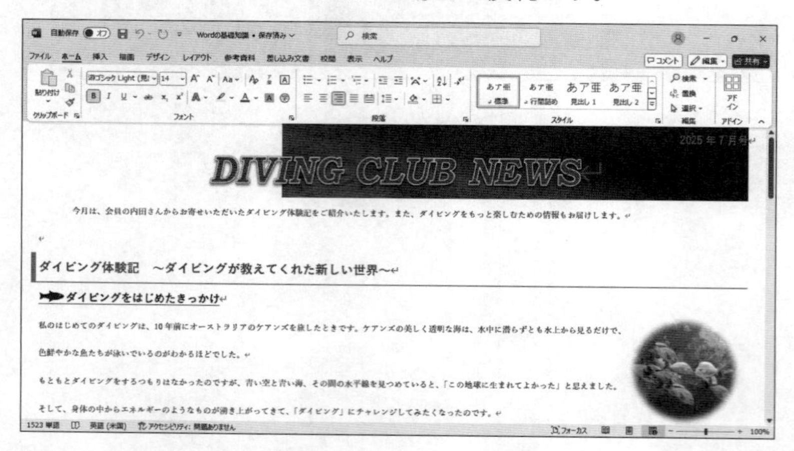

STEP UP 閲覧モードの画面切り替え

閲覧モードに切り替えると、すばやくスクロールしたり、文書中の表やワードアート、画像などのオブジェクトを拡大したりできます。

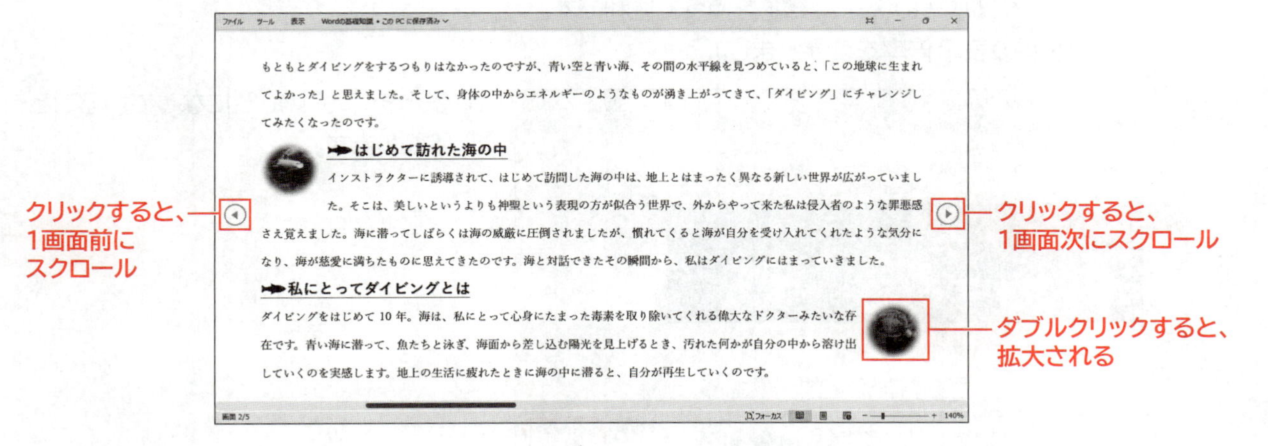

STEP UP その他の方法(表示モードの切り替え)

◆《表示》タブ→《表示》グループ

STEP UP その他の表示モード

《表示》タブの《表示》グループを使うと、「閲覧モード」「印刷レイアウト」「Webレイアウト」以外に、次の表示モードにも切り替えできます。

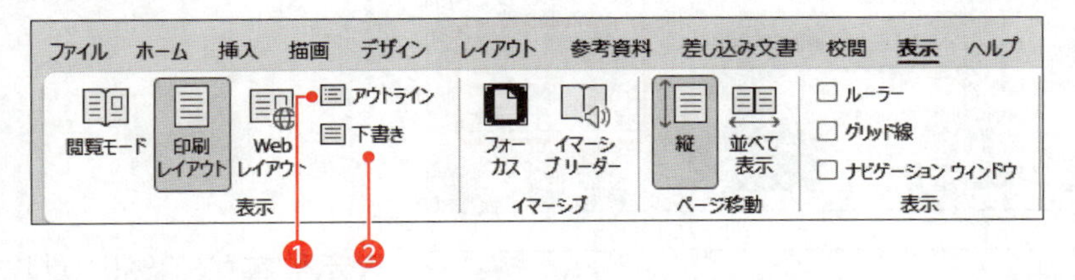

❶アウトライン表示

文書を見出しごとに折りたたんだり、展開したりして表示できます。文書の全体の構成を確認したり、文章を入れ替えたりできるので、文書の内容を系統立てて整理する場合に便利です。

❷下書き

ページのレイアウトが簡略化して表示されます。余白や図形などの表示を省略できるので、文字をすばやく入力したり、編集したりする場合に便利です。

4 表示倍率の変更

画面の表示倍率は10～500%の範囲で自由に変更できます。表示倍率を変更するには、ステータスバーのズーム機能を使うと便利です。
画面の表示倍率を変更しましょう。

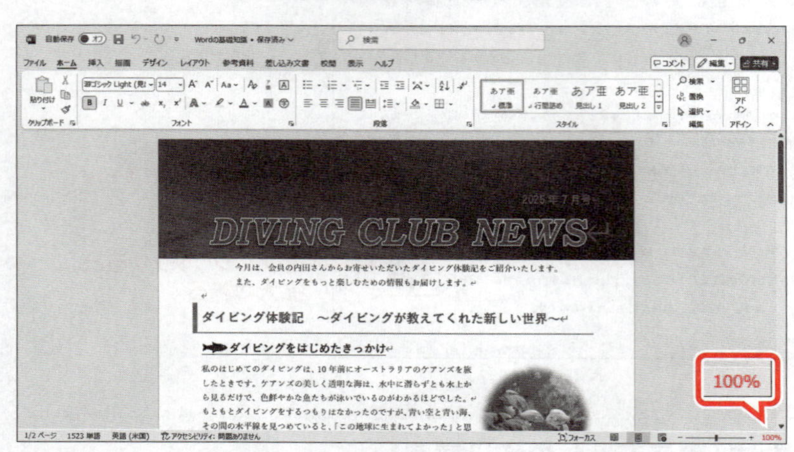

①表示倍率が100%になっていることを確認します。

文書の表示倍率を80%に変更します。
②**《縮小》**を2回クリックします。
※クリックするごとに、10%ずつ縮小されます。

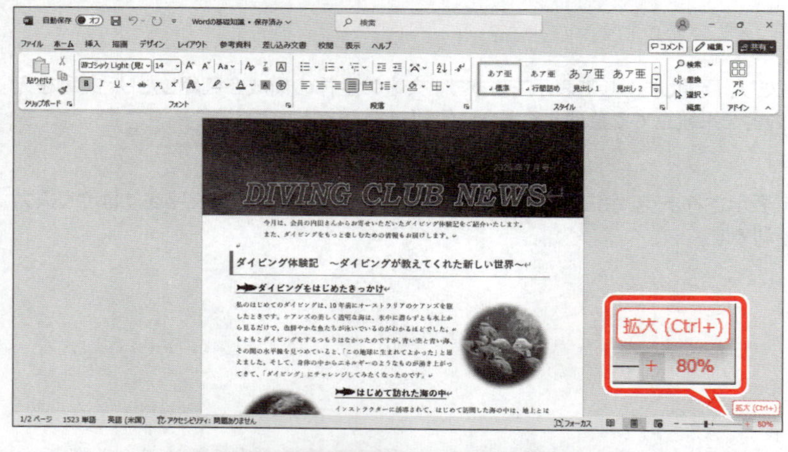

表示倍率が80%になります。
表示倍率を100%に戻します。
③**《拡大》**を2回クリックします。
※クリックするごとに、10%ずつ拡大されます。

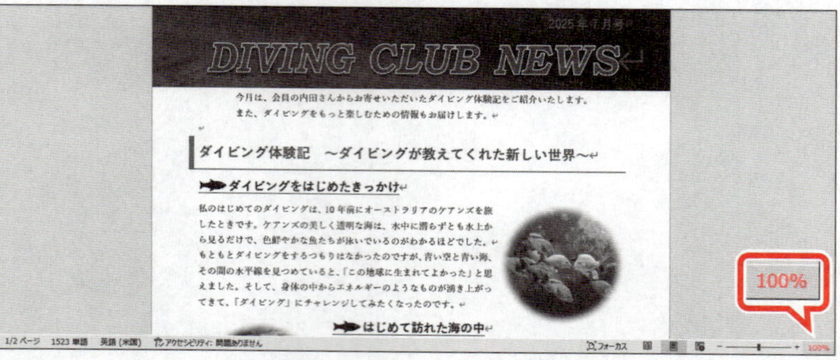

表示倍率が100%になります。

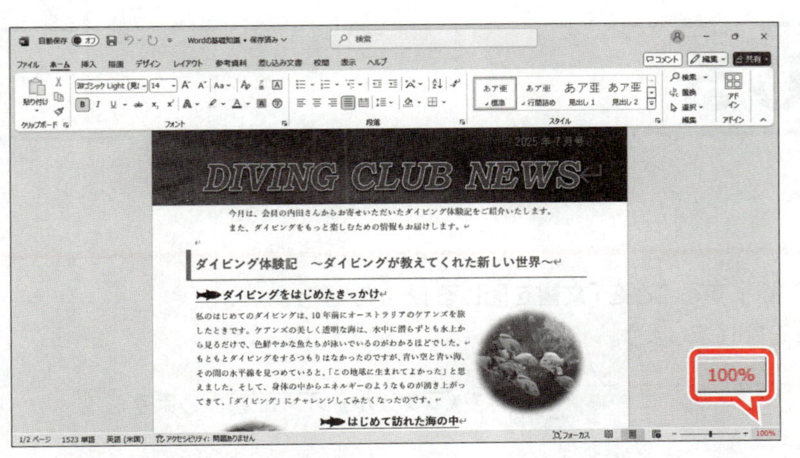

文書のページ幅に合わせて、表示倍率を自動的に調整します。
④《100%》をクリックします。

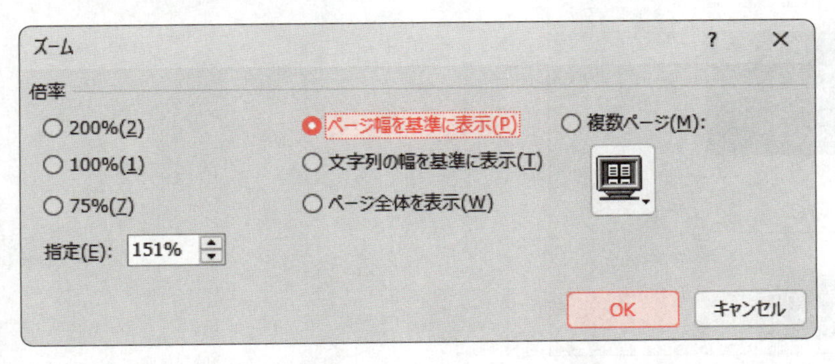

《ズーム》ダイアログボックスが表示されます。
⑤《ページ幅を基準に表示》を◉にします。
⑥《OK》をクリックします。

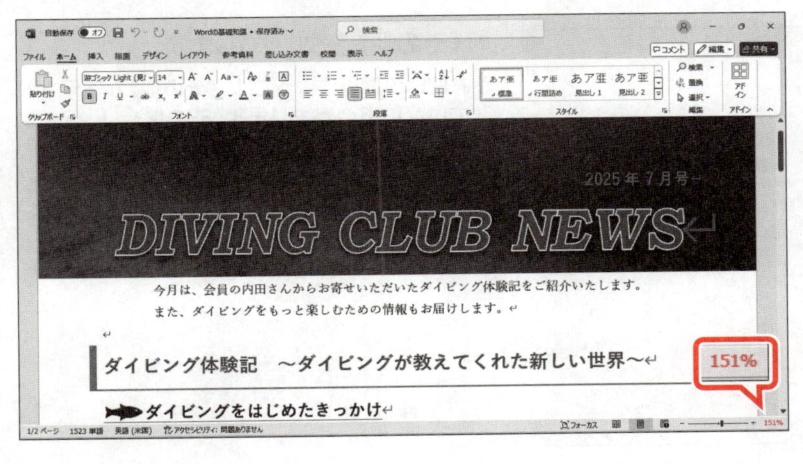

表示倍率が自動的に調整されます。
※表示倍率を100%にしておきましょう。

STEP UP ズームスライダーを使った表示倍率の変更

ステータスバーのズームスライダーをドラッグしたり、クリックしたりして表示倍率を変更することもできます。

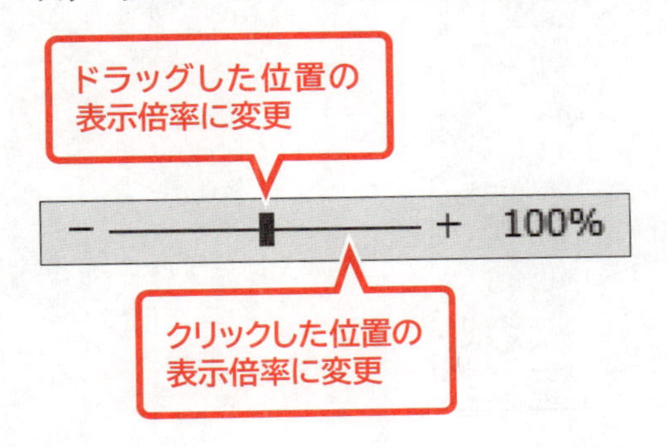

STEP UP その他の方法（表示倍率の変更）

◆《表示》タブ→《ズーム》グループの《ズーム》→表示倍率を指定

Step 5 文書を閉じる

1 文書を閉じる

開いている文書の作業を終了することを**「文書を閉じる」**といいます。
文書**「Wordの基礎知識」**を閉じましょう。

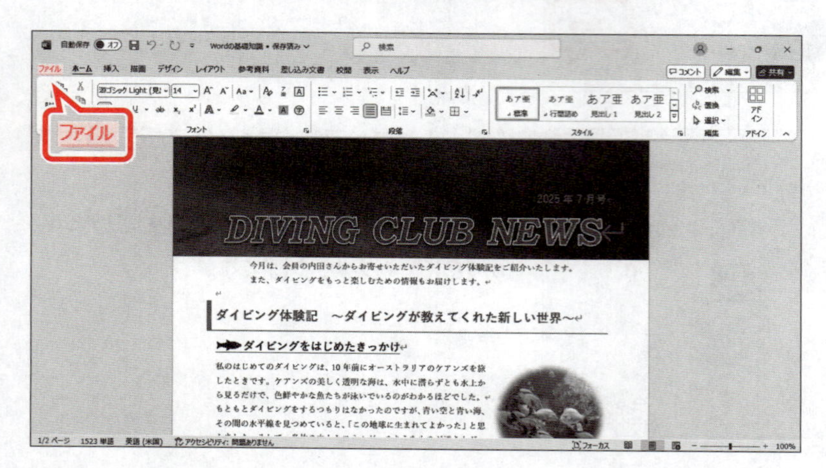

①**《ファイル》**タブを選択します。

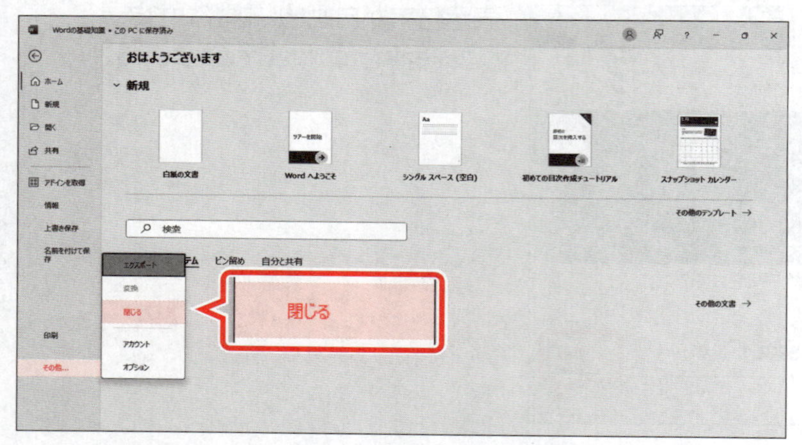

②**《その他》**をクリックします。

※お使いの環境によっては、《その他》が表示されていない場合があります。その場合は、③に進みます。

③**《閉じる》**をクリックします。

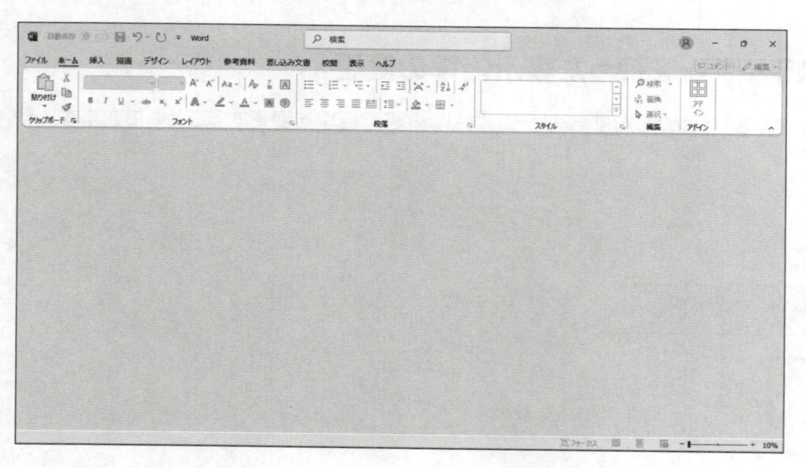

文書が閉じられます。

STEP UP **その他の方法(文書を閉じる)**

◆ Ctrl + W

STEP UP 保存しないで文書を閉じた場合

既存の文書の内容を変更して保存の操作を行わずに閉じると、保存するかどうかを確認するメッセージが表示されます。

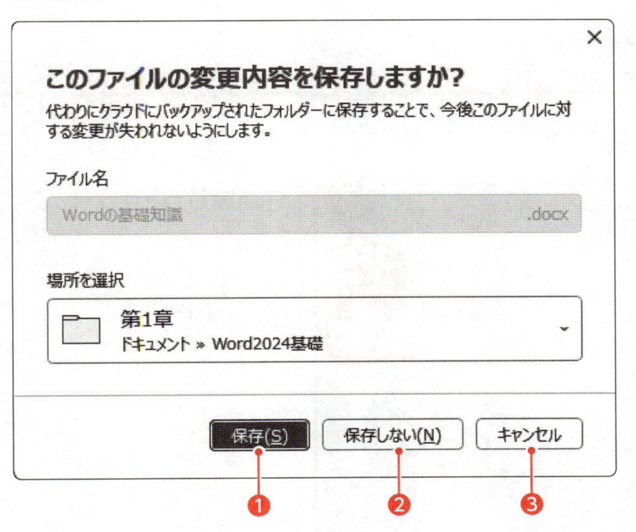

❶保存
文書を保存し、閉じます。

❷保存しない
文書を保存せずに、閉じます。

❸キャンセル
文書を閉じる操作を取り消します。

STEP UP 閲覧の再開

文書を閉じたときに表示していた位置は自動的に記憶されます。次に文書を開くと、その位置に移動するかどうかのメッセージが表示され、メッセージをクリックすると、その位置からすぐに作業をはじめられます。
※スクロールするとメッセージは消えます。

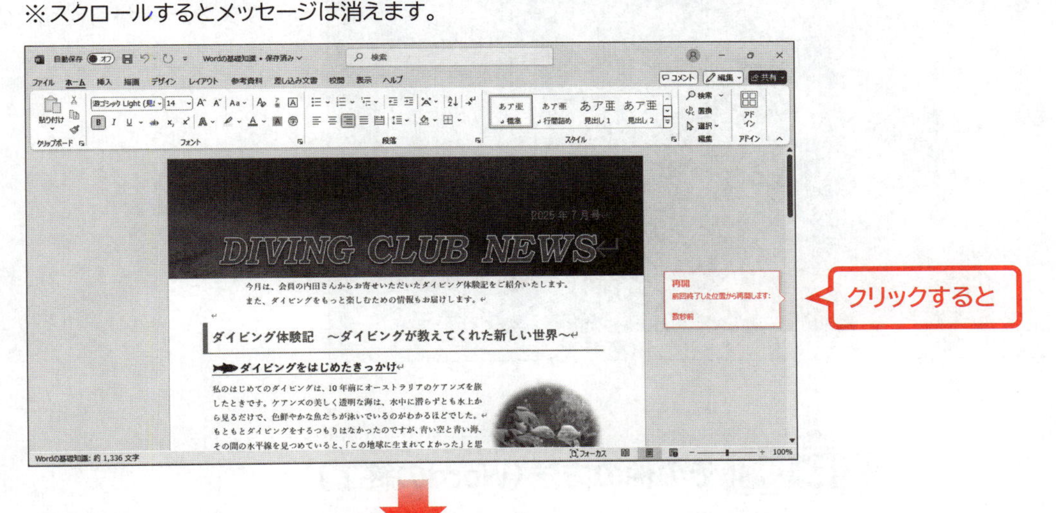

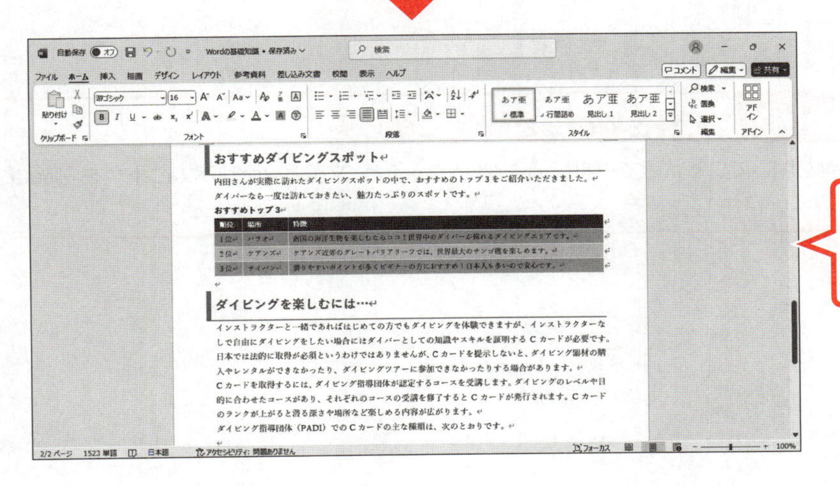

STEP 6 Wordを終了する

1 Wordの終了

Wordを終了しましょう。

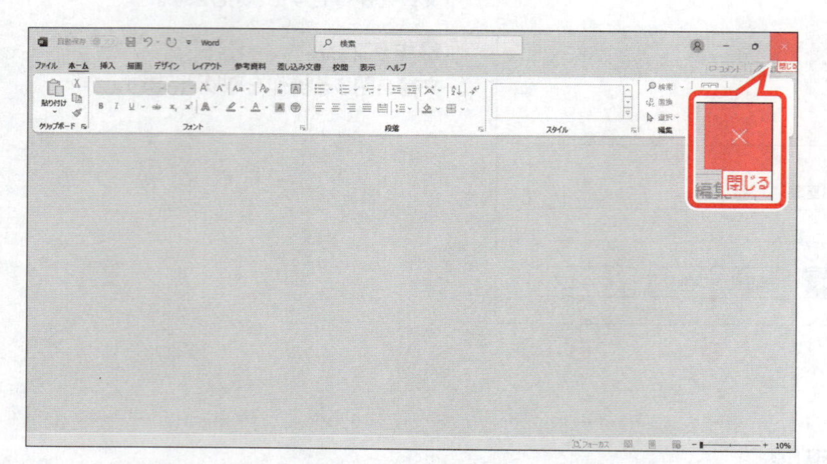

①《閉じる》をクリックします。

Wordのウィンドウが閉じられ、デスクトップが表示されます。

②タスクバーからWordのアイコンが消えていることを確認します。

STEP UP その他の方法（Wordの終了）

◆ Alt + F4

POINT 文書とWordを同時に閉じる

文書を開いている状態で《閉じる》をクリックすると、文書とWordのウィンドウを同時に閉じることができます。

第2章

文字の入力

この章で学ぶこと

学習前に習得すべきポイントを理解しておき、
学習後には確実に習得できたかどうかを振り返りましょう。

- ■ 新しい文書を作成できる。 → P.31
- ■ ローマ字入力とかな入力の違いを説明できる。 → P.32
- ■ 入力モードを切り替えて、英数字・記号・ひらがなを入力できる。 → P.34
- ■ 入力中の文字を削除したり、文字を挿入したりできる。 → P.40
- ■ 入力した文字を目的の漢字に変換できる。 → P.42
- ■ 読みを入力して、カタカナに変換できる。 → P.44
- ■ 読みを入力して、記号に変換できる。 → P.45
- ■ 確定した文字を変換しなおすことができる。 → P.47
- ■ ファンクションキーを使って、変換する文字の種類を切り替えて入力できる。 → P.47
- ■ 文節単位で変換して文章を入力できる。 → P.49
- ■ 一括変換で文章を入力できる。 → P.50
- ■ よく使う単語や名前などを辞書に登録できる。 → P.53
- ■ 辞書に登録した単語を呼び出すことができる。 → P.54
- ■ IMEパッドを使って、読めない漢字を入力できる。 → P.56
- ■ 文書を保存せずにWordを終了できる。 → P.59

Step 1 新しい文書を作成する

1 新しい文書の作成

Wordを起動し、新しい文書を作成しましょう。

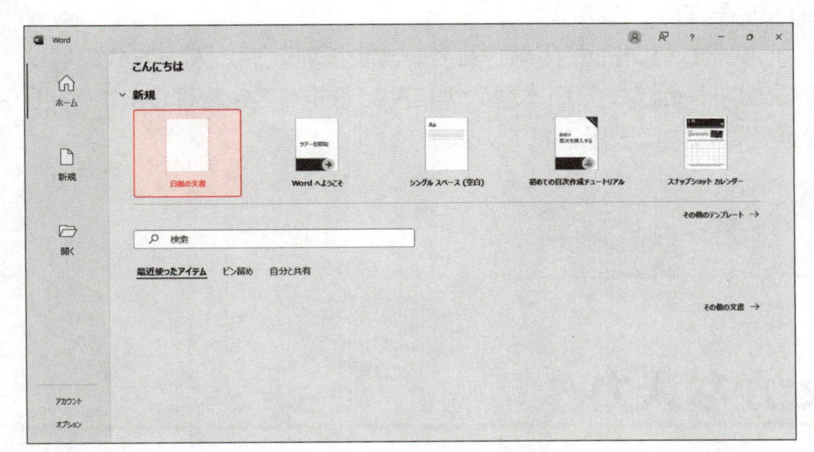

①Wordを起動し、Wordのスタート画面を表示します。

※《スタート》→《ピン留め済み》の《Word》をクリックします。

②**《白紙の文書》**をクリックします。

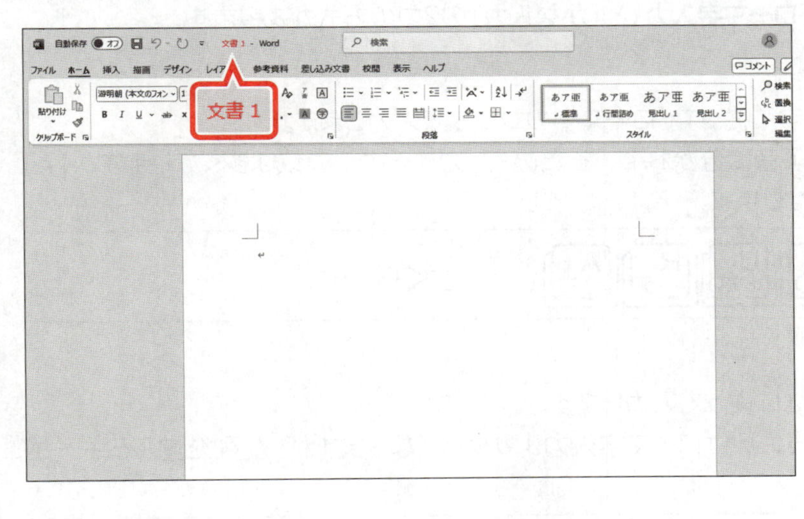

新しい文書が開かれます。

③タイトルバーに**「文書1」**と表示されていることを確認します。

POINT 新しい文書の作成

Wordの文書を開いた状態で、新しい文書を作成する方法は、次のとおりです。

◆《ファイル》タブ→《ホーム》または《新規》→《白紙の文書》

STEP 2 IMEを設定する

1 IME

ひらがなやカタカナ、漢字などの日本語を入力するには、日本語を入力するためのアプリである**「日本語入力システム」**が必要です。
Windowsには、日本語入力システム**「IME」**が用意されています。IMEでは、入力方式の切り替えや入力する文字の種類の切り替えなど、日本語入力に関わるすべてを管理します。IMEの状態は、デスクトップの通知領域内に表示されています。

2 ローマ字入力とかな入力

日本語を入力するには、**「ローマ字入力」**と**「かな入力」**の2つの方式があります。

●ローマ字入力
キーに表記されている英字に従って、ローマ字のつづりで入力します。
ローマ字入力は、母音と子音に分かれているため、入力するキーの数は多くなりますが、配列を覚えるキーは少なくなります。

例） 

→ さくら

●かな入力
キーに表記されているかなに従って入力します。
かな入力は、入力するキーの数はローマ字入力より少なくなりますが、配列を覚えるキーが多くなります。

例） 

→ さくら

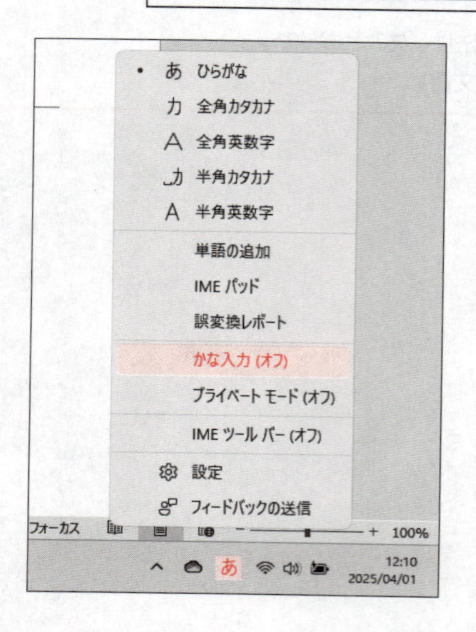

初期の設定では、入力方式はローマ字入力になっています。ローマ字入力から、かな入力に切り替えるには、あを右クリックして表示される**《かな入力(オフ)》**をクリックします。
※コマンド名が《かな入力(オン)》に変わります。
　《かな入力(オン)》をクリックすると、《かな入力(オフ)》に変わり、ローマ字入力に戻ります。

STEP UP 初期の設定をかな入力に変更する

Windowsを起動した直後から、かな入力ができるように初期の設定を変更できます。

◆IMEの あ または A を右クリック→《設定》→《全般》→入力設定の《ハードウェアキーボードでかな入力を使う》をオンにする

3 入力モード

「入力モード」とは、キーボードを押したときに表示される文字の種類のことです。
入力モードには、次のような種類があります。

入力モード	表示	説明
ひらがな	あ	ひらがな・カタカナ・漢字などを入力するときに使います。 初期の設定では、ひらがなになっています。
全角カタカナ	カ	全角カタカナを入力するときに使います。
全角英数字	Ａ	全角英数字を入力するときに使います。
半角カタカナ	_ｶ	半角カタカナを入力するときに使います。
半角英数字/直接入力	A	半角英数字を入力するときに使います。

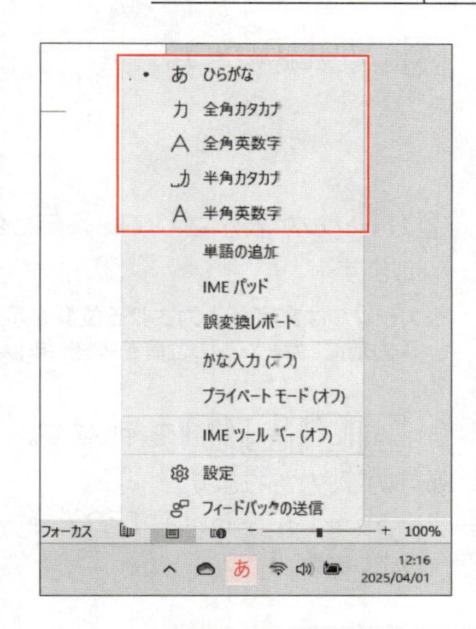

初期の設定では、入力モードは**《ひらがな》**になっています。入力モードを切り替えるには、あ を右クリックして表示される一覧から選択します。

※現在選択されている入力モードに、●が表示されます。

STEP UP 全角・半角

「全角」と「半角」は、文字の基本的な大きさを表すものです。

●全角 あ

ひらがなや漢字の1文字分の大きさです。

●半角 A

全角の半分の大きさです。

POINT 半角/全角漢字 を使った切り替え

半角/全角漢字 を押すと、半角英数字とそれ以外の入力モードを切り替えることができます。
例えば、あ(ひらがな)の状態で 半角/全角漢字 を押すと、A(半角英数字)に切り替わり、再度 半角/全角漢字 を押すと、あ(ひらがな)に切り替わります。
カ(全角カタカナ)の状態で 半角/全角漢字 を押すと、A(半角英数字)に切り替わり、再度 半角/全角漢字 を押すと、カ(全角カタカナ)に切り替わります。

STEP 3 文字を入力する

1 英数字の入力

英字や数字を入力する方法を確認しましょう。

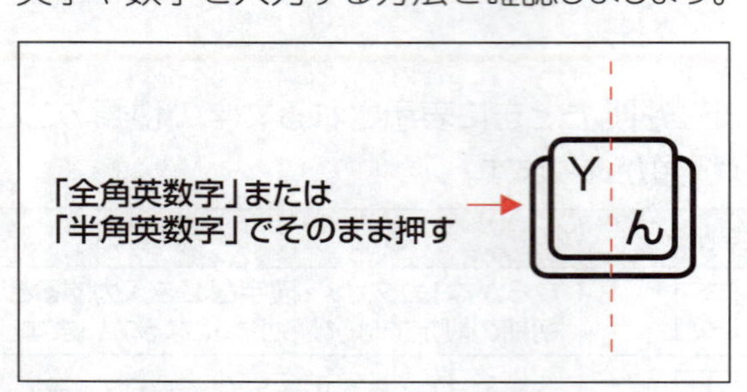

キーの左側に表記されている英字や数字を入力するには、入力モードを**「全角英数字」**または**「半角英数字」**に切り替えて、英字や数字のキーをそのまま押します。

半角で**「2025 happy」**と入力しましょう。

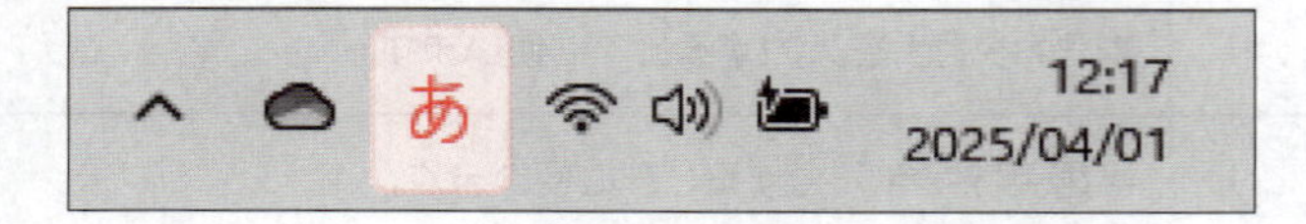

入力モードを切り替えます。

① [半角/全角 漢字] を押します。

[A] に切り替わります。

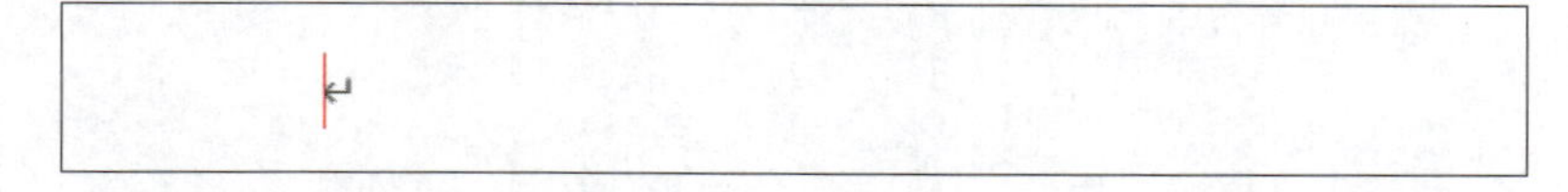

②カーソルが表示されていることを確認します。

※カーソルは文字が入力される位置を示します。入力前に、カーソルの位置を確認しましょう。

2025

③ [2 ふ] [0 わ] [2 ふ] [5 え] を押します。

数字が入力されます。

※間違えて入力した場合は、[Back Space] を押して入力しなおします。

2025

④ [　　　] (スペース) を押します。

半角空白が入力されます。

2025 happy

⑤ [H く] [A ち] [P せ] [P せ] [Y ん] を押します。

英字が入力されます。

2025 happy

改行します。

⑥ [Enter] を押します。

改行され、カーソルが次の行に表示されます。

POINT 空白の入力

文字と文字の間を空けるには、[　　　](スペース)を押して、空白を入力します。
入力モードが[あ]の場合、[　　　](スペース)を押すと全角空白が入力され、[A]の場合、半角空白が入力されます。

POINT 改行

入力を確定したあとに[Enter]を押すと↵が入力され、改行できます。

POINT 英大文字の入力

英大文字を入力するには、[Shift]を押しながら英字のキーを押します。
継続的に英大文字を入力するには、[Shift]+[Caps Lock 英数]を押します。
※英小文字の入力に戻すには、再度、[Shift]+[Caps Lock 英数]を押します。

STEP UP テンキーを使った数字の入力

キーボードに「テンキー」(キーボード右側の数字のキーが集まっているところ)がある場合は、テンキーを使って数字を入力できます。

2 記号の入力

記号を入力する方法を確認しましょう。

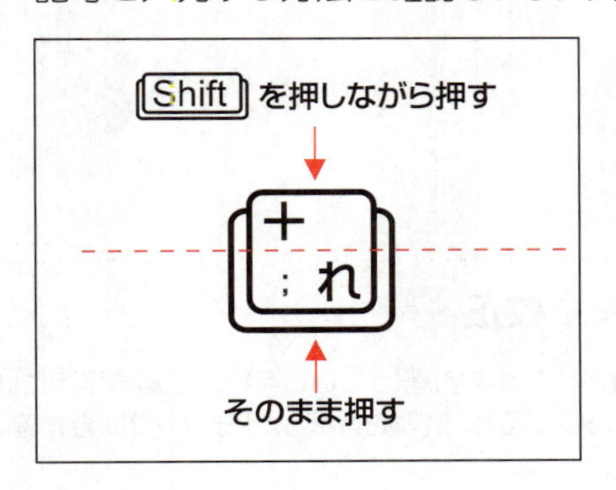

キーの下側に表記されている記号を入力するには、記号のキーをそのまま押します。
上側に表記されている記号を入力するには、[Shift]を押しながら記号のキーを押します。

「;」(セミコロン)と「+」(プラス)を半角で入力しましょう。

①入力モードが[A]になっていることを確認します。
※[A]になっていない場合は、[半角/全角 漢字]を押します。

;+↵

②[+ ; れ]を押します。
キーの下側に表記されている記号が入力されます。
③[Shift]+[+ ; れ]を押します。
キーの上側に表記されている記号が入力されます。
※[Enter]を押して、改行しておきましょう。

Let's Try ためしてみよう

次の数字・記号・英字を半角で入力しましょう。
※入力モードが A になっていることを確認して入力しましょう。
※問題ごとに Enter を押して、改行しておきましょう。

① 12345
② %!$
③ ice cream
④ TV
⑤ Apple

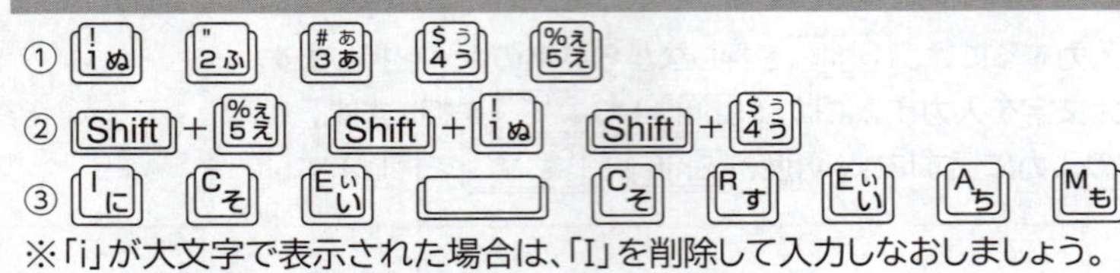

※「i」が大文字で表示された場合は、「I」を削除して入力しなおしましょう。

④ Shift + T Shift + V
⑤ Shift + A P P L E

STEP UP オートコレクト

英字をすべて小文字で入力して（スペース）または Enter を押すと、先頭の文字が自動的に大文字に変換されます。このように自動的に変換する機能を「オートコレクト」といいます。
入力しなおさずに、大文字を小文字に戻す場合には、自動的に変換された文字をポイントすると表示される《オートコレクトのオプション》をクリックし、《元に戻す》を選択します。

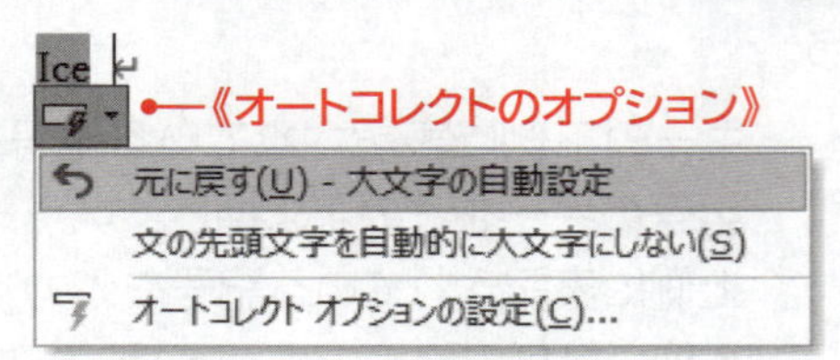

STEP UP スペルチェックと文章校正

文法の誤りや誤字脱字などは、自動的にチェックされます。誤っている可能性がある場所には赤の波線や青の二重線が表示されます。波線や二重線を右クリックすると、処理を選択したりチェック内容を確認したりできます。
※これらの波線や二重線は印刷されません。

●赤の波線（スペルミスの可能性）

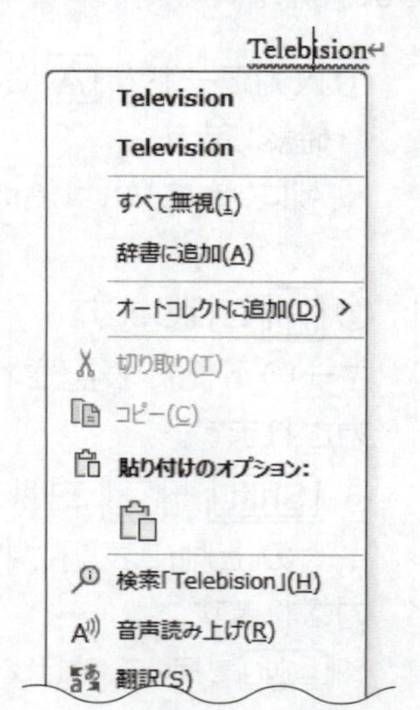

●青の二重線（文法の誤りの可能性）

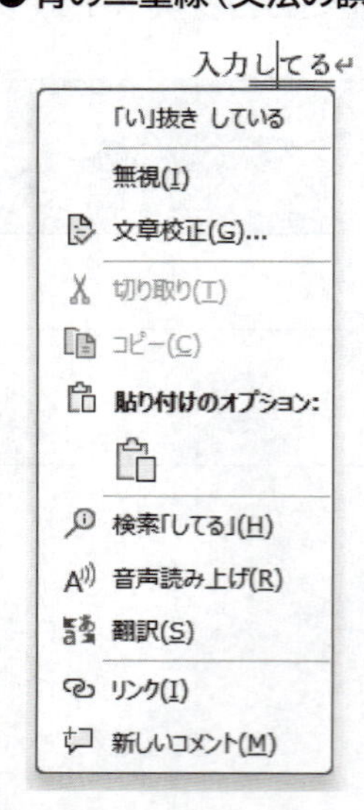

3 ひらがなの入力

ひらがなを入力する方法を確認しましょう。

1 ローマ字入力の場合

ローマ字入力で**「はな」**と入力しましょう。

① 半角/全角 漢字 を押します。

入力モードが あ になります。

※ あ になっていない場合は、A を右クリックして、一覧から《ひらがな》を選択します。

はな

② H く A ち N み A ち を押します。

「はな」と表示され、入力した文字に点線が付きます。

※点線は、文字が入力の途中であることを表します。

※文字の上側または下側に予測候補が表示されます。

③ Enter を押します。

はな

点線が消え、文字が確定されます。

※ Enter を押して、改行しておきましょう。

POINT ローマ字入力の規則

ローマ字入力には、次のような規則があります。

入力する文字	入力方法	例
「ん」の入力	「N」を2回入力します。 ※「ん」のあとに子音が続く場合は、「N」を1回入力します。	みかん：M も I に K の A ち N み N み りんご：R す I に N み G き O ら
「を」の入力	「WO」と入力します。	を　：W て O ら
促音「っ」の入力	あとに続く子音を2回入力します。	いった：I に T か T か A ち
拗音（「きゃ」「きゅ」「きょ」など）・小さい文字（「ぁ」「ぃ」「ぅ」など）の入力	子音と母音の間に「Y」または「H」を入力します。 小さい文字を単独で入力する場合は、先頭に「L」または「X」を入力します。	きゃ　：K の Y ん A ち てぃ　：T か H く I に ぁ　：L り A ち

※P.238に「ローマ字・かな対応表」を添付しています。

POINT 句点・読点・長音の入力

句点「。」：> 。 る　　読点「、」：< 、 ね　　長音「ー」：= ー ほ

2 かな入力の場合

かな入力で**「はな」**と入力しましょう。

①入力モードが[あ]になっていることを確認します。

※[あ]になっていない場合は、[半角/全角/漢字]を押します。

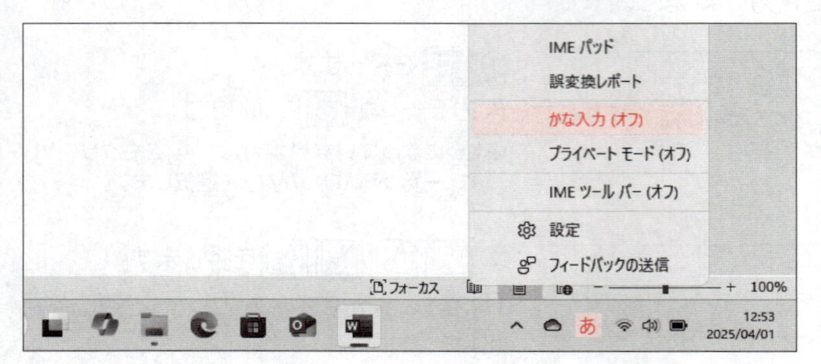

かな入力に切り替えます。

②[あ]を右クリックします。

③**《かな入力(オフ)》**をクリックします。

※コマンド名が《かな入力(オン)》に変わります。

④[F は][U な]を押します。

「はな」と表示され、入力した文字に点線が付きます。

※点線は、文字が入力の途中であることを表します。

※文字の上側または下側に予測候補が表示されます。

⑤[Enter]を押します。

点線が消え、文字が確定されます。

※[Enter]を押して、改行しておきましょう。

POINT かな入力の規則

かな入力には、次のような規則があります。

入力する文字	入力方法	例
濁音の入力	清音のあとに[@ ゛]を押します。	かば ：[T か][F は][@ ゛]
半濁音の入力	清音のあとに[{ 「 ゜]を押します。	ぱん ：[F は][{ 「 ゜][Y ん]
「を」の入力	[Shift]を押しながら、[0 わ を]を押します。	を ：[Shift]+[0 わ を]
促音「っ」の入力	[Shift]を押しながら、[Z つ っ]を押します。	いった：[E い] [Shift]+[Z つ っ] [Q た]
拗音(「きゃ」「きゅ」「きょ」など)・小さい文字(「ぁ」「ぃ」「ぅ」など)の入力	[Shift]を押しながら、清音を押します。	きゃ ：[G き] [Shift]+[' 7 や ゃ] てぃ ：[W て] [Shift]+[E い ぃ] ぁ ：[Shift]+[# 3 あ ぁ]

POINT 句点・読点・長音の入力

句点「。」：[Shift]+[> . る]　読点「、」：[Shift]+[< , ね]　長音「ー」：[| ¥ ー]

Let's Try ためしてみよう

次の文字を入力しましょう。

※使用する入力方式に切り替えておきましょう。

※問題ごとに文字を確定し、[Enter]を押して改行しておきましょう。

① あめ
② ぶっく
③ ぱん
④ きゃんでぃー
⑤ ぎゅうにゅう
⑥ のーと
⑦ 、。

Let's Try Answer

●ローマ字入力の場合

① [A ち]　[M も][E い]
② [B こ][U な]　[K の][K の][U な]
③ [P せ][A ち]　[N み][N み]
④ [K の][Y ん][A ち]　[N み]　[D し][H く][I に]　[= ー ほ]
⑤ [G き][Y ん][U な]　[U な]　[N み][Y ん][U な]　[U な]
⑥ [N み][O ら]　[= ー ほ]　[T か][O ら]
⑦ [< 、 , ね]　[> 。 . る]

●かな入力の場合

① [# ぁ 3 あ]　[? ・ / め]
② [" 2 ふ][` @ ゛]　[Shift]+[Z っ つ]　[H く]
③ [F は][{ 「 [゜]　[Y ん]
④ [G き]　[Shift]+[' ゃ 7 や]　[Y ん]　[W て][` @ ゛]　[Shift]+[E ぃ い]　[| ¥ ー]
⑤ [G き][` @ ゛]　[Shift]+[(ゅ 8 ゆ]　[$ ぅ 4 う]　[I に]　[Shift]+[(ゅ 8 ゆ]　[$ ぅ 4 う]
⑥ [K の]　[| ¥ ー]　[S と]
⑦ [Shift]+[< 、 , ね]　[Shift]+[> 。 . る]

4 入力中の文字の訂正

入力中の文字を効率的な方法で訂正しましょう。

1 入力中の文字の削除

確定前の文字を削除するには、[Back Space]または[Delete]を使います。

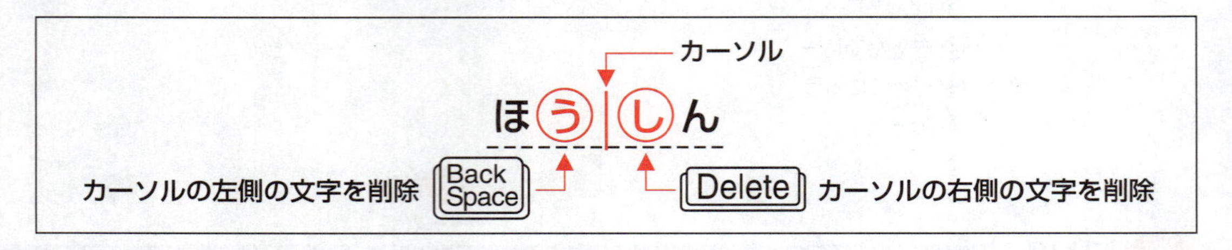

「ほうしん」と入力した文字を「ほん」に訂正しましょう。

ほうしん

①入力モードが[あ]になっていることを確認します。

※[あ]になっていない場合は、[半角/全角 漢字]を押します。

※[あ]を右クリックし、使用する入力方式に切り替えておきましょう。

②「ほうしん」と入力します。

※文字の上側または下側に予測候補が表示されます。

ほう|しん

「う」と「し」の間にカーソルを移動します。

③[←]を2回押します。

ほ|しん

④[Back Space]を1回押します。

「う」が削除されます。

ほ|ん

⑤[Delete]を1回押します。

「し」が削除されます。

⑥[Enter]を押します。

ほん

文字が確定されます。

※[Enter]を押して、改行しておきましょう。

STEP UP 予測候補

文字を入力し変換する前に、予測候補の一覧が表示されます。
この予測候補の一覧には、今までに入力した文字やこれから入力すると予測される文字が予測候補として表示されます。Tab を押して、この予測候補の一覧から選択すると、そのまま入力することができます。

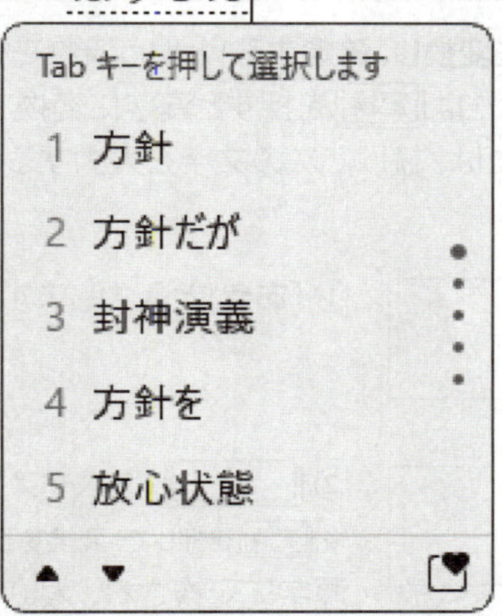

2 入力中の文字の挿入

確定前に文字を挿入するには、文字を挿入する位置にカーソルを移動して入力します。
「ともち」と入力した文字を**「ともだち」**に訂正しましょう。

ともち

①**「ともち」**と入力します。

ともち

「も」と**「ち」**の間にカーソルを移動します。
② ← を押します。

ともだち

③**「だ」**と入力します。
「だ」が挿入されます。
④ Enter を押します。

ともだち

文字が確定されます。
※ Enter を押して、改行しておきましょう。

STEP UP 入力中の文字の取り消し

入力中の文字をすべて取り消すには、文字を確定する前に Esc を押します。

1
2
3
4
5
6
7
総合問題
実践問題
索引

STEP 4 文字を変換する

1 漢字変換

漢字を入力する操作は、**「入力した文字を変換し、確定する」**という流れで行います。
文字を入力して、［　　］（スペース）または［変換］を押すと漢字に変換できます。
変換された漢字は［Enter］を押すか、または、続けて次の文字を入力すると確定されます。
「会う」と入力しましょう。

あう

①**「あう」**と入力します。

会う

②［　　］（スペース）を押します。
※［変換］を押して、変換することもできます。
漢字に変換され、太い下線が付きます。
※太い下線は、文字が変換の途中であることを表します。
※お使いの環境によっては、表示される漢字が異なる場合があります。
③［Enter］を押します。

会う

漢字が確定されます。
※［Enter］を押して、改行しておきましょう。

POINT ［　　］（スペース）の役割

［　　］（スペース）は、押すタイミングによって役割が異なります。
文字を確定する前に［　　］（スペース）を押すと、文字が変換されます。
文字を確定したあとに［　　］（スペース）を押すと、空白が入力されます。

STEP UP 変換前の状態に戻す

変換して確定する前に［Esc］を何回か押すと、変換前の状態（読みを入力した状態）に戻して文字を訂正できます。

2 変換候補一覧からの選択

漢字には同音異義語（同じ読みでも意味が異なる言葉）があります。
[ ]（スペース）を1回押して目的の漢字が表示されない場合は、さらに[ ]（スペース）を押します。変換候補一覧が表示されるので、一覧から目的の漢字を選択します。
「逢う」と入力しましょう。

あう↵

①**「あう」**と入力します。

会う↵

②[ ]（スペース）を押します。

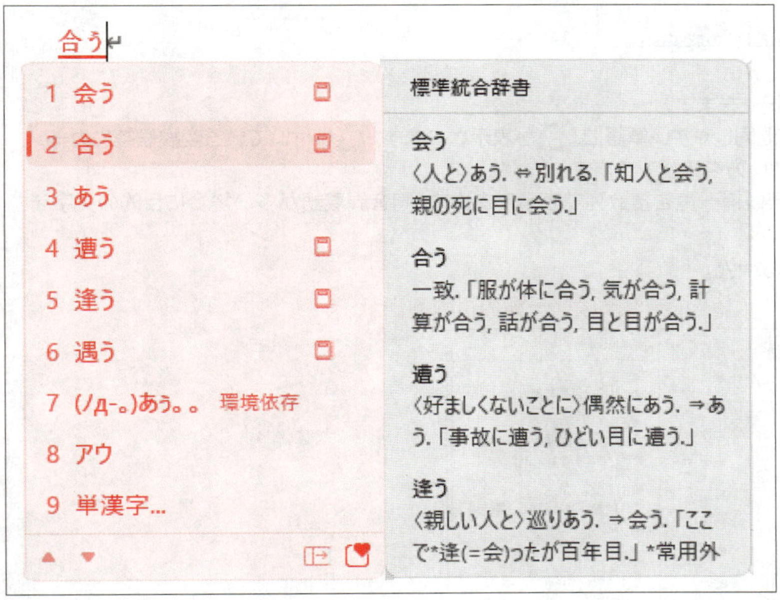

合う↵

候補	標準統合辞書
1 会う	会う　〈人と〉あう. ⇔別れる.「知人と会う, 親の死に目に会う.」
2 合う	合う　一致.「服が体に合う, 気が合う, 計算が合う, 話が合う, 目と目が合う.」
3 あう	遭う　〈好ましくないことに〉偶然にあう. ⇒あう.「事故に遭う, ひどい目に遭う.」
4 遭う	逢う　〈親しい人と〉巡りあう. ⇒会う.「ここで*逢(=会)ったが百年目.」*常用外
5 逢う	
6 遇う	
7 (ﾉд-｡)あぅ｡｡ 環境依存	
8 アウ	
9 単漢字...	

③再度、[ ]（スペース）を押します。
変換候補一覧が表示されます。

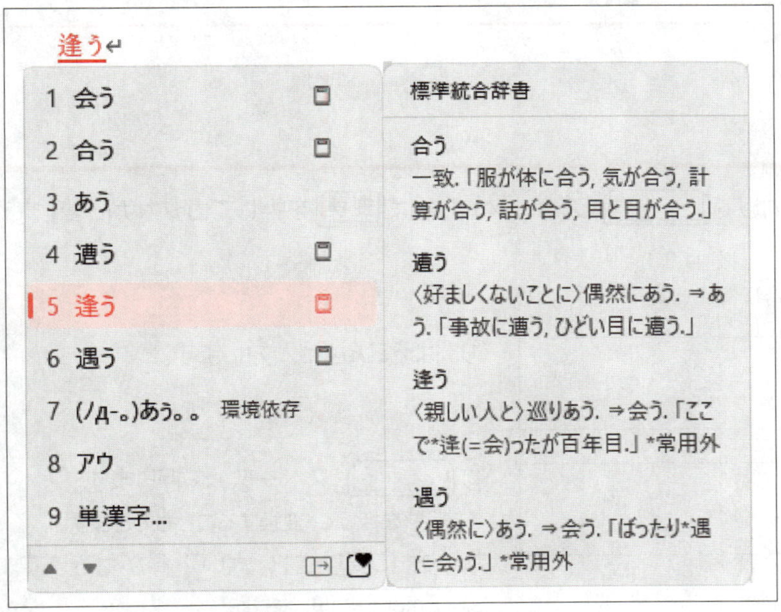

逢う↵

候補	標準統合辞書
1 会う	合う　一致.「服が体に合う, 気が合う, 計算が合う, 話が合う, 目と目が合う.」
2 合う	遭う　〈好ましくないことに〉偶然にあう. ⇒あう.「事故に遭う, ひどい目に遭う.」
3 あう	逢う　〈親しい人と〉巡りあう. ⇒会う.「ここで*逢(=会)ったが百年目.」*常用外
4 遭う	遇う　〈偶然に〉あう. ⇒会う.「ばったり*遇(=会)う.」*常用外
5 逢う	
6 遇う	
7 (ﾉд-｡)あぅ｡｡ 環境依存	
8 アウ	
9 単漢字...	

④何回か[ ]（スペース）を押し、一覧から**「逢う」**を選択します。
※[↑][↓]を押して、一覧から選択することもできます。
⑤[Enter]を押します。

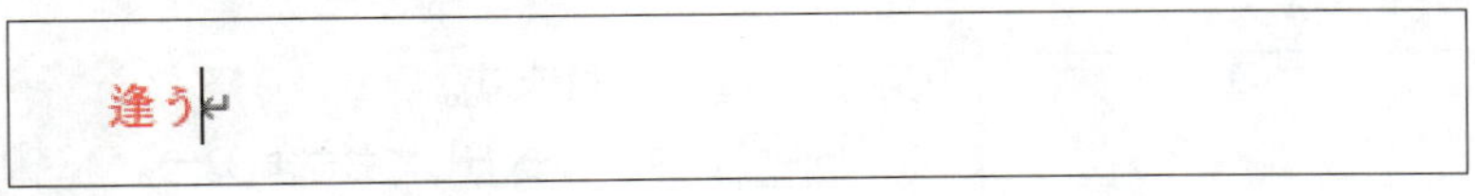

逢う↵

漢字が確定されます。
※[Enter]を押して、改行しておきましょう。

POINT 漢字の変換候補一覧

漢字の変換候補一覧の各部の役割は、次のとおりです。

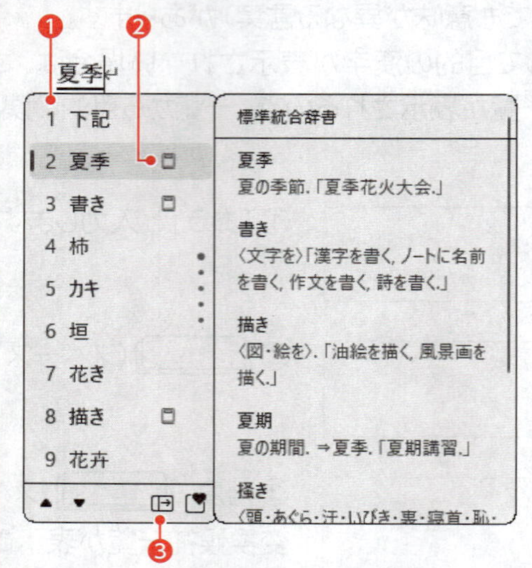

❶数字を入力して漢字を選択できます。

❷同音異義語などで意味を混同しやすい単語に、▣が表示されます。▣が付いている変換候補にカーソルを合わせると、意味や使い方を確認できます。

❸ ⊡をクリックすると、変換候補一覧を複数列で表示できます。同音異義語が多い場合に目的の文字を探しやすくなります。

※ Tab を押しても、かまいません。

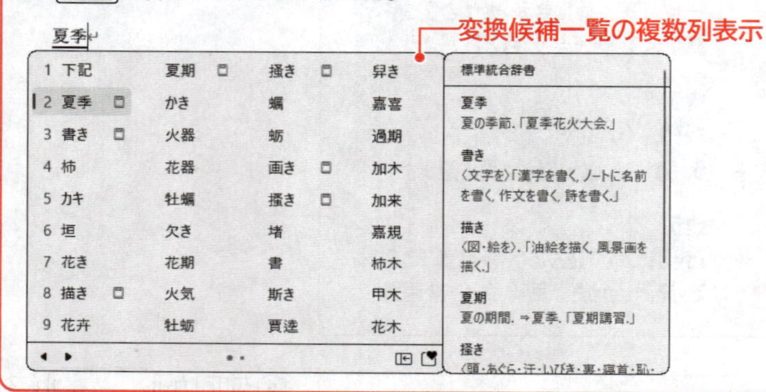

3 カタカナ変換

漢字と同様に、読みを入力して［　　　］(スペース)または［変換］を押してカタカナに変換できます。

「パソコン」と入力しましょう。

ぱそこん

① **「ぱそこん」**と入力します。

パソコン

② ［　　　］(スペース)を押します。

※［変換］を押して、変換することもできます。

カタカナに変換され、太い下線が付きます。

③ ［Enter］を押します。

パソコン

文字が確定されます。

※［Enter］を押して、改行しておきましょう。

4 記号変換

記号には「〒」「℡」「①」「◎」など、読みを入力して変換できるものがあります。
「◎」を入力しましょう。

まる

①**「まる」**と入力します。

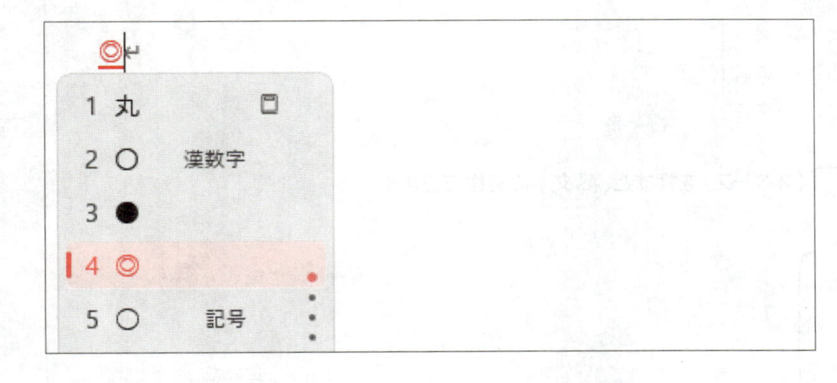

②何回か［　　　］(スペース)を押し、一覧から「◎」を選択します。

※［↑］［↓］を押して、一覧から選択することもできます。

③［Enter］を押します。

◎

記号が確定されます。

※［Enter］を押して、改行しておきましょう。

STEP UP よく使う記号

読みを入力して変換できる記号には、次のようなものがあります。

読み	記号
かっこ	（） 〔〕 <> 《》 「」 『』 【】
まる	○ ● ◎ ①～⑳ ㊤ ㊥ ㊦ ㊧ ㊨
さんかく	△ ▲ ▽ ▼ ∵ ∴
やじるし	← → ↑ ↓ ⇔ ⇒
たんい	℃ ％ ‰ Å £ ¢ ㎜ ㎝ ㎞ ㎎ ㎏ ㎡ ㍗ ㌍ ㍍
けいさん	＋ － × ÷ ≦ ≠
から	～
こめ	※
ゆうびん	〒
でんわ	℡
ほし	☆ ★

※このほかにも、読みを入力して変換できる記号はたくさんあります。

STEP UP 記号と特殊文字

《記号と特殊文字》ダイアログボックスを使うと、読みがわからない記号も入力できます。
《記号と特殊文字》ダイアログボックスを表示する方法は、次のとおりです。

◆《挿入》タブ→《記号と特殊文字》グループの《記号の挿入》→《その他の記号》

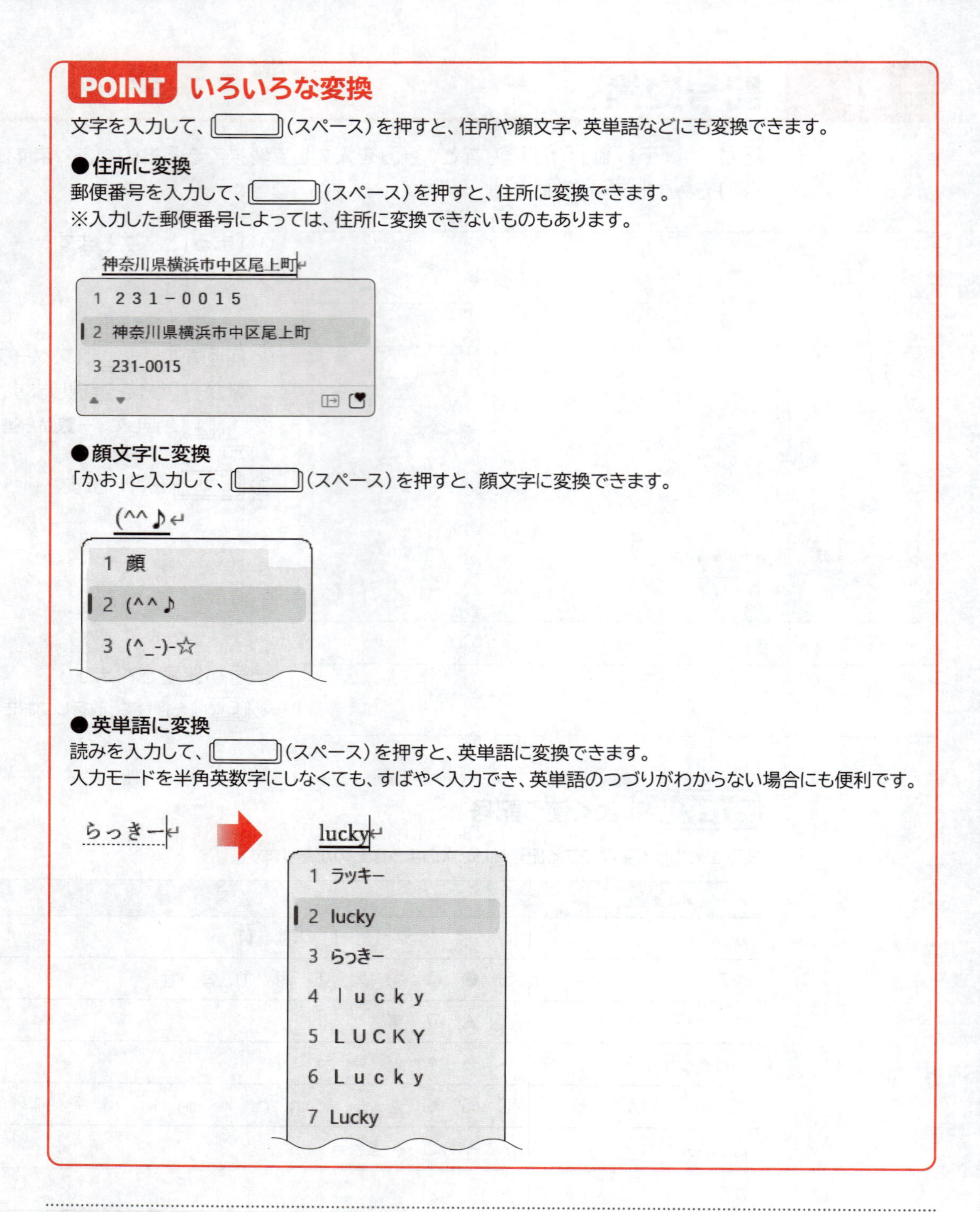

POINT いろいろな変換

文字を入力して、（スペース）を押すと、住所や顔文字、英単語などにも変換できます。

●住所に変換

郵便番号を入力して、（スペース）を押すと、住所に変換できます。
※入力した郵便番号によっては、住所に変換できないものもあります。

●顔文字に変換

「かお」と入力して、（スペース）を押すと、顔文字に変換できます。

●英単語に変換

読みを入力して、（スペース）を押すと、英単語に変換できます。
入力モードを半角英数字にしなくても、すばやく入力でき、英単語のつづりがわからない場合にも便利です。

STEP UP 絵文字の入力

「Windows絵文字ピッカー」を使うと、絵文字を入力できます。
変換候補や予測候補の一覧の（絵文字など）をクリックすると、Windows絵文字ピッカーが表示され、絵文字や顔文字などを選択できます。
また、を押しながら、を押しても、Windows絵文字ピッカーを表示できます。

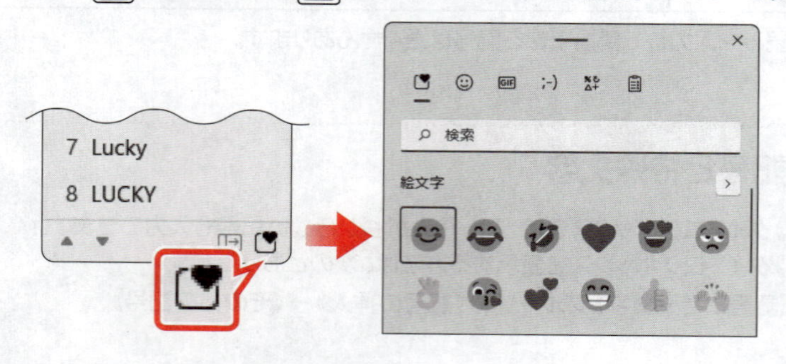

5 再変換

確定した文字を変換しなおすことを**「再変換」**といいます。
再変換する箇所にカーソルを移動して【変換】を押すと、変換候補一覧が表示され、ほかの漢字やカタカナを選択できます。
「逢う」を**「合う」**に再変換しましょう。

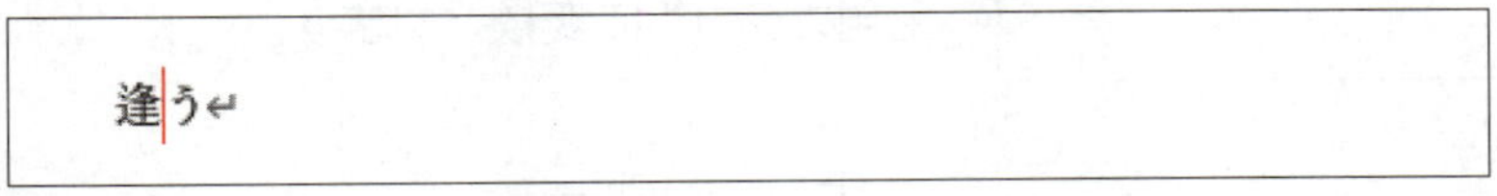

逢う↵

①**「逢う」**にカーソルを移動します。
※単語上であれば、どこでもかまいません。

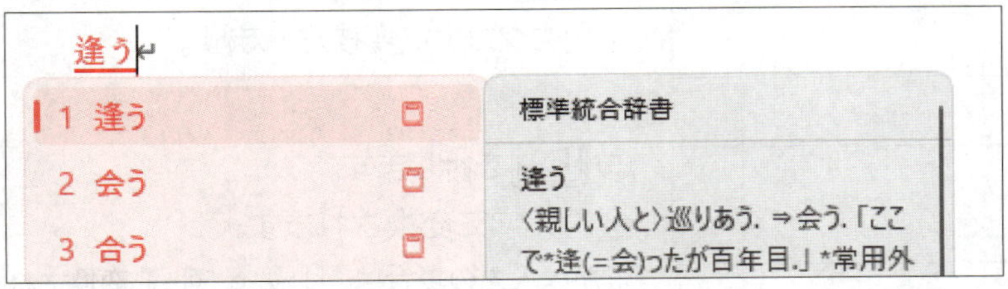

逢う↵
1 逢う
2 会う
3 合う
標準統合辞書
逢う
〈親しい人と〉巡りあう. ⇒会う.「ここで*逢(=会)ったが百年目.」*常用外

②【変換】を押します。
変換候補一覧が表示されます。

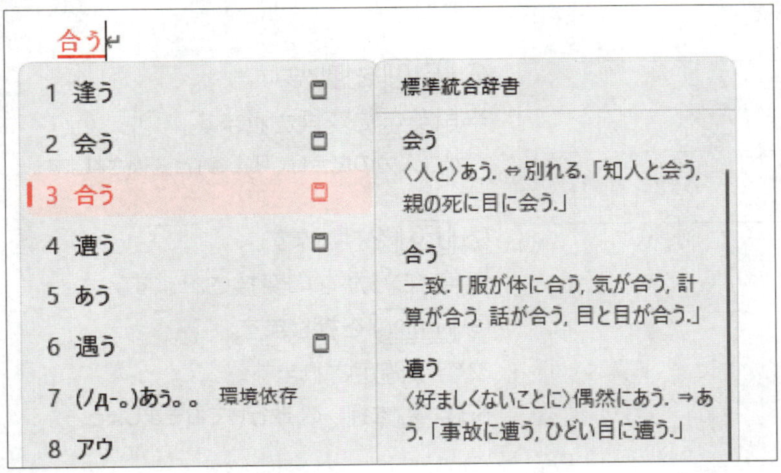

合う↵
1 逢う
2 会う
3 合う
4 遭う
5 あう
6 遇う
7 (/д-。)あう。。 環境依存
8 アウ
標準統合辞書
会う
〈人と〉あう. ⇔別れる.「知人と会う, 親の死に目に会う.」
合う
一致.「服が体に合う, 気が合う, 計算が合う, 話が合う, 目と目が合う.」
遭う
〈好ましくないことに〉偶然にあう. ⇒あう.「事故に遭う, ひどい目に遭う.」

③何回か【　　　】（スペース）を押し、一覧から**「合う」**を選択します。
※【↑】【↓】を押して、一覧から選択することもできます。
④【Enter】を押します。
文字が確定されます。
※文書の最後にカーソルを移動しておきましょう。

STEP UP　その他の方法（再変換）

◆単語を右クリック→一覧から漢字を選択

6 ファンクションキーを使った変換

【F6】～【F10】のファンクションキーを使って、入力した読みを変換できます。下線が付いた状態で、ファンクションキーを押すと変換されます。
ファンクションキーを使った変換の種類は、次のとおりです。

●「りんご」と入力した場合

ファンクションキー	変換の種類	変換後の文字	
【F6】	ひらがな	りんご	
【F7】	全角カタカナ	リンゴ	
【F8】	半角カタカナ	ﾘﾝｺﾞ	
【F9】	全角英数字	ローマ字入力	ｒｉｎｇｏ
		かな入力	ｌｙｂ＠
【F10】	半角英数字	ローマ字入力	ringo
		かな入力	lyb@

「**りんご**」と入力し、ファンクションキーを使って変換しましょう。

りんご↵

①「**りんご**」と入力します。
② F6 を押します。
ひらがなに変換されます。

リンゴ↵

③ F7 を押します。
全角カタカナに変換されます。

ﾘﾝｺﾞ↵

④ F8 を押します。
半角カタカナに変換されます。

ｒｉｎｇｏ↵

⑤ F9 を押します。
全角英字に変換されます。
※かな入力の場合は、「ｌ ｙ ｂ ＠」と変換されます。

ringo↵

⑥ F10 を押します。
半角英字に変換されます。
※かな入力の場合は、「lyb@」と変換されます。

りんご↵

⑦ F6 を押します。
再度、ひらがなに変換されます。
⑧ Enter を押します。
文字が確定されます。
※ Enter を押して、改行しておきましょう。

STEP UP ファンクションキーの活用

ファンクションキーを1回押すごとに、次のように変換できます。

ファンクションキー	変換後の文字
F6	てにすは→テにすは→テニすは→テニスは
F7	テニスハ→テニスは→テニすは→テにすは
F8	ﾃﾆｽﾊ→ﾃﾆｽは→ﾃﾆすは→ﾃにすは
F9	ｍｒ．ｓｕｚｕｋｉ→ＭＲ．ＳＵＺＵＫＩ→Ｍｒ．Ｓｕｚｕｋｉ
F10	mr.suzuki→MR.SUZUKI→Mr.Suzuki

STEP 5 文章を変換する

1 文章の変換

文章を入力して変換する方法には、次のようなものがあります。

●文節単位で変換する

文節ごとに入力し、[　　　]（スペース）を押して変換します。
適切な漢字に絞り込まれるため、効率よく文章を変換できます。

●一括変換する

「。」（句点）「、」（読点）を含めた一文を入力し、[　　　]（スペース）を押して変換します。
自動的に文節が区切られてまとめて変換できます。ただし、一部の文節が目的の漢字に変換されない場合や、文節が正しく認識されない場合には、手動で調整する必要があります。

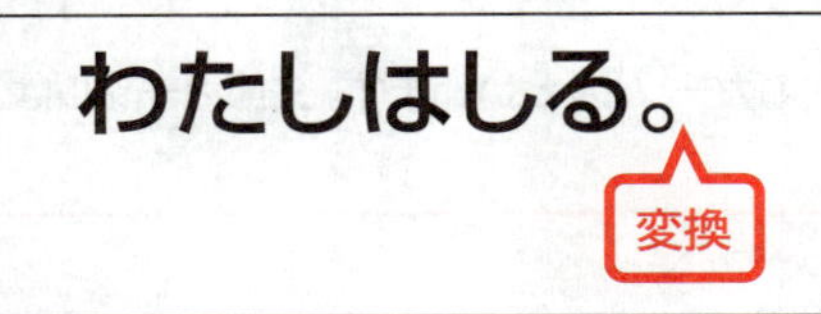

2 文節単位の変換

文節単位で変換して文章を入力します。
「学校に行く。」と入力しましょう。

がっこうに↵

①**「がっこうに」**と入力します。

学校にいく。↵

②[　　　]（スペース）を押します。
「学校に」と変換されます。
③**「いく。」**と入力します。
※「学校に」が自動的に確定されます。

学校に行く。↵

④[　　　]（スペース）を押します。
「行く。」と変換されます。
⑤[Enter]を押します。

学校に行く。↵

文章が確定されます。
※[Enter]を押して、改行しておきましょう。

3 一括変換

一括変換で文章を入力します。

1 一括変換

「晴れたらプールで泳ぐ。」と入力し、一括変換しましょう。

はれたらぷーるでおよぐ。

①**「はれたらぷーるでおよぐ。」**と入力します。

晴れたらプールで泳ぐ。

②[　　　](スペース)を押します。
自動的に文節が区切られて変換されます。
③[Enter]を押します。

晴れたらプールで泳ぐ。

文章が確定されます。
※[Enter]を押して、改行しておきましょう。

POINT 文節カーソル

変換したときに表示される太い下線を「文節カーソル」といいます。文節カーソルは、現在変換対象になっている文節を表します。

2 文節ごとの変換

文章を一括変換したときに、一部の文節が目的の漢字に変換されないことがあります。その場合は、[←]または[→]を使って、文節カーソルを移動して変換しなおします。
「本を構成する。」を**「本を校正する。」**に変換しなおしましょう。

ほんをこうせいする。

①**「ほんをこうせいする。」**と入力します。

本を構成する。

②[　　　](スペース)を押します。
自動的に文節が区切られて変換されます。
③**「本を」**の文節に、文節カーソルが表示されていることを確認します。

本を構成する。

文節カーソルを右に移動します。
④[→]を押します。
文節カーソルが**「構成する」**に移動します。

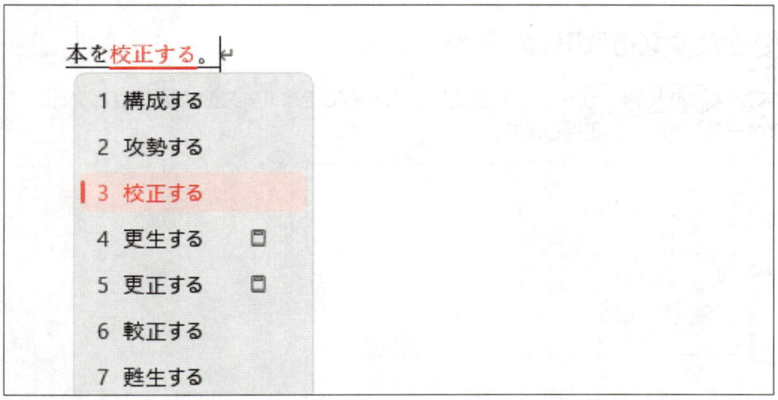

本を校正する。
1 構成する
2 攻勢する
3 校正する
4 更生する
5 更正する
6 較正する
7 甦生する

⑤ [　　　] (スペース)を押します。
変換候補一覧が表示されます。
⑥一覧から**「校正する」**を選択します。
⑦ [Enter] を押します。

本を校正する。

文章が確定されます。
※ [Enter] を押して、改行しておきましょう。

3 文節区切りの変更

文章を一括変換したときに、文節の区切りが正しく認識されないことがあります。その場合は、[　　　] (スペース)を押して変換候補を表示し、正しい文節の区切りを選択します。
「私は知る。」の文節の区切りを調整して、**「私走る。」**に変更しましょう。

わたしはしる。

①**「わたしはしる。」**と入力します。

私は知る。

② [　　　] (スペース)を押します。
自動的に文節が区切られて変換されます。
③**「私は」**の文節に、文節カーソルが表示されていることを確認します。

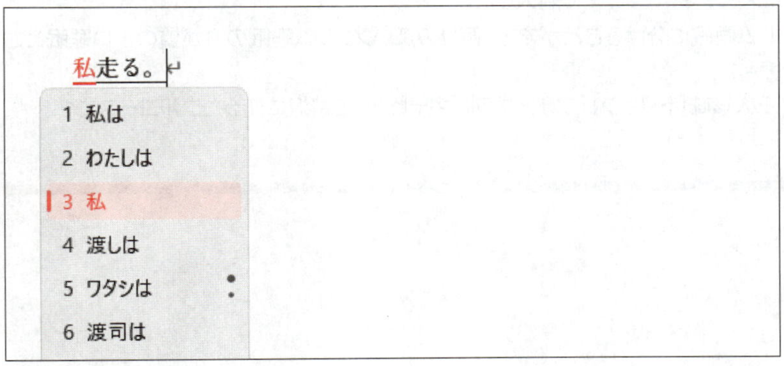

私走る。
1 私は
2 わたしは
3 私
4 渡しは
5 ワタシは
6 渡司は

変換候補を選択しなおして、文節の区切りを変更します。
④ [　　　] (スペース)を押します。
変換候補一覧が表示されます。
⑤一覧から**「私」**を選択します。
自動的に次の文節が**「走る」**に変換されます。
⑥ [Enter] を押します。

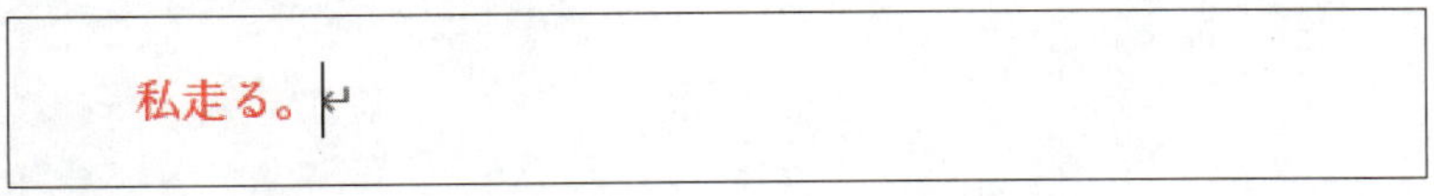

私走る。

文章が確定されます。
※ [Enter] を押して、改行しておきましょう。

STEP UP [Shift]を使った文節区切りの変更

文節の区切りは、[Shift]+[←]または[Shift]+[→]を使って変更することもできます。文節の区切りと文節カーソルが一致したら、[　　](スペース)を押して変換します。

私は知る。↵

[Shift]+[←]を押して、文節の区切りを「わたし」に変更する

わたしは知る。↵

[　　](スペース)を押して、「私」に変換する

私走る。↵

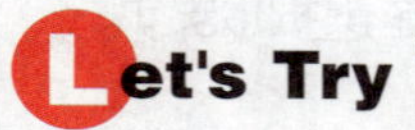

ためしてみよう

次の文章を入力しましょう。
※問題ごとに[Enter]を押して、改行しておきましょう。

① 来年は海外旅行に2回行きたい。
② 広島へ牡蠣を食べに行った。
③ 寝る前にSNSを更新するのが毎日の日課となっている。
④ 昨日会った人は前にも会ったことがある。
⑤ 今日歯医者へ行った。今日は医者へ行った。
⑥ ここでは着物を脱ぐ。ここで履物を脱ぐ。
⑦ 必要事項を記入して、Mailでご回答ください。
⑧ 夏のSALEで前から欲しかったスーツを40%OFFで購入した。
⑨ 睡眠の種類はレム睡眠とノンレム睡眠に分けることができ、眠りの深いノンレム睡眠の方が質のよい睡眠とされている。
⑩ 当店の看板メニューは、世界三大珍味「トリュフ」「フォアグラ」「キャビア」を贅沢に使ったフルコースです。

省略

Step 6 単語を登録する

1 単語の登録

専門用語や名前などの中で、うまく変換できないような単語は、辞書に登録しておくと便利です。また、会社名や部署名、メールアドレス、頻繁に使う文章なども短い読みで登録すると、すばやく入力できます。
「湊人」（みなと）を短縮した読みの**「み」**で辞書に登録しましょう。

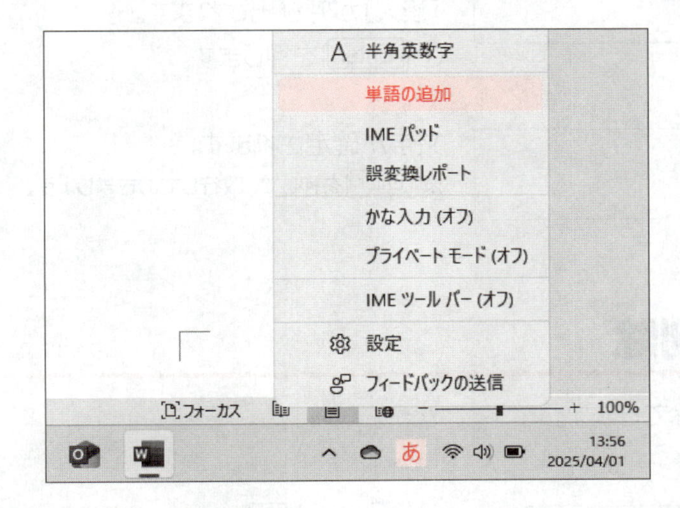

①あまたはAを右クリックします。
②**《単語の追加》**をクリックします。

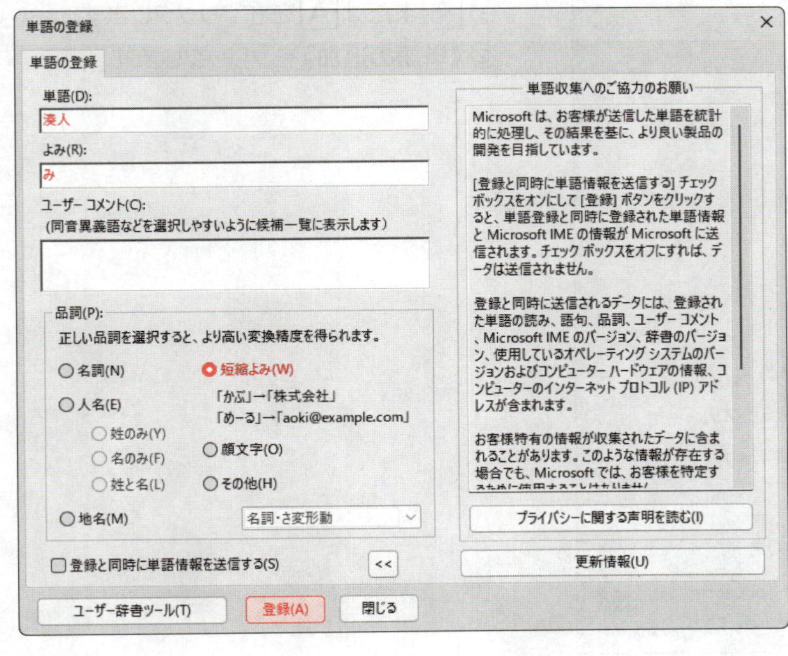

《単語の登録》ダイアログボックスが表示されます。
登録する単語を入力します。
③**《単語》**に**「湊人」**と入力します。
※「みなと」では変換できないので、1文字ずつ変換します。
登録する単語の読みを入力します。
④**《よみ》**に**「み」**と入力します。
⑤**《短縮よみ》**を◉にします。
⑥**《登録》**をクリックします。
単語が登録されます。
※《閉じる》をクリックし、《単語の登録》ダイアログボックスを閉じておきましょう。

STEP UP 人名の登録

姓や名などを単語登録する場合、《品詞》の《人名》を設定すると、読みと一緒に「さん」や「くん」などの敬称を付けて入力・変換できるようになります。

2 単語の呼び出し

登録した単語は、読みを入力して、変換することで呼び出すことができます。
「み」と入力して**「湊人」**を呼び出しましょう。

み

①文書の最後にカーソルがあることを確認します。
②**「み」**と入力します。

湊人

③［　　　］（スペース）を押します。
「湊人」が呼び出されます。
④［Enter］を押します。

湊人

文字が確定されます。
※［Enter］を押して、改行しておきましょう。

3 登録した単語の削除

登録した単語は、辞書から削除できます。
「湊人」を辞書から削除しましょう。

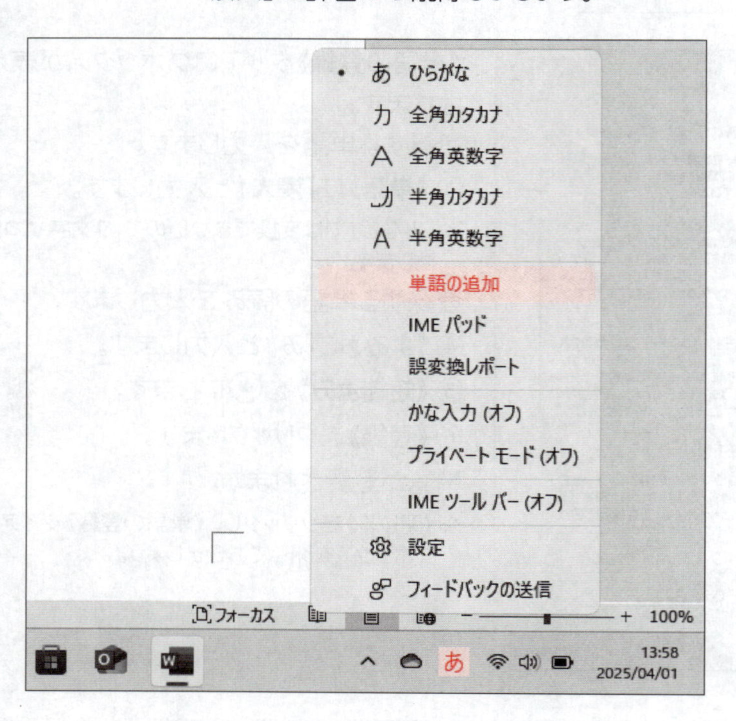

①［あ］または［A］を右クリックします。
②**《単語の追加》**をクリックします。

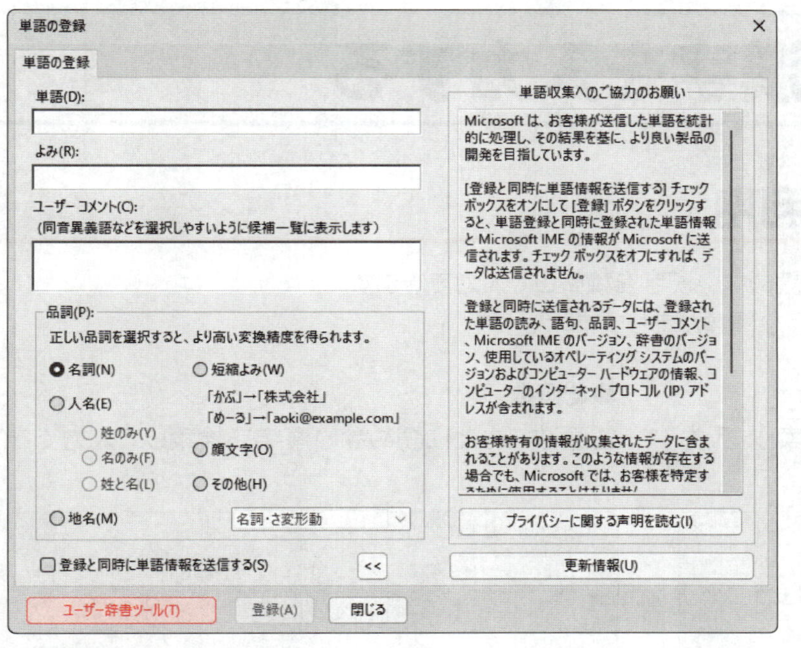

《**単語の登録**》ダイアログボックスが表示されます。

③《**ユーザー辞書ツール**》をクリックします。

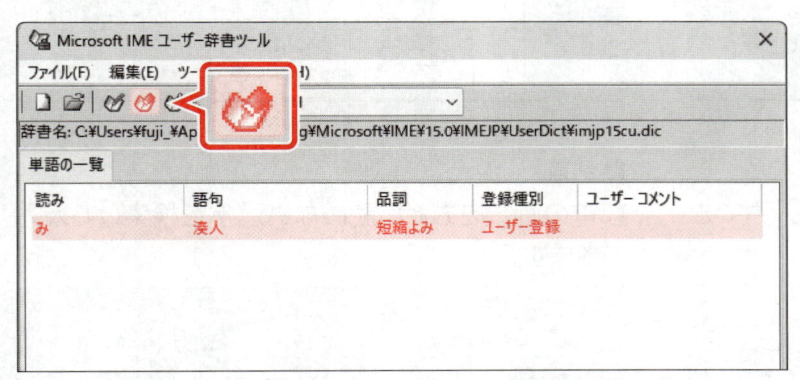

《**Microsoft IME ユーザー辞書ツール**》が表示されます。

④《**語句**》の「**湊人**」をクリックします。

⑤《**削除**》をクリックします。

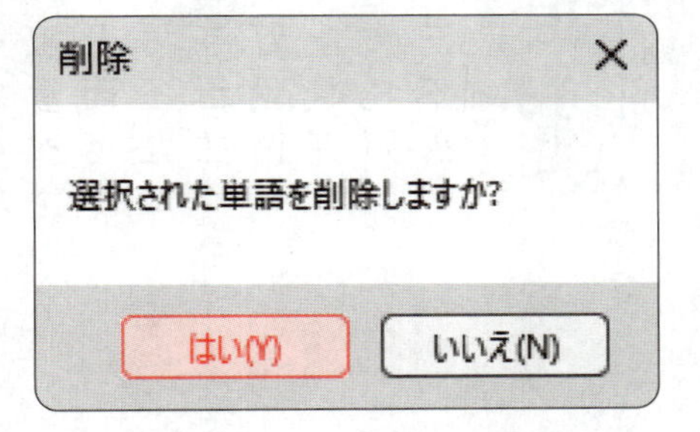

メッセージが表示されます。

⑥《**はい**》をクリックします。

一覧から単語が削除されます。

※《閉じる》をクリックし、《Microsoft IMEユーザー辞書ツール》を閉じておきましょう。

STEP 7 読めない漢字を入力する

1 IMEパッドの利用

「IMEパッド」を使うと、読めない漢字を検索して入力できます。
IMEパッドには、次のような種類があります。

●手書き

マウスを使って読めない漢字を書いて検索し、入力できます。

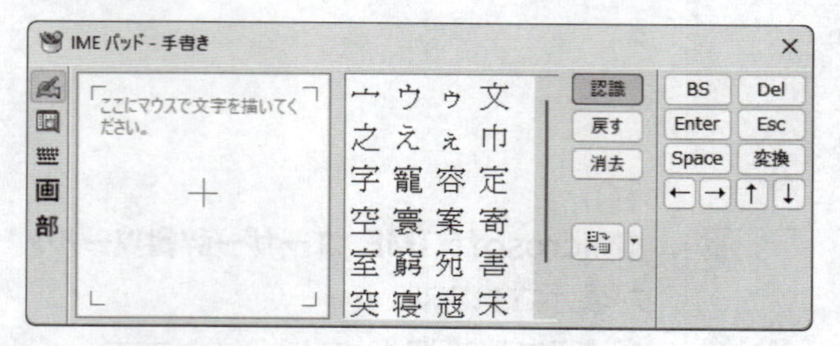

●総画数

総画数をもとに読めない漢字を検索して入力できます。

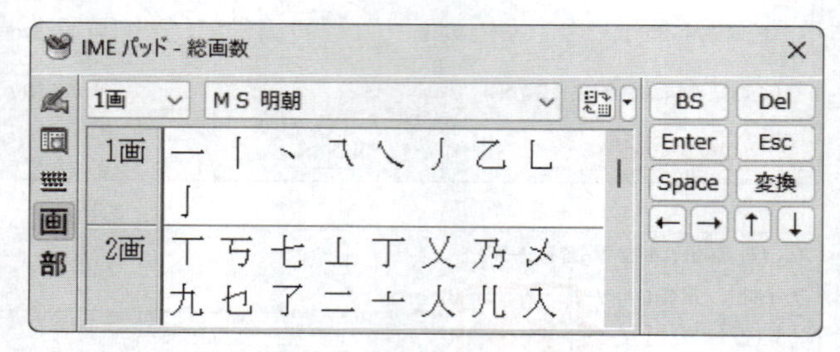

●文字一覧

記号や特殊文字などを一覧から選択して入力できます。

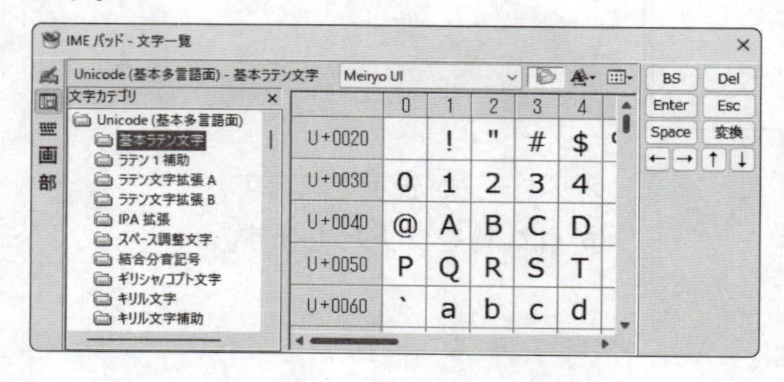

●部首

部首の画数をもとに読めない漢字を検索して入力できます。

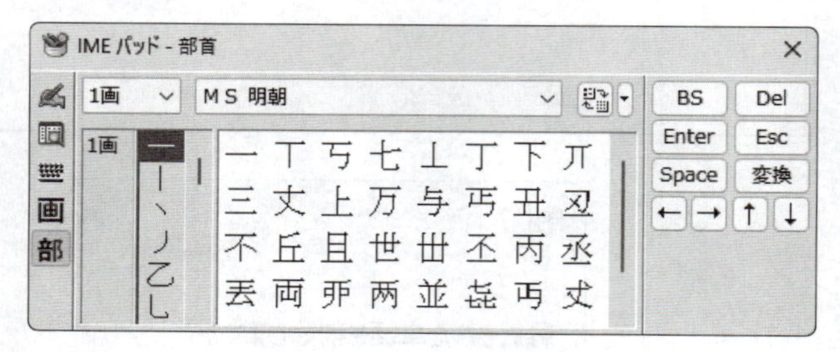

●ソフトキーボード

画面上のキーボードをクリックして、文字を入力できます。

2 手書きで検索

IMEパッドの**「手書き」**を使って、**「从」**（ジュウ）と入力しましょう。

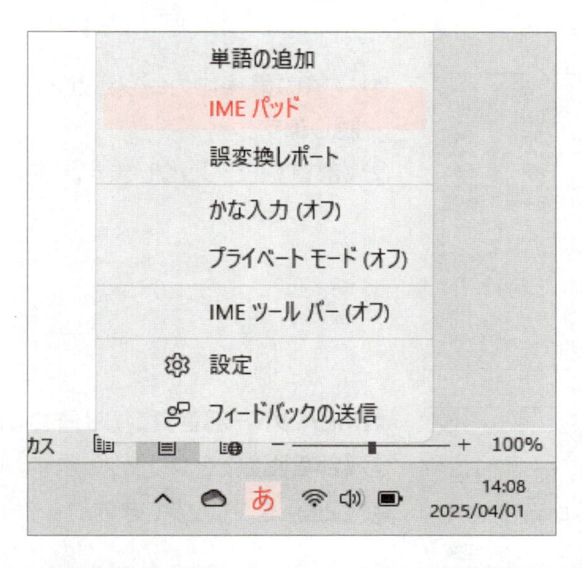

①文書の最後にカーソルがあることを確認します。

②あまたはAを右クリックします。

③**《IMEパッド》**をクリックします。

《IMEパッド》が表示されます。

④**《手書き》**が選択され、オン（色が付いている状態）になっていることを確認します。

※選択されていない場合は、《手書き》をクリックします。

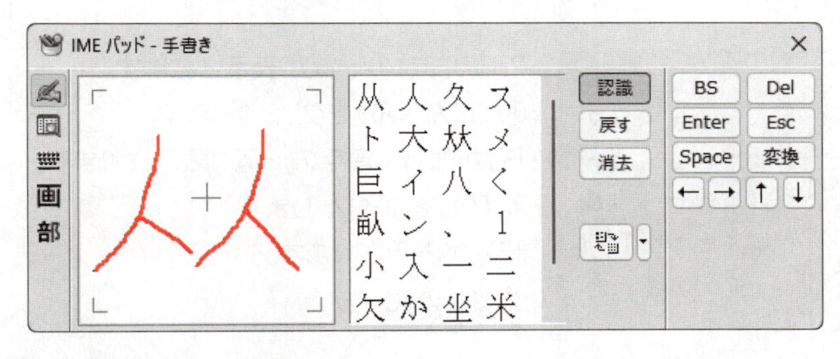

⑤左側の枠の中にマウスを使って**「从」**と書きます。

文字を書くと自動的に認識され、右側の画面に漢字の候補が表示されます。

※書いた文字の形や書き順によって、表示される漢字の候補が異なります。

※直前に書いた部分を消す場合は戻す、すべて消す場合は消去をクリックし、書きなおします。

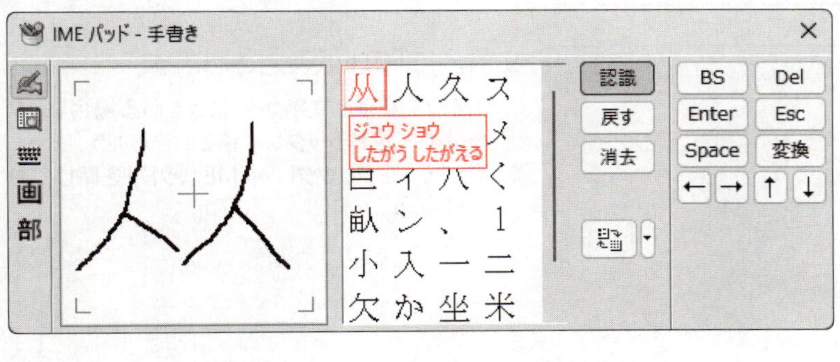

⑥右側の**「从」**をポイントします。

読みが表示されます。

⑦クリックします。

文書内に**「从」**が入力されます。

※《IMEパッド》と文字が重なっている場合は、タイトルバーをドラッグして移動しましょう。

※Enterを押して、改行しておきましょう。

3 部首で検索

IMEパッドの**「部首」**を使って、**「仭」**（ジン）と入力しましょう。
部首は**「亻」**（にんべん）で2画です。

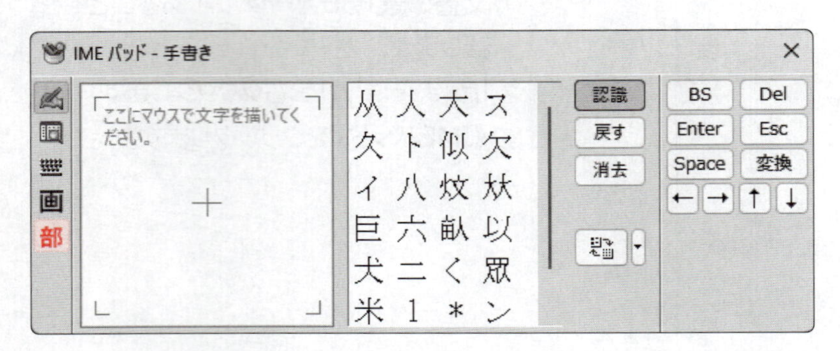

①文書の最後にカーソルがあることを確認します。
②**《部首》**をクリックします。

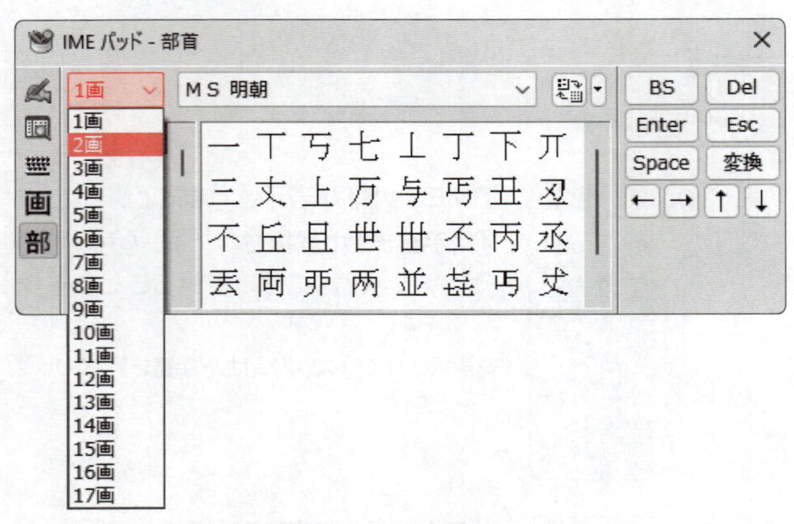

《IMEパッド－部首》に切り替わります。
③**《部首画数》**をクリックします。
④**《2画》**をクリックします。

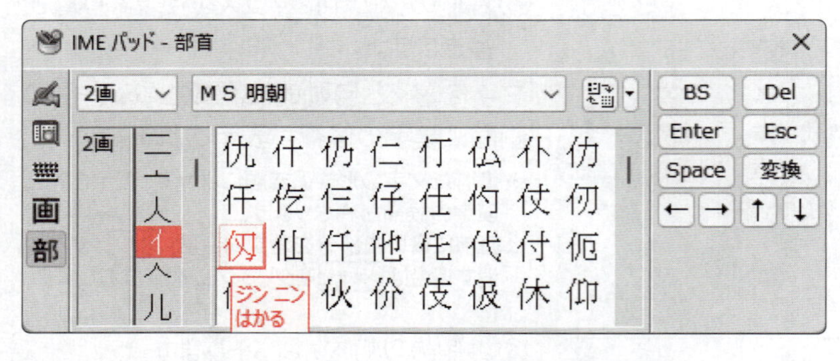

2画の部首の一覧が表示されます。
⑤**《にんべん》**をクリックします。
「亻」が部首の漢字の一覧が表示されます。
⑥**「仭」**をポイントします。
読みが表示されます。
⑦クリックします。

文書内に**「仭」**が入力されます。

※《IMEパッド》と文字が重なっている場合は、タイトルバーをドラッグして移動しましょう。
※《閉じる》をクリックし、《IMEパッド》を閉じておきましょう。

STEP 8 文書を保存せずにWordを終了する

1 文書を保存せずにWordを終了

作成した文書を保存しておく必要がない場合は、そのままWordを終了します。
文書を保存せずにWordを終了しましょう。
※文書を保存する方法については、P.91の「第3章 STEP9 文書を保存する」を参照してください。

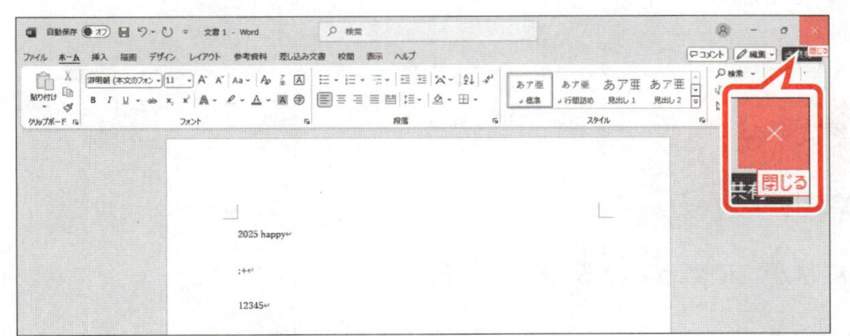

①《**Word**》のウィンドウの《**閉じる**》をクリックします。

このファイルの変更内容を保存しますか?
ファイル名
2025 happy .docx
場所を選択
ドキュメント
OneDrive - 個人用
その他のオプション… 保存(S) 保存しない(N) キャンセル

メッセージが表示されます。
②《**保存しない**》をクリックします。

Wordが終了し、デスクトップ画面に戻ります。

STEP UP 文書の自動回復

作成中の文書は、一定の間隔で自動的にコンピューター内に保存されます。文書を保存せずに閉じてしまった場合、自動的に保存された文書の一覧から復元できることがあります。
保存していない文書を復元する方法は、次のとおりです。
◆《ファイル》タブ→《情報》→《文書の管理》→《保存されていない文書の回復》→文書を選択→《開く》
※自動回復用のデータが保存されるタイミングによって、完全に復元されるとは限りません。

練習問題

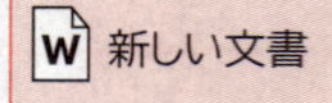

OPEN

新しい文書

次のように文章を入力しましょう。
※↵でEnterを押して改行します。

① 美しい山々。↵

② 青い空に浮かんだ白い雲。↵

③ 少々お待ちください。↵

④ 隣の客はよく柿食う客だ。↵

⑤ 庭には二羽裏庭には二羽鶏がいる。↵

⑥ サクラの花びらが風に吹かれて舞っている。↵

⑦ 今期は150%の増益だった。↵

⑧ ストックホルムは、スウェーデンの首都です。↵

⑨ ちょっと信じられないけど、本当の話!?↵

⑩ (20+30)×5=250↵

※「×」は「かける」または「ばつ」と入力して変換します。

⑪ 〒144-0054□東京都大田区新蒲田1丁目↵

※□は全角空白を表します。

⑫ 3か月先のヴァイオリンのコンサートチケットを¥5,000で購入した。↵

⑬ 商品に関するご質問は、お気軽に最寄りの支店・営業所までお問い合わせください。↵

⑭ 次の休日は、友達とドライブに行く約束をしている。AM8:00には家を出て友達を迎えに行くつもりだ。↵

⑮ Excelの基本操作を学習するには、『Excel␣基礎』のテキストがわかりやすいと評判である。↵

※␣は半角空白を表します。

⑯ ゴルフ場を選ぶ基準には、ホール数・距離(ヤード)・パーの数などがあります。例えば、18H(=ホール)、6,577Y(=ヤード)、P(=パー)72のように表示されます。↵

⑰ 来週の日曜日から駅前のショップで全品50%OFF(半額)のSALEが開催される。↵
また、当日は駅から10分ほど離れた野球場でプロ野球の試合があり、駅の混雑が予想される。↵

※文書を保存せずに閉じておきましょう。

第3章

文書の作成

この章で学ぶこと

学習前に習得すべきポイントを理解しておき、
学習後には確実に習得できたかどうかを振り返りましょう。

STEP 1 作成する文書を確認する

1 作成する文書の確認

次のような文書を作成しましょう。

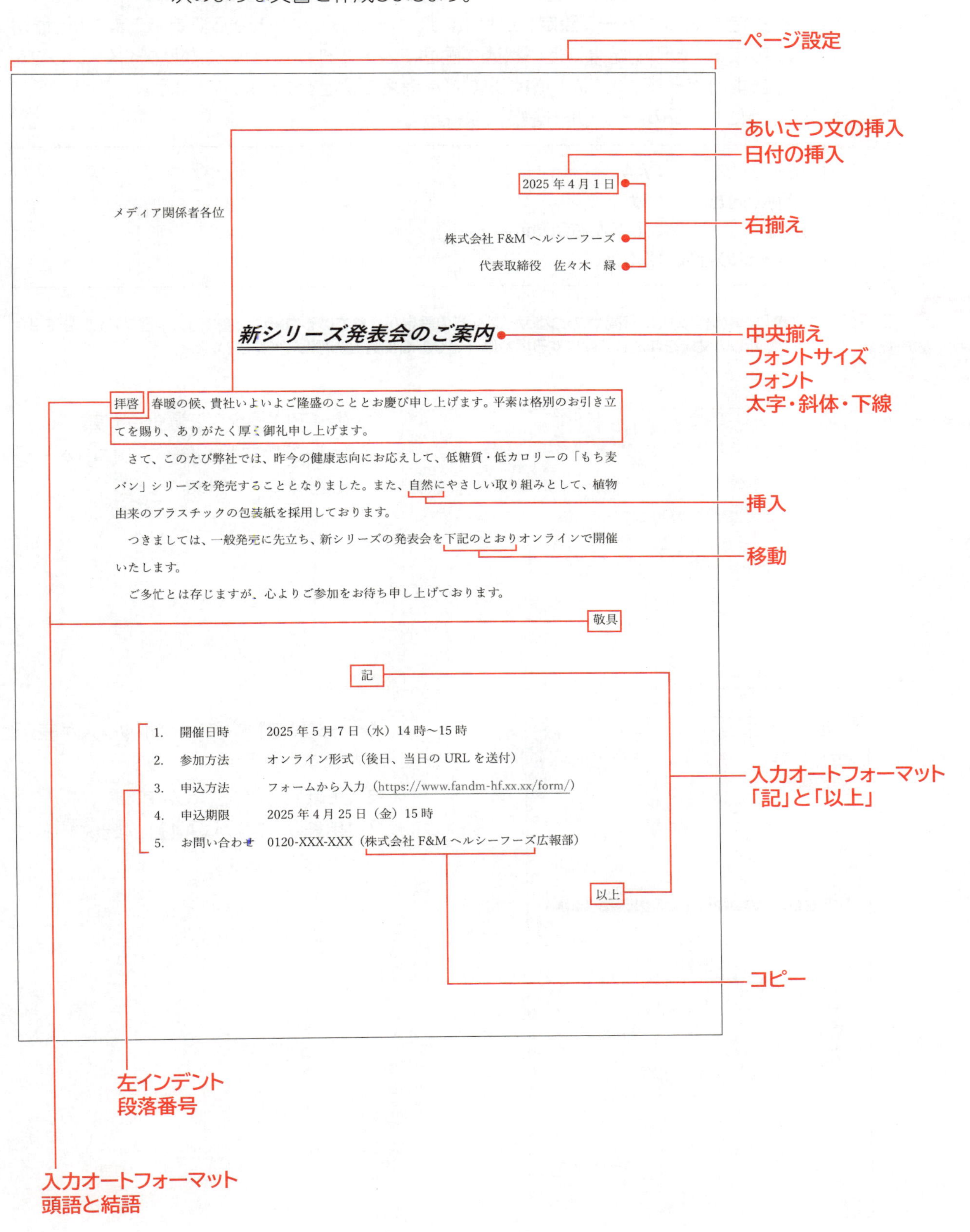

STEP 2 ページのレイアウトを設定する

1 ページ設定

用紙サイズや印刷の向き、余白、1ページの行数、1行の文字数など、文書のページのレイアウトを設定するには**「ページ設定」**を使います。ページ設定はあとから変更できますが、最初に設定しておくと印刷結果に近い状態が画面に表示されるので、仕上がりがイメージしやすくなります。1ページに入れたい情報量などを考えて設定するとよいでしょう。
次のようにページのレイアウトを設定しましょう。

用紙サイズ	**：A4**
印刷の向き	**：縦**
余白	**：上下左右30mm**
1ページの行数	**：30行**

OPEN　文書の作成

※文書「文書の作成」は、行間やフォントサイズなどの設定がされている白紙の文書です。学習ファイルを使用せずに、新しい文書を作成して操作する場合は、P.100「Q&A」を参照してください。

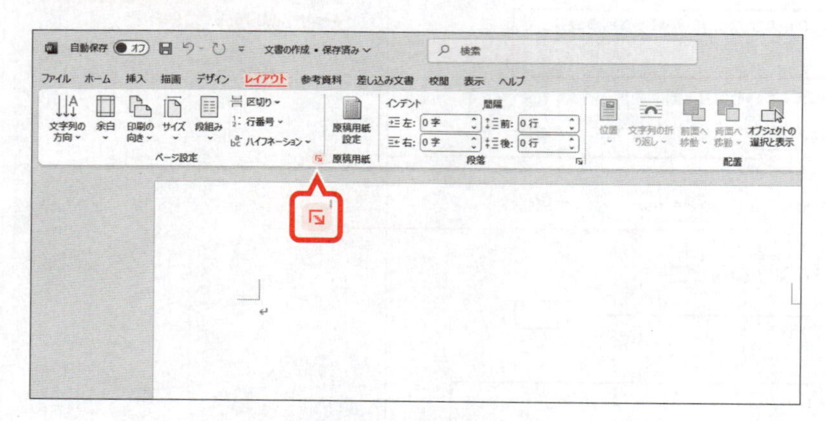

①**《レイアウト》**タブを選択します。
②**《ページ設定》**グループの（ページ設定）をクリックします。

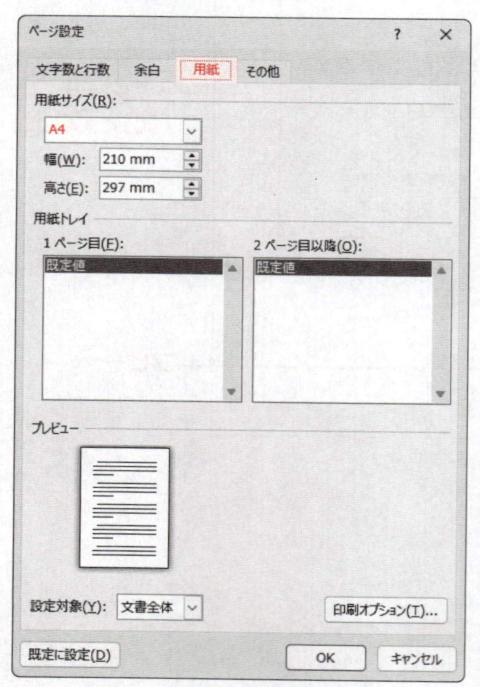

《ページ設定》ダイアログボックスが表示されます。
③**《用紙》**タブを選択します。
④**《用紙サイズ》**が**《A4》**になっていることを確認します。

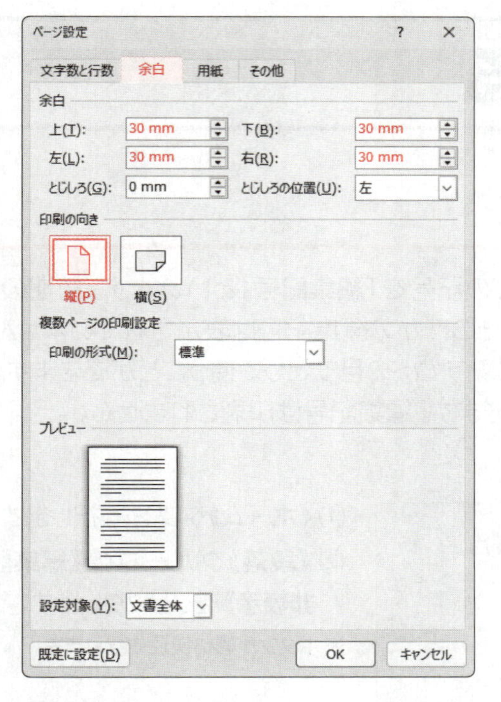

⑤《余白》タブを選択します。

⑥《印刷の向き》の《縦》をクリックします。

⑦《余白》の《上》を「30mm」に設定します。

⑧《余白》の《下》《左》《右》が「30mm」になっていることを確認します。

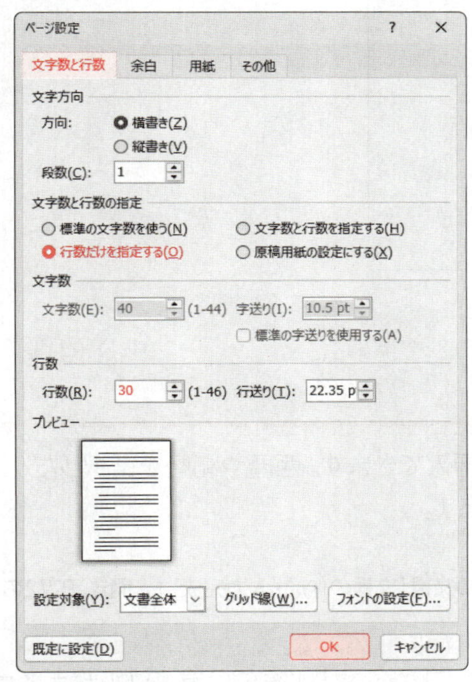

⑨《文字数と行数》タブを選択します。

⑩《行数だけを指定する》を◉にします。

⑪《行数》を「30」に設定します。

⑫《OK》をクリックします。

POINT 余白の調整

左右の余白を調整すると1行に入る文字数を変更することができ、上下の余白を調整すると1ページに入る行数を変更することができます。
文章の折り返し位置を変更したい、1行だけ前のページに入れたい、といった場合に文字のサイズを変更せずに調整ができます。

STEP UP 《レイアウト》タブを使ったページ設定

《レイアウト》タブのボタンを使って、用紙サイズや印刷の向き、余白を設定することもできます。

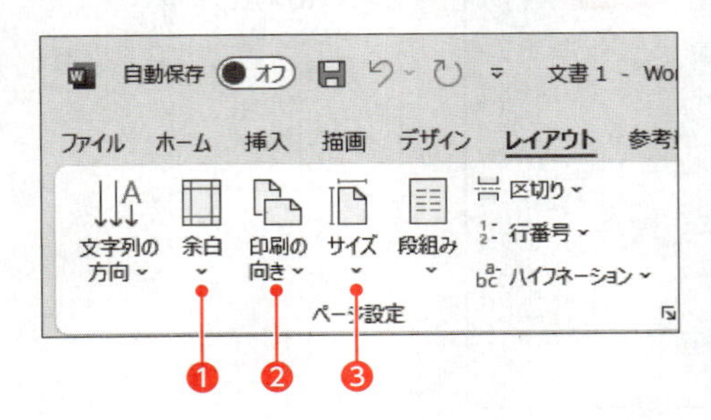

❶余白の調整
余白を《狭い》《やや狭い》《広い》などの一覧から選択できます。

❷ページの向きを変更
用紙の向きを《縦》《横》の一覧から選択できます。

❸ページサイズの選択
用紙のサイズを一覧から選択できます。

STEP 3 文章を入力する

1 編集記号の表示

↵（段落記号）や□（全角空白）などの記号を**「編集記号」**といいます。初期の設定で、↵（段落記号）は表示されていますが、そのほかの編集記号は表示されていません。文章を入力・編集するときに表示しておくと、レイアウトの目安として使うことができます。例えば、空白を入力した位置をひと目で確認できます。編集記号は印刷されません。
編集記号を表示しましょう。

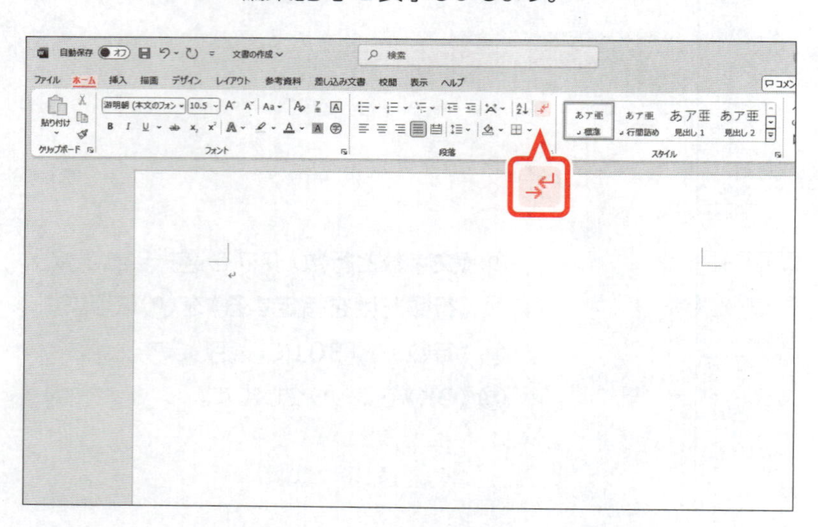

①**《ホーム》**タブを選択します。
②**《段落》**グループの**《編集記号の表示/非表示》**をクリックします。
※ボタンが濃い灰色になります。

2 日付の挿入

「日付と時刻」を使うと、本日の日付を挿入できます。西暦や和暦を選択したり、自動的に日付が更新されるように設定したりできます。
発信日付を挿入しましょう。
※入力を省略する場合は、フォルダー「第3章」の文書「文書の作成（入力完成）」を開き、P.72の「STEP4 範囲を選択する」に進みましょう。

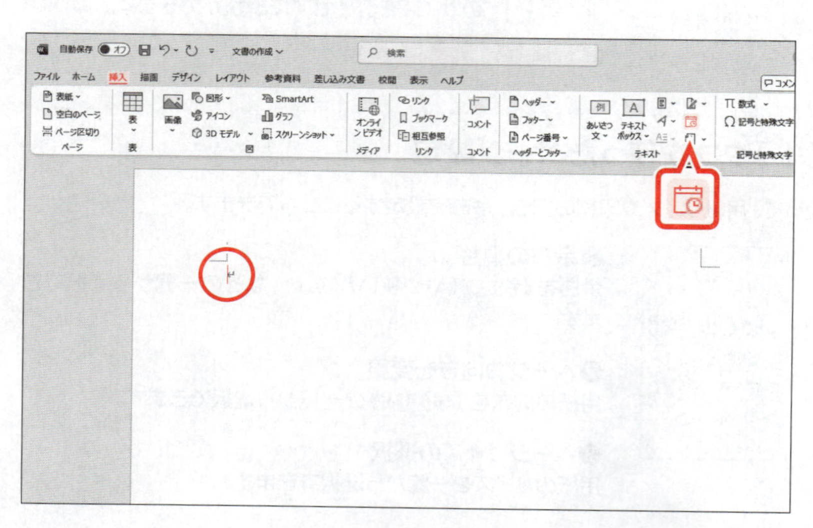

①1行目にカーソルがあることを確認します。
②**《挿入》**タブを選択します。
③**《テキスト》**グループの**《日付と時刻》**をクリックします。

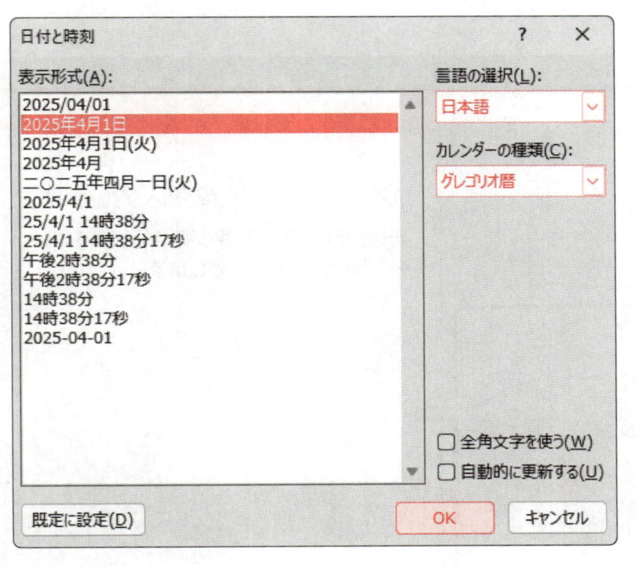

《日付と時刻》ダイアログボックスが表示されます。

④**《言語の選択》**の▼をクリックします。

⑤**《日本語》**をクリックします。

⑥**《カレンダーの種類》**の▼をクリックします。

⑦**《グレゴリオ暦》**をクリックします。

⑧**《表示形式》**の一覧から**《〇〇〇〇年〇月〇日》**を選択します。

※一覧には、本日の日付が表示されます。ここでは、本日の日付を「2025年4月1日」として実習しています。

⑨**《OK》**をクリックします。

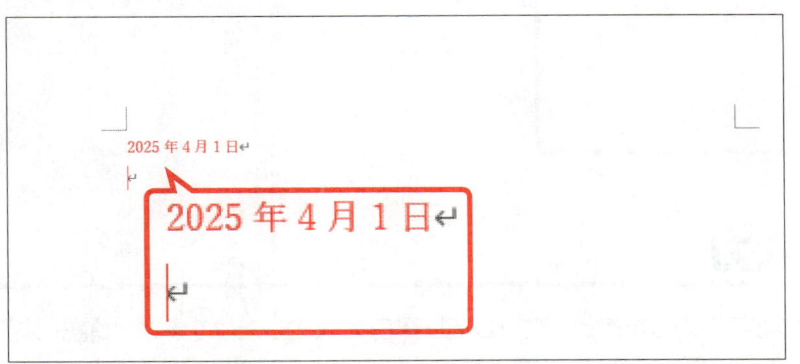

日付が挿入されます。

⑩ Enter を押します。

改行されます。

POINT ボタン名の確認

ボタンを使った操作は、ボタン名を記載しています。ボタン名は、ボタンをポイントしたときに表示されるポップヒントで確認できます。

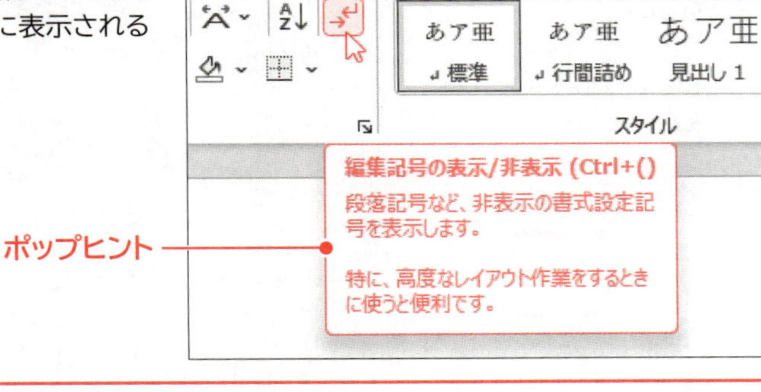

STEP UP 《日付と時刻》ダイアログボックス

《日付と時刻》ダイアログボックスの《自動的に更新する》を☑にすると、文書を開いたときの本日の日付に自動的に更新されます。

STEP UP 本日の日付の挿入

「2025年」のように、日付の先頭を入力・確定すると、本日の日付が表示されます。Enter を押すと、本日の日付をカーソルの位置に挿入できます。

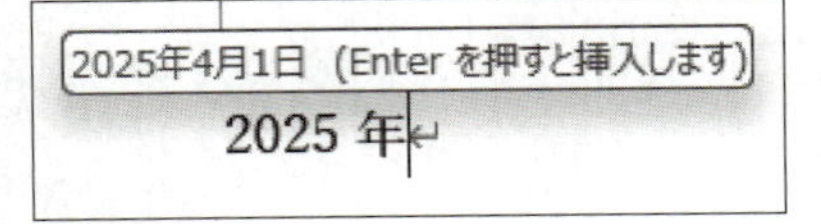

3 文章の入力

文章を入力しましょう。

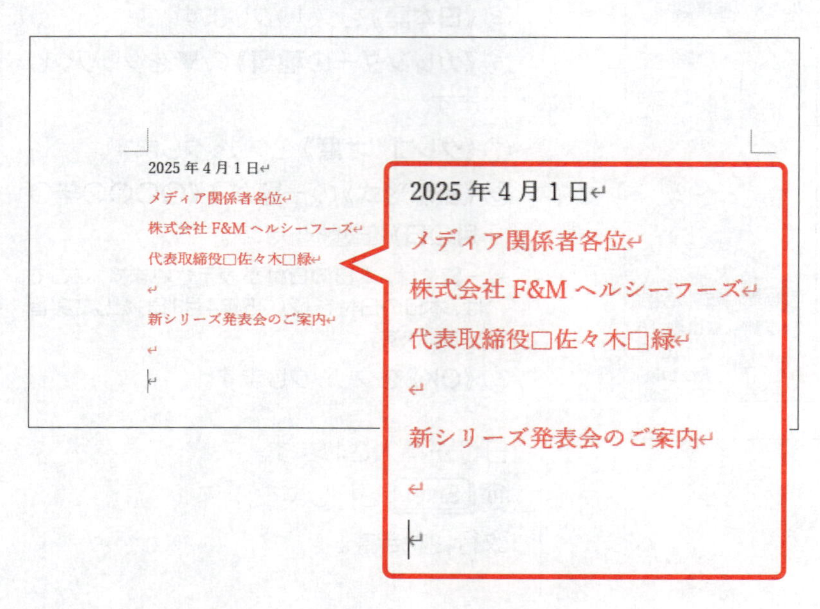

①図のように文章を入力します。

※↵で Enter を押して改行します。

※□は全角空白を表します。

4 頭語と結語の入力

「拝啓」や**「謹啓」**などの頭語を入力したあと、改行したり空白を入力したりすると、頭語に対応した**「敬具」**や**「謹白」**などの結語が自動的に挿入され、右揃えされます。このように、入力した文字に対応した語句を自動的に挿入する機能を**「入力オートフォーマット」**といいます。

入力オートフォーマットを使って、頭語**「拝啓」**と結語**「敬具」**を入力しましょう。

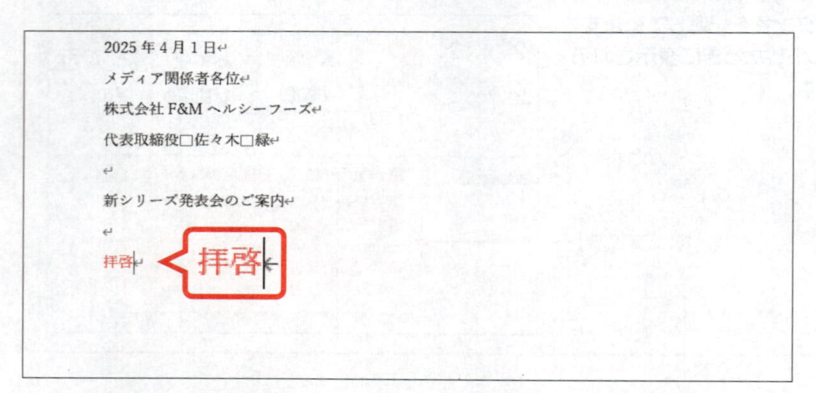

①タイトルの2行下にカーソルがあることを確認します。

②**「拝啓」**と入力します。

改行します。

③ Enter を押します。

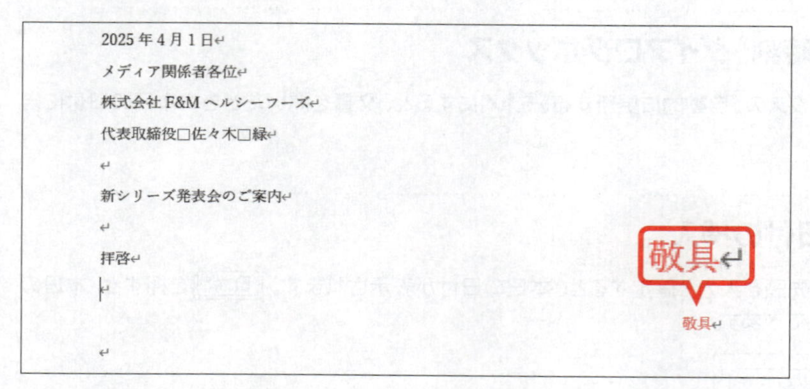

「敬具」が右揃えで挿入されます。

STEP UP 入力オートフォーマットの設定

入力オートフォーマットの各項目のオン・オフを切り替える方法は、次のとおりです。

◆《ファイル》タブ→《オプション》→左側の一覧から《文章校正》を選択→《オートコレクトのオプション》→《入力オートフォーマット》タブ

※お使いの環境によっては、《オプション》が表示されていない場合があります。その場合は、《その他》→《オプション》をクリックします。

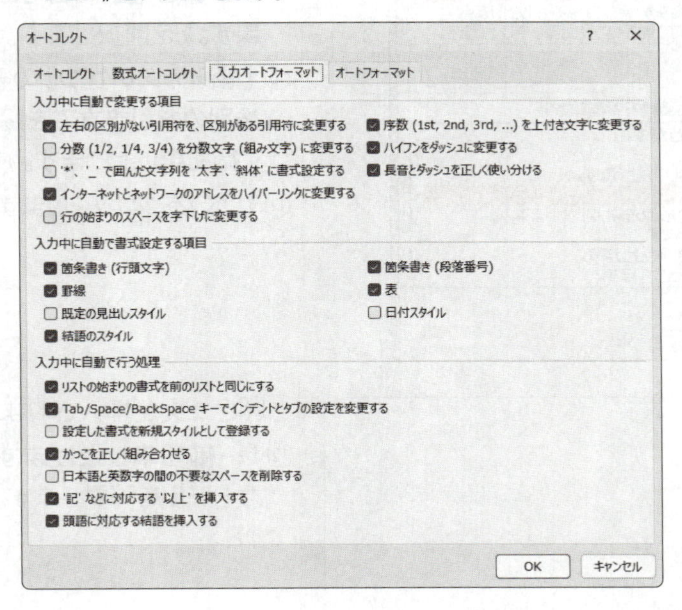

5 あいさつ文の挿入

「あいさつ文の挿入」を使うと、季節のあいさつ・安否のあいさつ・感謝のあいさつを一覧から選択して、簡単に挿入できます。

「拝啓」に続けて、4月に適したあいさつ文を挿入しましょう。

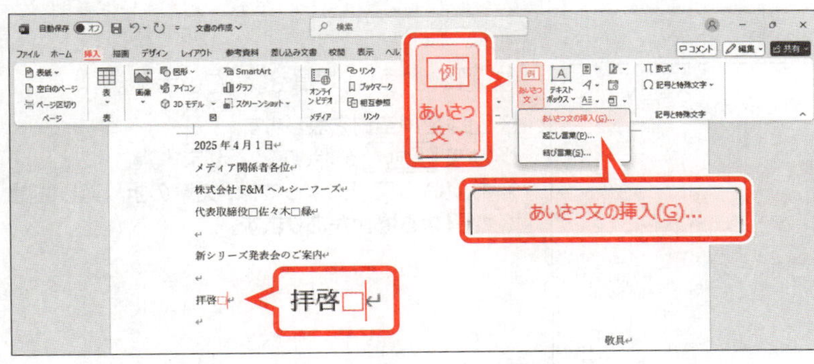

①**「拝啓」**のうしろにカーソルを移動します。

全角空白を入力します。

②［　　　　］(スペース)を押します。

③**《挿入》**タブを選択します。

④**《テキスト》**グループの**《あいさつ文の挿入》**をクリックします。

⑤**《あいさつ文の挿入》**をクリックします。

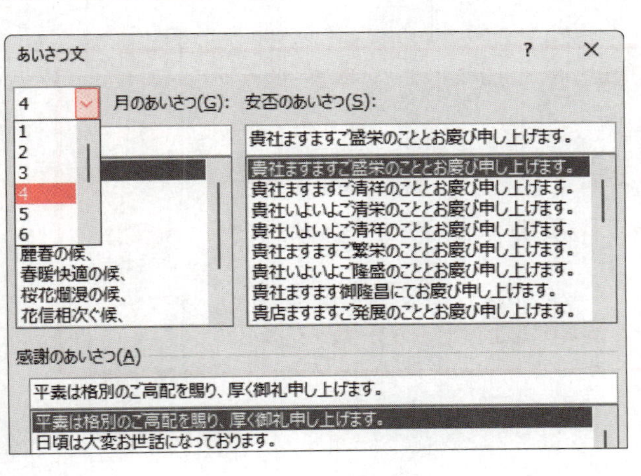

《あいさつ文》ダイアログボックスが表示されます。

⑥**《月のあいさつ》**の▼をクリックします。

⑦**《4》**をクリックします。

《月のあいさつ》の一覧に4月のあいさつが表示されます。

⑧**《月のあいさつ》**の一覧から**《春暖の候、》**を選択します。

⑨**《安否のあいさつ》**の一覧から**《貴社いよいよご隆盛のこととお慶び申し上げます。》**を選択します。

⑩**《感謝のあいさつ》**の一覧から**《平素は格別のお引き立てを賜り、ありがたく厚く御礼申し上げます。》**を選択します。

⑪**《OK》**をクリックします。

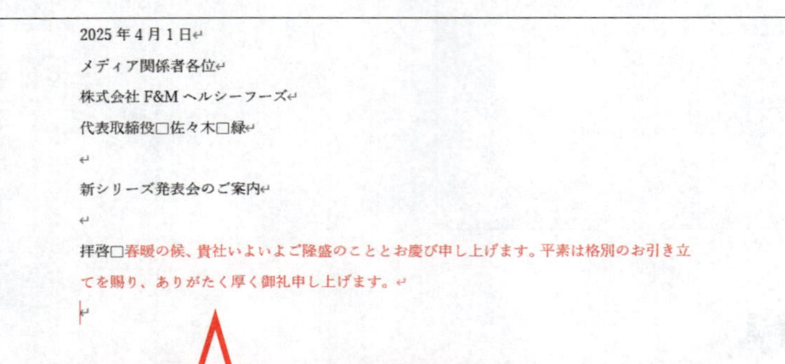

拝啓□春暖の候、貴社いよいよご隆盛のこととお慶び申し上げます。平素は格別のお引き立てを賜り、ありがたく厚く御礼申し上げます。

あいさつ文が挿入されます。

⑫**「…御礼申し上げます。」**の下の行にカーソルを移動します。

拝啓□春暖の候、貴社いよいよご隆盛のこととお慶び申し上げます。平素は格別のお引き立てを賜り、ありがたく厚く御礼申し上げます。

□さて、このたび弊社では、昨今の高まる健康志向にお応えして、低糖質・低カロリーの「もち麦パン」シリーズを発売することとなりました。また、やさしい取り組みとして、植物由来のプラスチックの包装紙を採用しております。

□つきましては、一般発売に先立ち、下記のとおり新シリーズの発表会をオンラインで開催いたします。

□ご多忙とは存じますが、心よりご参加をお待ち申し上げております。

敬具

□さて、このたび弊社では、昨今の高まる健康志向にお応えして、低糖質・低カロリーの「もち麦パン」シリーズを発売することとなりました。また、やさしい取り組みとして、植物由来のプラスチックの包装紙を採用しております。

□つきましては、一般発売に先立ち、下記のとおり新シリーズの発表会をオンラインで開催いたします。

□ご多忙とは存じますが、心よりご参加をお待ち申し上げております。

⑬図のように文章を入力します。

※□は全角空白を表します。

※↵で【Enter】を押して改行します。

※お使いの環境によっては、文章の折り返し位置が異なる場合があります。

6 記書きの入力

入力オートフォーマットを使うと、**「記」**と**「以上」**で構成される記書きを簡単に入力できます。**「記」**を入力して改行すると、**「以上」**が自動的に挿入されます。
さらに、**「記」**は中央揃えされ、**「以上」**は右揃えされます。
入力オートフォーマットを使って、記書きを入力しましょう。次に、記書きの文章を入力しましょう。

□つきましては、一般発売に先立ち、下記のとおり新シリーズの発表会をオンラインで開催いたします。↵
□ご多忙とは存じますが、心よりご参加をお待ち申し上げております。↵
敬具↵
↵
記↵

文書の最後にカーソルを移動します。

① Ctrl + End を押します。

※文書の最後にカーソルを移動するには、Ctrl を押しながら End を押します。

改行します。

② Enter を押します。

③ **「記」**と入力します。

□つきましては、一般発売に先立ち、下記のとおり新シリーズの発表会をオンラインで開催いたします。↵
□ご多忙とは存じますが、心よりご参加をお待ち申し上げております。↵
敬具↵
↵
記↵
↵
以上↵

改行します。

④ Enter を押します。

「記」が中央揃えされ、**「以上」**が右揃えで挿入されます。

□つきましては、一般発売に先立ち、下記のとおり新シリーズの発表会をオンラインで開催いたします。↵
□ご多忙とは存じますが、心よりご参加をお待ち申し上げております。↵
敬具↵
↵
記↵
↵
開催日時□□□2025年5月7日（水）14時～15時↵
参加方法□□□オンライン形式（後日、当日のURLを送付）↵
申込方法□□□フォームから入力（https://www.fandm-hf.xx.xx/form/）↵
申込期限□□□2025年4月25日（金）12時↵
お問い合わせ□0120-XXX-XXX（広報部）↵
↵
以上↵

⑤ 図のように文章を入力します。

※↵で Enter を押して改行します。
※□は全角空白を表します。
※「～」は「から」と入力して変換します。
※「https://・・・」で始まるURLを入力すると、ハイパーリンクが設定され、下線付きの青字で表示されます。

STEP UP カーソルの移動（文書の先頭・文書の最後）

効率よく文書の先頭や最後にカーソルを移動する方法は、次のとおりです。

移動先	キー
文書の先頭	Ctrl + Home
文書の最後	Ctrl + End

STEP 4 範囲を選択する

1 範囲選択

「範囲選択」とは、操作する対象を選択することです。
書式設定・移動・コピー・削除などで使う最も基本的な操作で、対象の範囲を選択してコマンドを実行します。
選択する対象に応じて、文字単位や行単位で適切に範囲を選択しましょう。

2 文字の選択

文字単位で選択するには、先頭の文字から最後の文字までドラッグします。
「新シリーズ発表会」を選択しましょう。

新シリーズ発表会のご案内

新

□春暖の候、貴社いよいよご隆盛のこととお慶び申し上げます。平素は格別のお引き立て賜り、ありがたく厚く御礼申し上げます。
□さて、このたび弊社では、昨今の高まる健康志向にお応えして、低糖質・低カロリーの「もち麦パン」シリーズを発売することとなりました。また、やさしい取り組みとして、植物由来のプラスチックの包装紙を採用しております。
□つきましては、一般発売に先立ち、下記のとおり新シリーズの発表会をオンラインで開催いたします。

①**「新シリーズ発表会」**の左側をポイントします。
マウスポインターの形がIに変わります。

新シリーズ発表会のご案内

新シリーズ発表会のご案内

拝啓□春暖の候、貴社いよいよご隆盛のこととお慶び申し上げます。平素は格別のお引き立てを賜り、ありがたく厚く御礼申し上げます。
□さて、このたび弊社では、昨今の高まる健康志向にお応えして、低糖質・低カロリーの「もち麦パン」シリーズを発売することとなりました。また、やさしい取り組みとして、植物由来のプラスチックの包装紙を採用しております。
□つきましては、一般発売に先立ち、下記のとおり新シリーズの発表会をオンラインで開催いたします。

②**「新シリーズ発表会」**の右側までドラッグします。
文字が選択されます。

新シリーズ発表会のご案内

拝啓□春暖の候、貴社いよいよご隆盛のこととお慶び申し上げます。平素は格別のお引き立てを賜り、ありがたく厚く御礼申し上げます。
□さて、このたび弊社では、昨今の高まる健康志向にお応えして、低糖質・低カロリーの「もち麦パン」シリーズを発売することとなりました。また、やさしい取り組みとして、植物由来のプラスチックの包装紙を採用しております。
□つきましては、一般発売に先立ち、下記のとおり新シリーズの発表会をオンラインで開催いたします。

選択を解除します。
③選択した範囲以外の場所をクリックします。

新シリーズ発表会のご案内

拝啓□春暖の候、貴社いよいよご隆盛のこととお慶び申し上げます。平素は格別のお引き立てを賜り、ありがたく厚く御礼申し上げます。
□さて、このたび弊社では、昨今の高まる健康志向にお応えして、低糖質・低カロリーの「もち麦パン」シリーズを発売することとなりました。また、やさしい取り組みとして、植物由来のプラスチックの包装紙を採用しております。
□つきましては、一般発売に先立ち、下記のとおり新シリーズの発表会をオンラインで開催いたします。

選択が解除されます。

3 行の選択

行を選択するには、行の左端の選択領域をクリックします。
「拝啓…」で始まる行を選択しましょう。

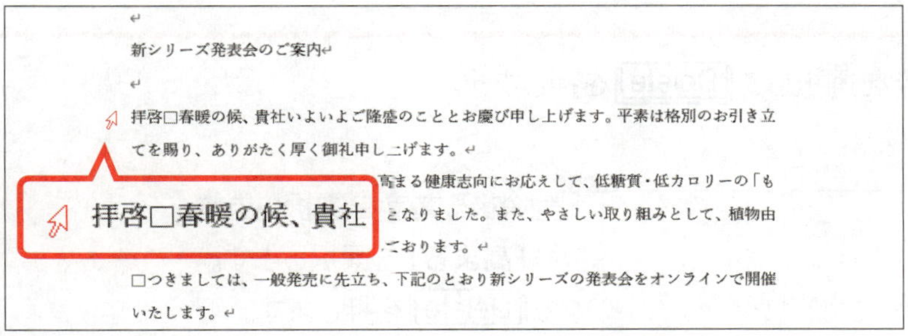

新シリーズ発表会のご案内

拝啓□春暖の候、貴社いよいよご隆盛のこととお慶び申し上げます。平素は格別のお引き立
てを賜り、ありがたく厚く御礼申し上げます。
高まる健康志向にお応えして、低糖質・低カロリーの「も
となりました。また、やさしい取り組みとして、植物由
ております。
□つきましては、一般発売に先立ち、下記のとおり新シリーズの発表会をオンラインで開催
いたします。

拝啓□春暖の候、貴社

①**「拝啓…」**で始まる行の左端をポイントします。
マウスポインターの形が↗に変わります。
②クリックします。

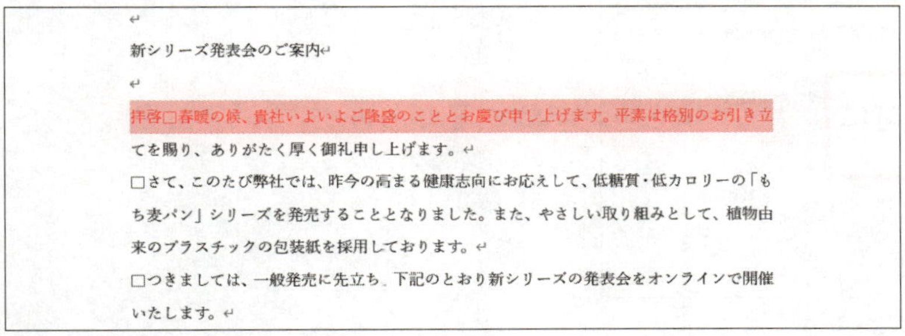

新シリーズ発表会のご案内

拝啓□春暖の候、貴社いよいよご隆盛のこととお慶び申し上げます。平素は格別のお引き立
てを賜り、ありがたく厚く御礼申し上げます。
□さて、このたび弊社では、昨今の高まる健康志向にお応えして、低糖質・低カロリーの「も
ち麦パン」シリーズを発売することとなりました。また、やさしい取り組みとして、植物由
来のプラスチックの包装紙を採用しております。
□つきましては、一般発売に先立ち、下記のとおり新シリーズの発表会をオンラインで開催
いたします。

行が選択されます。

POINT 範囲選択の方法

次のような方法で、範囲選択できます。

単位	操作
文字(文字列の任意の範囲)	方法1)選択する文字をドラッグ 方法2)先頭の文字をクリックし、最終の文字を[Shift]を押しながらクリック
単語(意味のあるひとかたまり)	単語をダブルクリック
文章(句点またはピリオドで区切られた一文)	[Ctrl]を押しながら、文章をクリック
行(1行単位)	マウスポインターの形が↗の状態で、行の左端をクリック
複数行(連続する複数の行)	マウスポインターの形が↗の状態で、行の左端をドラッグ
段落([Enter]で段落を改めた範囲)	マウスポインターの形が↗の状態で、段落の左端をダブルクリック
複数段落(連続する複数の段落)	マウスポインターの形が↗の状態で、段落の左端をダブルクリックし、そのままドラッグ
複数の範囲(離れた場所にある複数の範囲)	2つ目以降の範囲を[Ctrl]を押しながら選択
文書全体	マウスポインターの形が↗の状態で、行の左端をすばやく3回クリック

STEP 5 文字を削除・挿入する

1 文字の削除

文字を削除するには、文字を選択して Delete を押します。
「高まる」を削除しましょう。

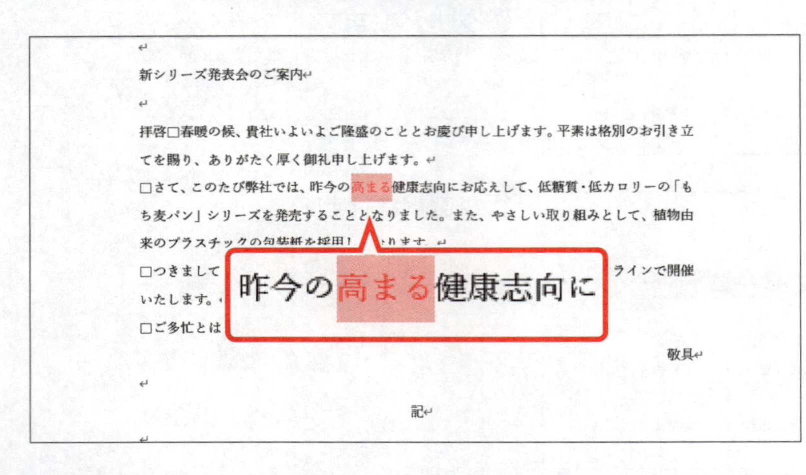

削除する文字を選択します。

① **「高まる」**を選択します。

② Delete を押します。

新シリーズ発表会のご案内

拝啓□春暖の候、貴社いよいよご隆盛のこととお慶び申し上げます。平素は格別のお引き立てを賜り、ありがたく厚く御礼申し上げます。

□さて、このたび弊社では、昨今の健康志向にお応えして、低糖質・低カロリーの「もち麦パン」シリーズを発売することとなりました。また、やさしい取り組みとして、植物由来のプラスチックの包

□つきましては、発表会をオンラインで開催いたします。

□ご多忙とは存じますが、心よりご参加をお待ち申し上げております。

敬具

記

昨今の健康志向に

文字が削除され、うしろの文字が字詰めされます。

STEP UP その他の方法（文字の削除）

- ◆削除する文字の前にカーソルを移動→ Delete
- ◆削除する文字のうしろにカーソルを移動→ Back Space

POINT 元に戻す・やり直し

クイックアクセスツールバーの《元に戻す》を使うと、誤って文字を削除した場合などに、直前に行った操作を取り消して、元の状態に戻すことができます。《元に戻す》を繰り返しクリックすると、過去の操作が順番に取り消されます。
また、《やり直し》を使うと、《元に戻す》で取り消した操作を再度実行できます。元に戻しすぎてしまった場合に使うと便利です。

《元に戻す》　《やり直し》

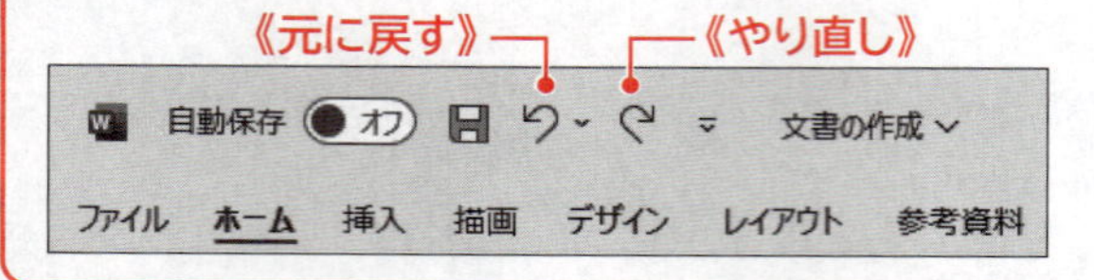

2 文字の挿入

文字を挿入するには、カーソルを挿入する位置に移動して文字を入力します。
「やさしい取り組みとして、」の前に**「自然に」**を挿入しましょう。

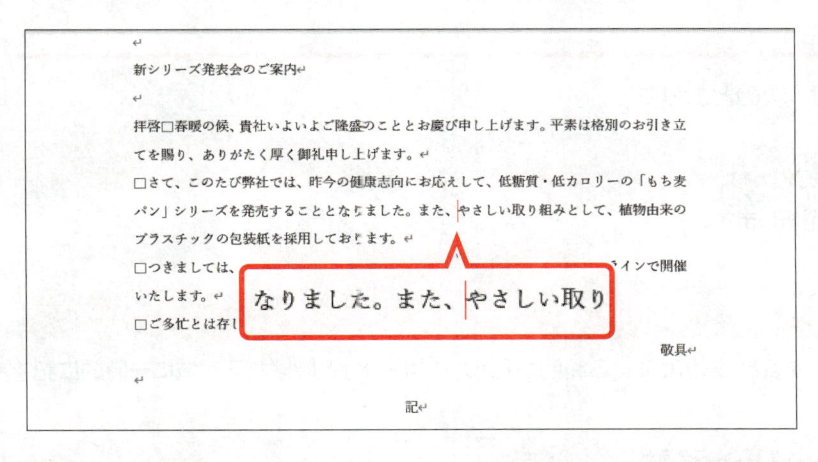

文字を挿入する位置にカーソルを移動します。

①**「やさしい取り組みとして、」**の前にカーソルを移動します。

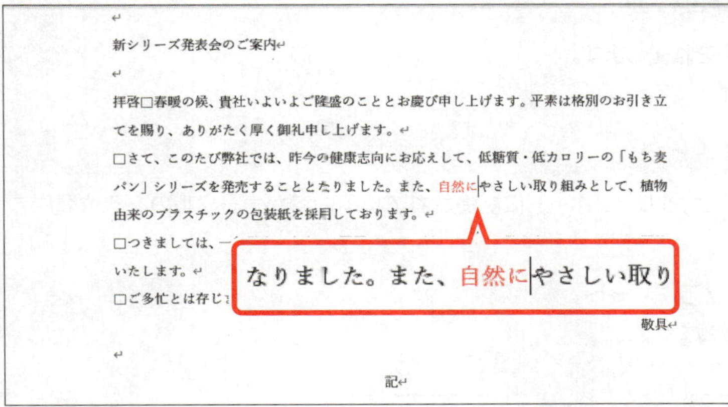

②**「自然に」**と入力します。

文字が挿入され、うしろの文字が字送りされます。

POINT 字詰め・字送りの範囲

文字を削除したり挿入したりすると、次の↵(段落記号)までの範囲で文字が字詰め、字送りされます。

POINT 段落

↵(段落記号)の次の行から次の↵までの範囲のことを「段落」といいます。1行の文章でもひとつの段落と認識されます。Enterを押して改行すると、段落を改めることができます。
段落を変えずに改行したい場合は、Shift+Enterを押すと強制的に改行できます。

STEP UP 上書き

文字を選択した状態で新しい文字を入力すると、新しい文字に上書きできます。

STEP 6 文字をコピー・移動する

1 コピー

文字をコピーする手順は、次のとおりです。

1 コピー元を選択

コピーする範囲を選択します。

2 コピー

《コピー》をクリックすると、選択している範囲が「クリップボード」と呼ばれる領域に一時的に記憶されます。

3 コピー先にカーソルを移動

コピーする位置にカーソルを移動します。

4 貼り付け

《貼り付け》をクリックすると、クリップボードに記憶されている内容がカーソルのある位置にコピーされます。

会社名「**株式会社F&Mヘルシーフーズ**」を記書きの「**広報部**」の前にコピーしましょう。

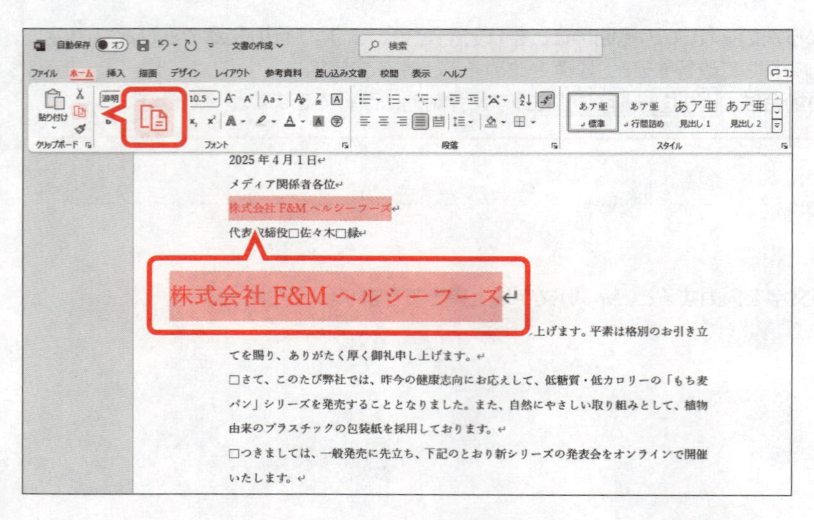

コピー元の文字を選択します。

①「**株式会社F＆Mヘルシーフーズ**」を選択します。

※↵を含めずに、文字だけを選択します。

②《**ホーム**》タブを選択します。

③《**クリップボード**》グループの《**コピー**》をクリックします。

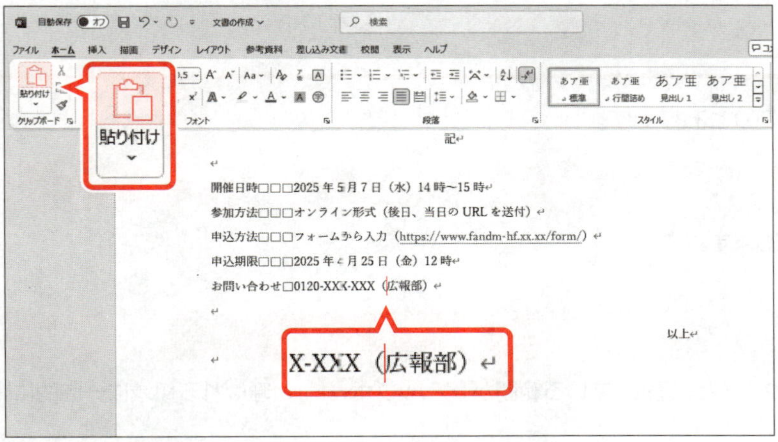

コピー先を指定します。

④**「広報部」**の前にカーソルを移動します。

⑤**《クリップボード》**グループの**《貼り付け》**をクリックします。

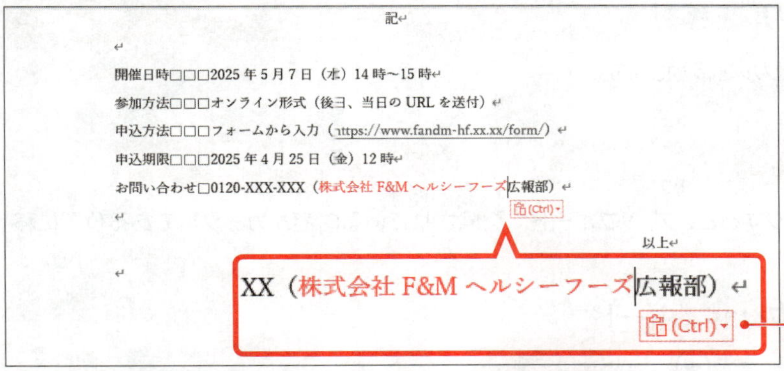

文字がコピーされ、**《貼り付けのオプション》**が表示されます。

《貼り付けのオプション》

STEP UP その他の方法（コピー）

◆コピー元を選択→範囲内を右クリック→《コピー》→コピー先を右クリック→《貼り付けのオプション》から選択

◆コピー元を選択→Ctrl＋C→コピー先をクリック→Ctrl＋V

◆コピー元を選択→範囲内をポイントし、マウスポインターの形が に変わったら Ctrl を押しながらコピー先にドラッグ

※ドラッグ中、マウスポインターの形が に変わります。

POINT 貼り付けのオプション

コピーと貼り付けを実行すると、《貼り付けのオプション》が表示されます。ボタンをクリックするか、または Ctrl を押すと、元の書式のままコピーするか、貼り付け先の書式に合わせてコピーするかなどを一覧から選択できます。

《貼り付けのオプション》を使わない場合は、Esc を押します。

POINT 貼り付けのプレビュー

《貼り付け》の▼をクリックすると、貼り付け先の書式に合わせてコピーするか、文字だけをコピーするかなどを選択できます。貼り付けを実行する前に、一覧のボタンをポイントすると、コピー結果を文書内で確認できます。一覧に表示されるボタンはコピー元のデータにより異なります。

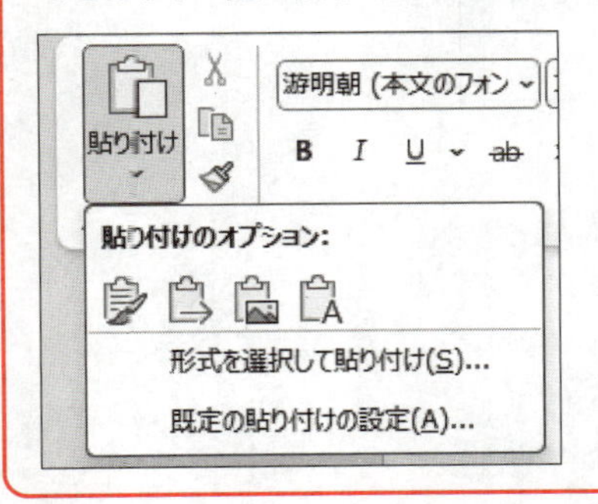

2 移動

文字を移動する手順は、次のとおりです。

1 移動元を選択

移動する範囲を選択します。

2 切り取り

《切り取り》をクリックすると、選択している範囲が「クリップボード」と呼ばれる領域に一時的に記憶されます。

3 移動先にカーソルを移動

移動する位置にカーソルを移動します。

4 貼り付け

《貼り付け》をクリックすると、クリップボードに記憶されている内容がカーソルのある位置に移動します。

「下記のとおり」を**「新シリーズの発表会を」**のうしろに移動しましょう。

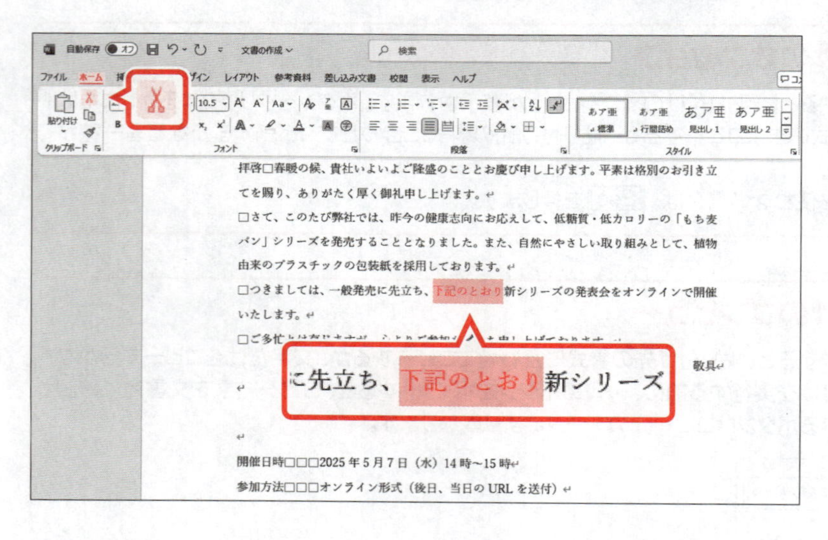

移動元の文字を選択します。

①**「下記のとおり」**を選択します。

②**《ホーム》**タブを選択します。

③**《クリップボード》**グループの**《切り取り》**をクリックします。

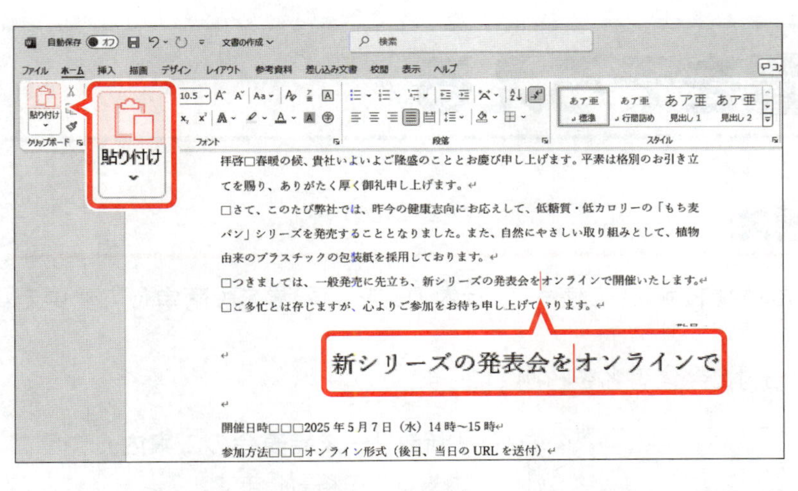

移動先を指定します。

④**「新シリーズの発表会を」**のうしろにカーソルを移動します。

⑤**《クリップボード》**グループの**《貼り付け》**をクリックします。

拝啓□春暖の候、貴社いよいよご隆盛のこととお慶び申し上げます。平素は格別のお引き立てを賜り、ありがたく厚く御礼申し上げます。
□さて、このたび弊社では、昨今の健康志向にお応えして、低糖質・低カロリーの「もち麦パン」シリーズを発売することとなりました。また、自然にやさしい取り組みとして、植物由来のプラスチックの包装紙を採用しております。
□つきましては、一般発売に先立ち、新シリーズの発表会を下記のとおりオンラインで開催いたします。
□ご多忙とは存じますが、心よりご参加をお待ち申し上げております。

新シリーズの発表会を下記のとおりオンラインで開催
(Ctrl)

開催日時□□□2025年5月7日（水）14時～15時
参加方法□□□オンライン形式（後日、当日のURLを送付）

文字が移動します。

STEP UP その他の方法（移動）

◆移動元を選択→範囲内を右クリック→《切り取り》→移動先を右クリック→《貼り付けのオプション》から選択
◆移動元を選択→Ctrl＋X→移動先をクリック→Ctrl＋V
◆移動元を選択→範囲内をポイントし、マウスポインターの形が に変わったら移動先にドラッグ
※ドラッグ中、マウスポインターの形が に変わります。

STEP UP クリップボード

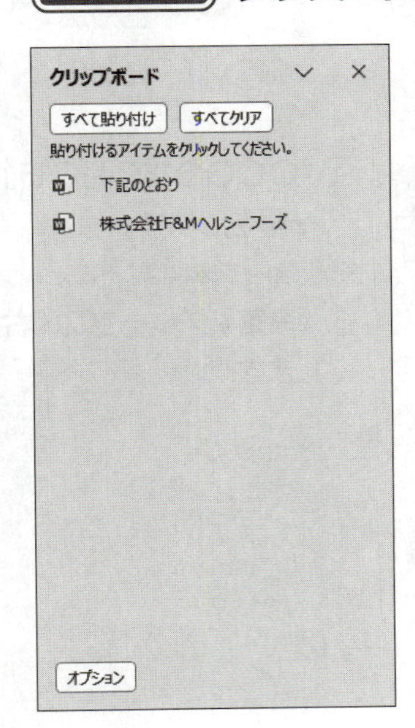

コピーや切り取りを実行すると、データは「クリップボード」（一時的にデータを記憶する領域）に最大24個まで記憶されます。記憶されたデータは《クリップボード》作業ウィンドウに一覧で表示され、Officeアプリで共通して利用できます。
《クリップボード》作業ウィンドウを表示する方法は、次のとおりです。
◆《ホーム》タブ→《クリップボード》グループの （クリップボード）

STEP 7 文字の配置をそろえる

1 中央揃え・右揃え

《ホーム》タブの《中央揃え》や《右揃え》を使うと、行内の文字の配置を段落単位で変更できます。
タイトルを中央揃え、発信日付と発信者名を右揃えにしましょう。

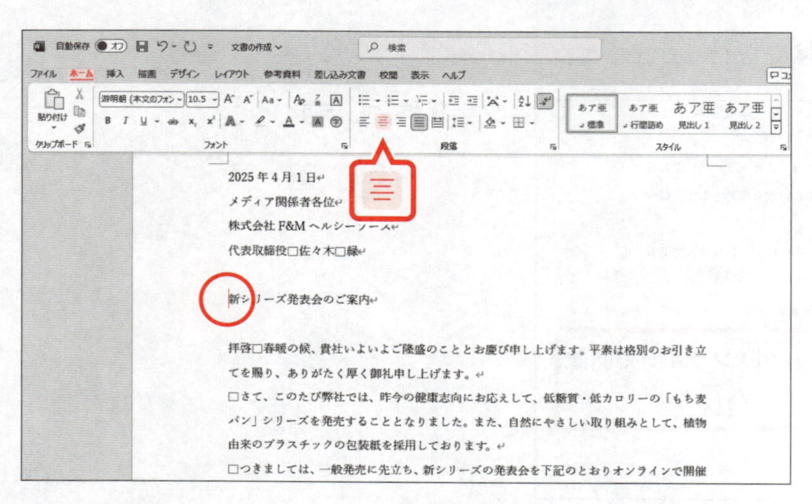

①**「新シリーズ発表会のご案内」**の行にカーソルを移動します。
※段落内であれば、どこでもかまいません。
②**《ホーム》**タブを選択します。
③**《段落》**グループの**《中央揃え》**をクリックします。

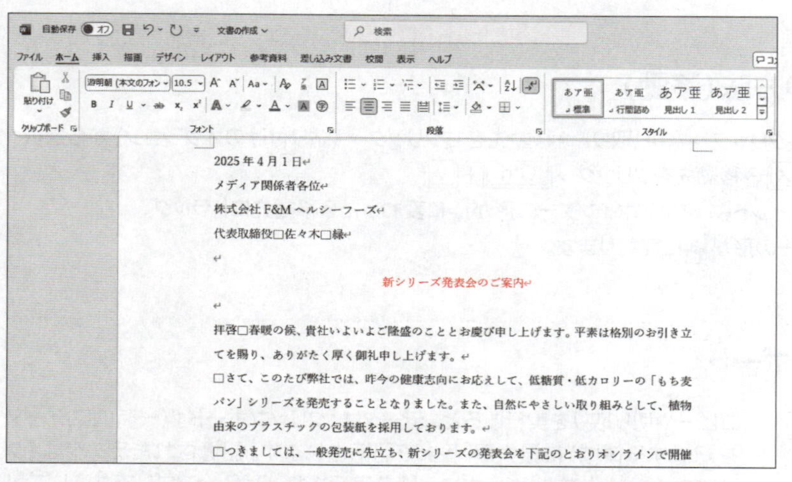

文字が中央揃えされます。
※ボタンが濃い灰色になります。

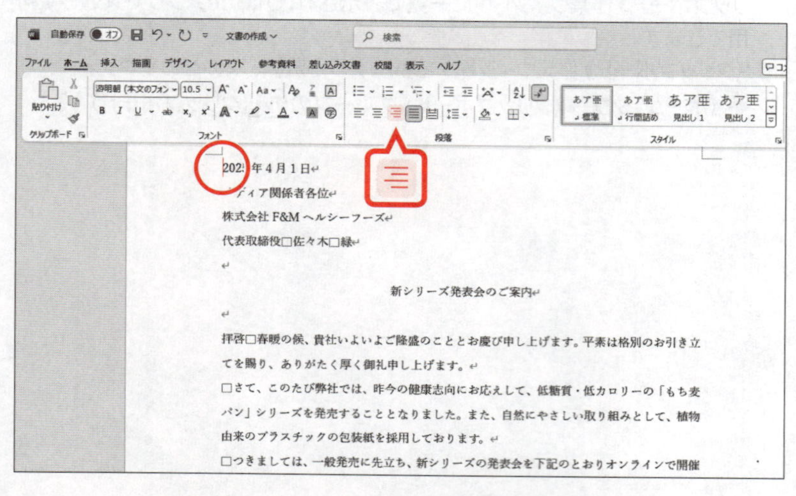

④**「〇〇〇〇年〇月〇日」**の行にカーソルを移動します。
※段落内であれば、どこでもかまいません。
⑤**《段落》**グループの**《右揃え》**をクリックします。

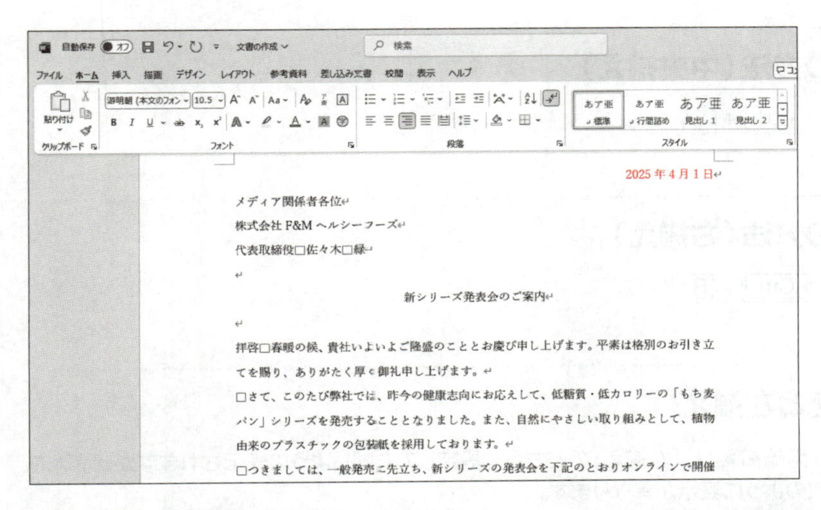

文字が右揃えされます。
※ボタンが濃い灰色になります。

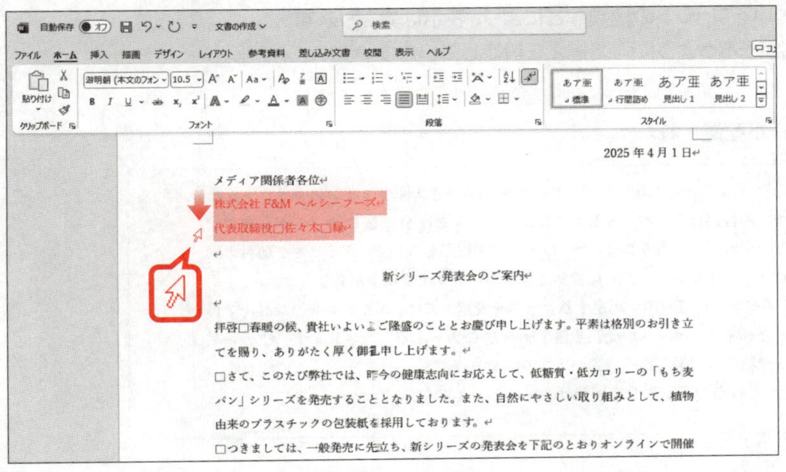

⑥**「株式会社F＆Mヘルシーフーズ」**の行の左端をポイントします。
マウスポインターの形が に変わります。
⑦**「代表取締役　佐々木　緑」**の行の左端までドラッグします。

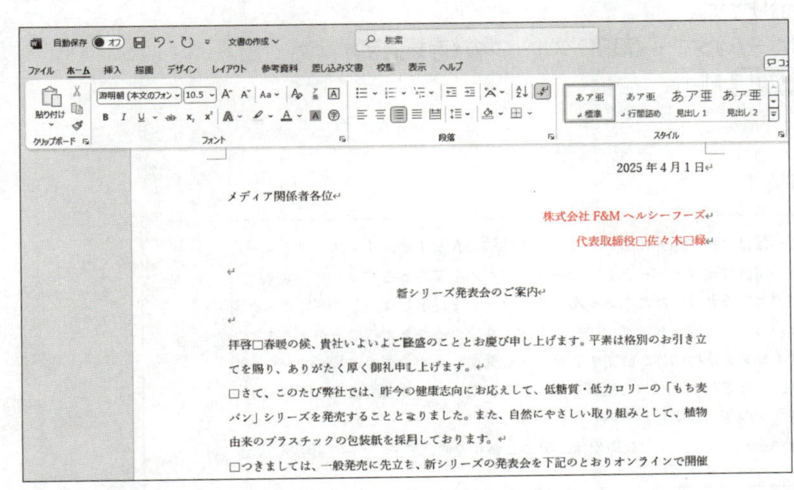

⑧ F4 を押します。
直前に操作した右揃えが繰り返し設定されます。
※選択を解除しておきましょう。

POINT 段落単位の配置の設定

右揃えや中央揃えなどの配置の設定は段落単位で設定されるので、段落内にカーソルを移動するだけで設定できます。

POINT 繰り返し

F4 を押すと、直前に実行したコマンドを繰り返すことができます。
ただし、F4 を押してもコマンドが繰り返し実行できない場合もあります。

STEP UP その他の方法（中央揃え）

◆段落内にカーソルを移動→Ctrl＋E

STEP UP その他の方法（右揃え）

◆段落内にカーソルを移動→Ctrl＋R

STEP UP 両端揃えと左揃え

段落内の文章が1行の場合、「両端揃え」と「左揃え」のどちらを設定しても同じように表示されますが、段落内の文章が2行以上になると、次のように表示が異なります。

※入力している文字や設定しているフォントの種類などにより、表示は異なります。

※本書の学習ファイルは、右端がそろうように両端揃えを設定しています。

●両端揃え

行の左端と右端に合わせて文章が配置されます。

インストラクターと一緒であればはじめての方でもダイビングを体験できますが、インストラクターなしで自由にダイビングをしたい場合にはダイバーとしての知識やスキルを証明するCカードが必要です。日本では法的に取得が必須というわけではありませんが、Cカードを提示しないと、ダイビング器材の購入やレンタルができなかったり、ダイビングツアーに参加できなかったりする場合があります。↵
Cカードを取得するには、ダイビング指導団体が認定するコースを受講します。ダイビングのレベルや目的に合わせたコースがあり、それぞれのコースの受講を修了するとCカードが発行されます。Cカードのランクが上がると潜る深さや場所など楽しめる内容が広がります。↵
ダイビング指導団体（PADI）でのCカードの主な種類は、次のとおりです。↵
↵

両端揃えにする方法は、次のとおりです。

◆段落内にカーソルを移動→《ホーム》タブ→《段落》グループの《両端揃え》

◆段落内にカーソルを移動→Ctrl＋J

●左揃え

行の左端に寄せて配置されます。

インストラクターと一緒であればはじめての方でもダイビングを体験できますが、インストラクターなしで自由にダイビングをしたい場合にはダイバーとしての知識やスキルを証明するCカードが必要です。日本では法的に取得が必須というわけではありませんが、Cカードを提示しないと、ダイビング器材の購入やレンタルができなかったり、ダイビングツアーに参加できなかったりする場合があります。↵
Cカードを取得するには、ダイビング指導団体が認定するコースを受講します。ダイビングのレベルや目的に合わせたコースがあり、それぞれのコースの受講を修了するとCカードが発行されます。Cカードのランクが上がると潜る深さや場所など楽しめる内容が広がります。↵
ダイビング指導団体（PADI）でのCカードの主な種類は、次のとおりです。↵
↵

左揃えにする方法は、次のとおりです。

◆段落内にカーソルを移動→《ホーム》タブ→《段落》グループの《左揃え》

◆段落内にカーソルを移動→Ctrl＋L

2 インデントの設定

段落単位で字下げするには**「左インデント」**を設定します。左インデントは、次のボタンを使って設定します。

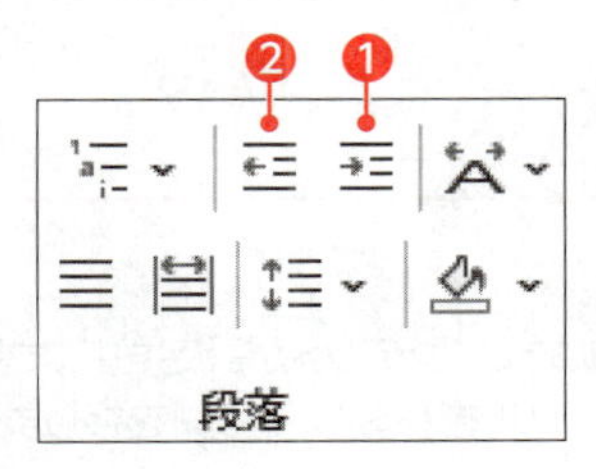

❶インデントを増やす
1文字ずつ字下げします。

❷インデントを減らす
1文字ずつ元の位置に戻ります。

記書き内の各項目に、3文字分の左インデントを設定しましょう。

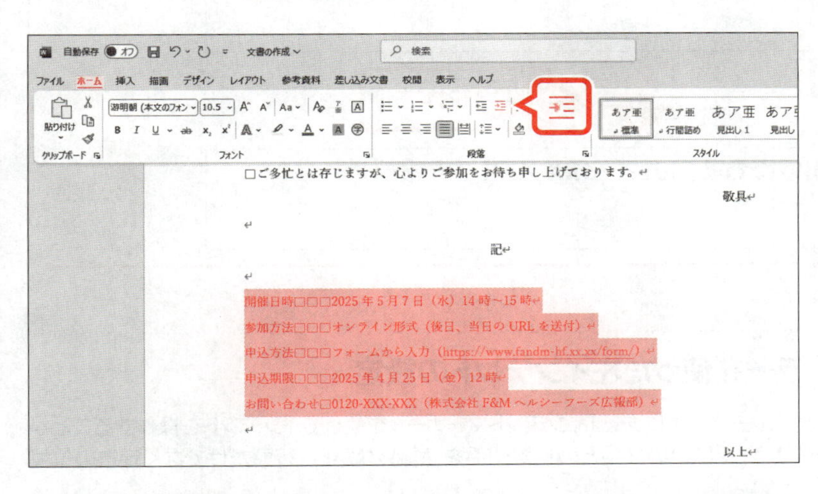

①**「開催日時…」**で始まる行から**「お問い合わせ…」**で始まる行までを選択します。
※行の左端をドラッグします。
②**《ホーム》**タブを選択します。
③**《段落》**グループの**《インデントを増やす》**を3回クリックします。

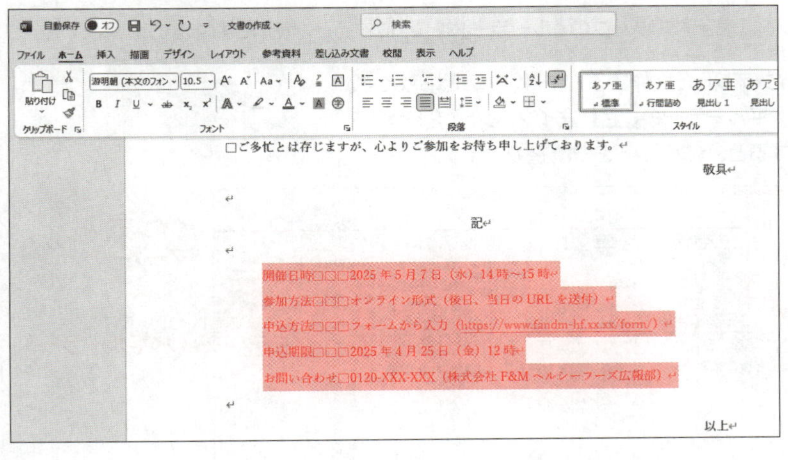

左インデントが設定されます。
※選択を解除しておきましょう。

STEP UP 《レイアウト》タブを使ったインデントの設定

《レイアウト》タブのボタンを使って、インデントを設定できます。

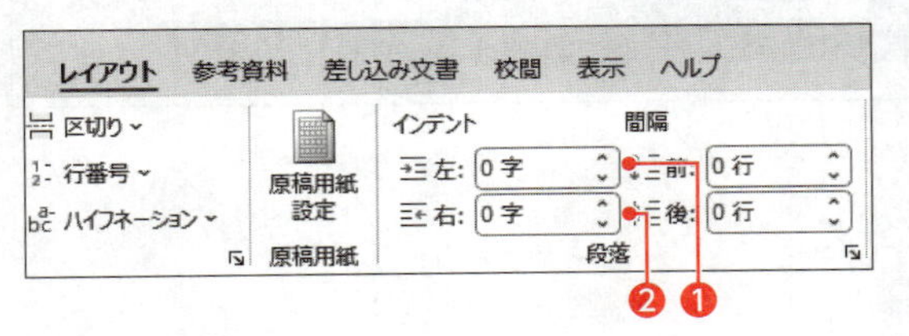

❶左インデント
文字数を指定して、左インデントを設定します。

❷右インデント
右インデントを設定すると、段落の右端の文字の折り返し位置を変更できます。文字数を指定して、右インデントを設定します。

STEP UP その他の方法（左インデントの設定）

◆段落にカーソルを移動→《レイアウト》タブ→《段落》グループの（段落の設定）→《インデントと行間隔》タブ→《インデント》の《左》を設定

◆段落にカーソルを移動→《ホーム》タブ→《段落》グループの（段落の設定）→《インデントと行間隔》タブ→《インデント》の《左》を設定

POINT インデントの解除

インデントが設定してある行で改行すると、次の行にも自動的にインデントが設定されます。
自動的に設定されたインデントを解除するには、行頭にカーソルを移動し、Back Spaceを押します。

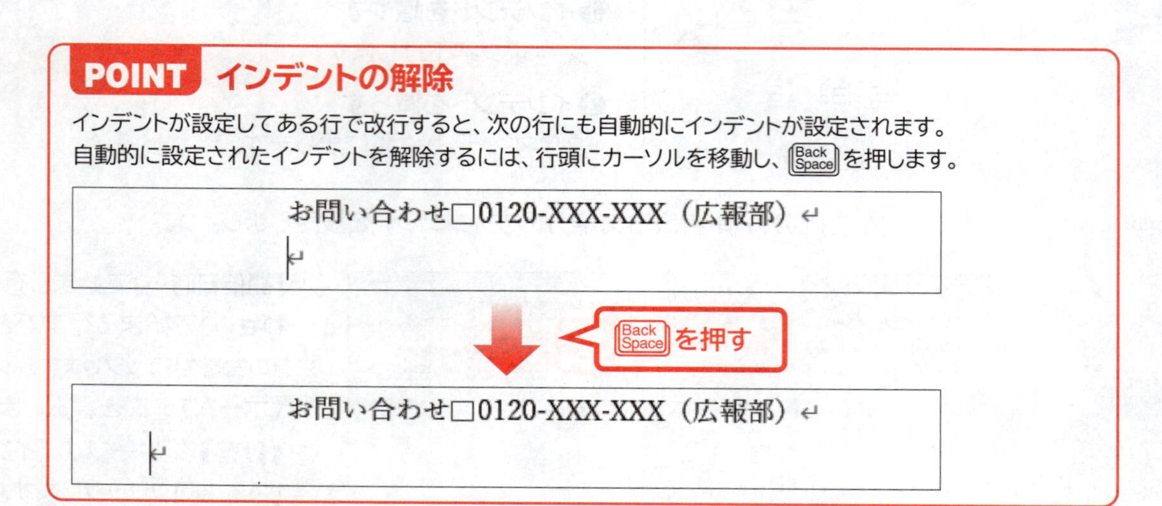

STEP UP 水平ルーラーを使った左インデントの設定

水平ルーラーを表示すると、水平ルーラー上にある「インデントマーカー」を使ってインデントを操作することができます。インデントマーカーを使うと、ほかの文字との位置関係を意識しながら、行頭だけでなく行末の位置を変更することもできます。

※水平ルーラーは、《表示》タブ→《表示》グループの《ルーラー》を☑にすると、表示されます。

インデントマーカーを使って左インデントを操作する方法は、次のとおりです。

◆段落内にカーソルを移動→水平ルーラーの（左インデント）をドラッグ

※Altを押しながらドラッグすると、インデントを微調整できます。

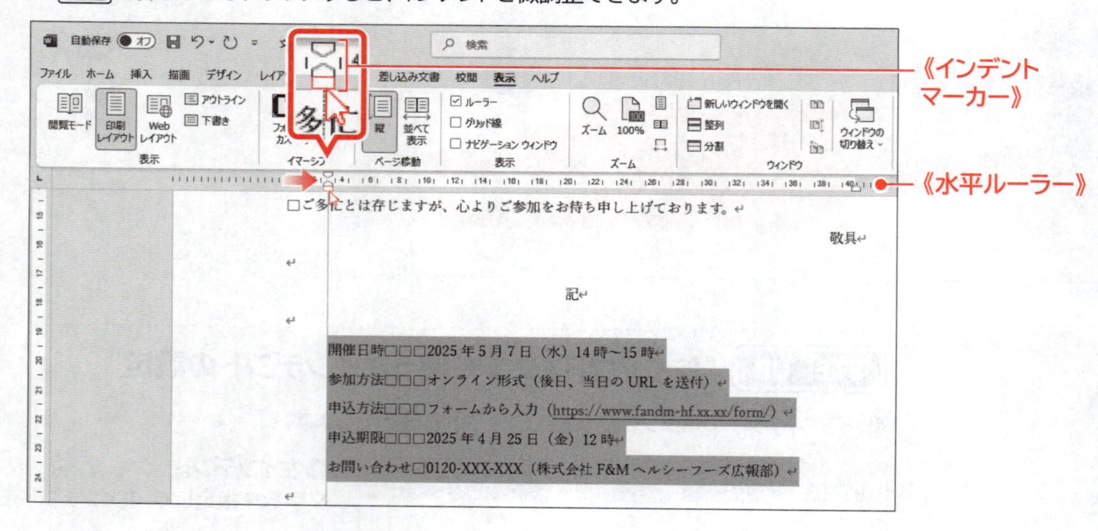

3 段落番号の設定

「段落番号」を使うと、段落の先頭に**「1.2.3.」**や**「①②③」**などの番号を付けることができます。番号を付けると、項目が何件あるのかなど、内容を把握しやすくなります。
記書きの各項目に、**「1.2.3.」**の段落番号を付けましょう。

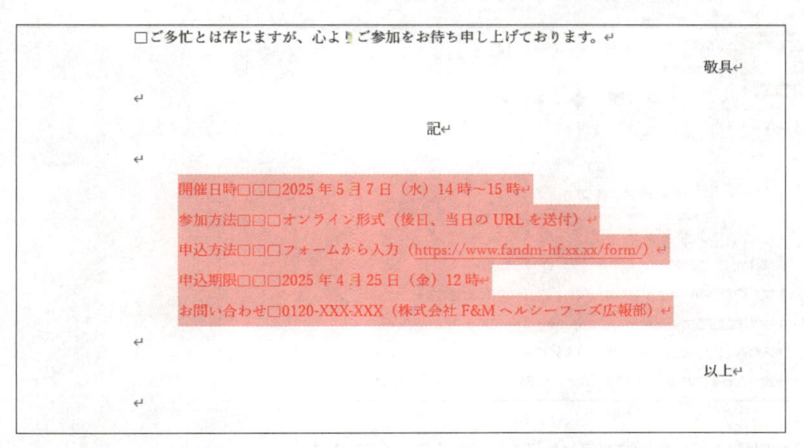

① **「開催日時…」**で始まる行から**「お問い合わせ…」**で始まる行までを選択します。
※行の左端をドラッグします。

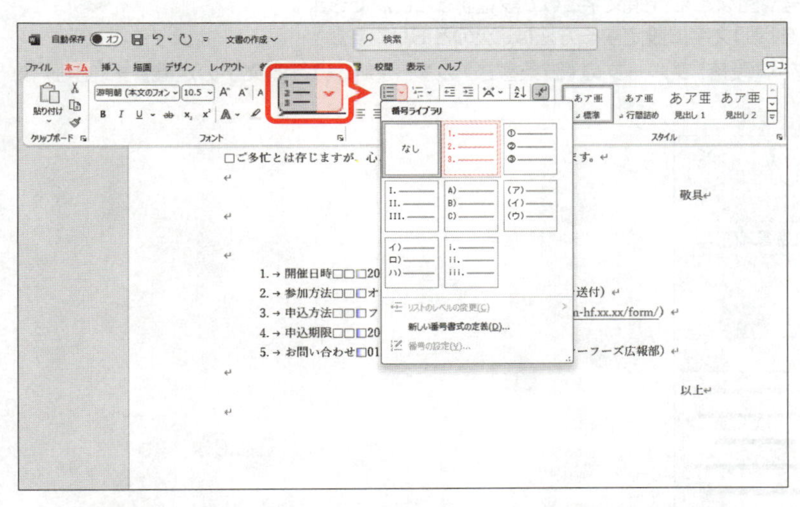

② **《ホーム》**タブを選択します。
③ **《段落》**グループの**《段落番号》**の▼をクリックします。
④ **《1.2.3.》**をクリックします。
※一覧をポイントすると、設定後のイメージを画面で確認できます。

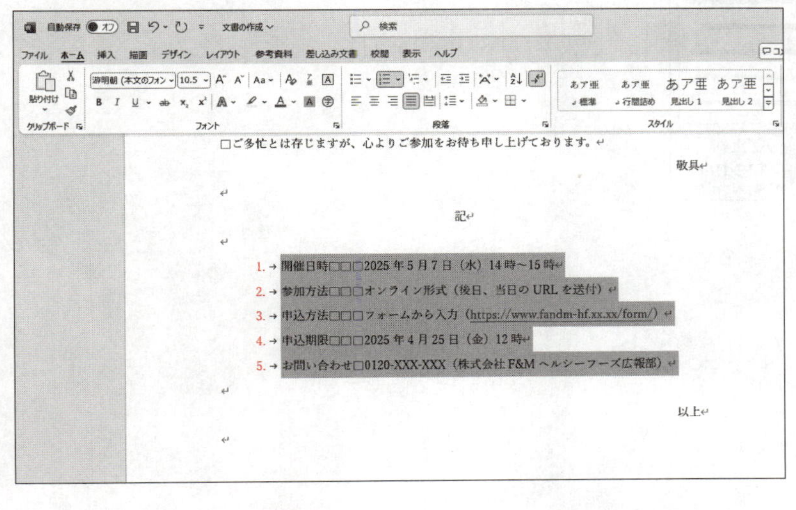

段落番号が設定されます。
※ボタンが濃い灰色になります。
※選択を解除しておきましょう。

POINT リアルタイムプレビュー

「リアルタイムプレビュー」とは、一覧の選択肢をポイントして、設定後のイメージを画面で確認できる機能です。設定前に確認できるため、繰り返し設定しなおす手間を省くことができます。

STEP UP 箇条書きの設定

「箇条書き」を使うと、段落の先頭に「●」や「◆」などの記号を付けることができます。
箇条書きを設定する方法は、次のとおりです。

◆段落を選択→《ホーム》タブ→《段落》グループの《箇条書き》の▼→一覧から選択

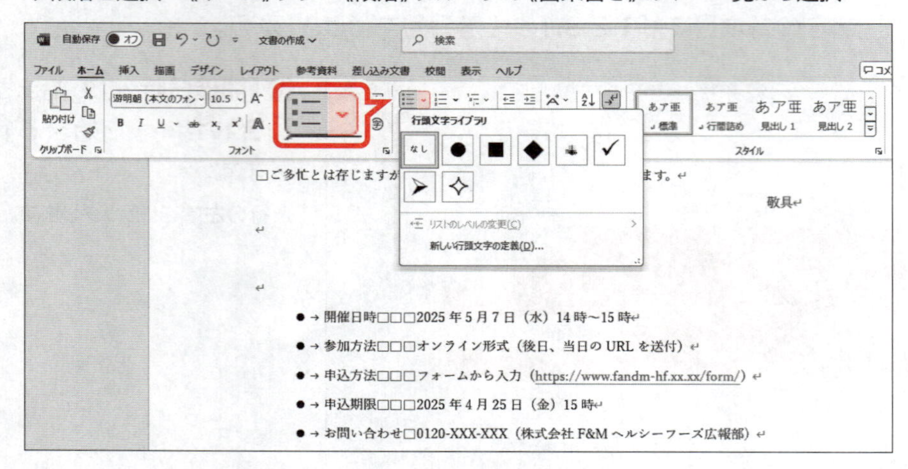

また、「●」や「◆」以外にも記号や図などを行頭文字として設定することができます。
一覧に表示されない記号や図を行頭文字に設定する方法は、次のとおりです。

◆段落を選択→《ホーム》タブ→《段落》グループの《箇条書き》の▼→《新しい行頭文字の定義》→《記号》または《図》

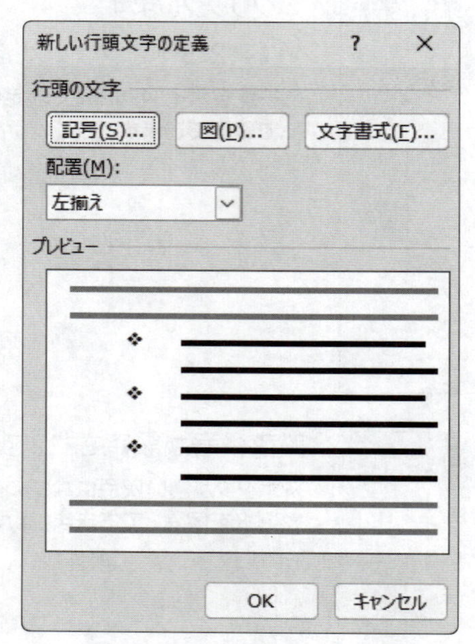

STEP 8 文字を装飾する

1 フォントサイズの設定

文字の大きさのことを**「フォントサイズ」**といいます。
タイトルを目立たせるために、フォントサイズを**「18」**に変更しましょう。

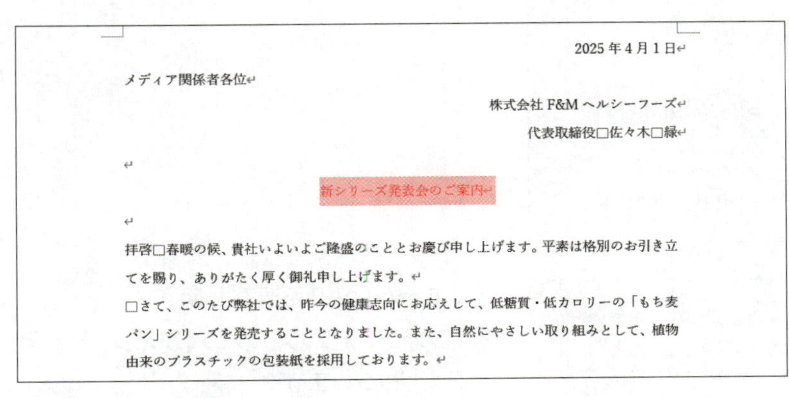
2025年4月1日
メディア関係者各位
株式会社 F&M ヘルシーフーズ
代表取締役□佐々木□緑
新シリーズ発表会のご案内
拝啓□春暖の候、貴社いよいよご隆盛のこととお慶び申し上げます。平素は格別のお引き立てを賜り、ありがたく厚く御礼申し上げます。
□さて、このたび弊社では、昨今の健康志向にお応えして、低糖質・低カロリーの「もち麦パン」シリーズを発売することとなりました。また、自然にやさしい取り組みとして、植物由来のプラスチックの包装紙を採用しております。

①**「新シリーズ発表会のご案内」**の行を選択します。
※行の左端をクリックします。

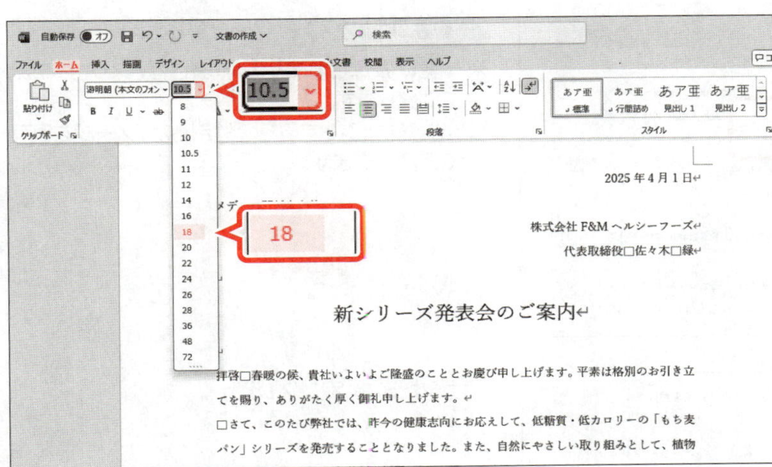

②**《ホーム》**タブを選択します。
③**《フォント》**グループの**《フォントサイズ》**の▼をクリックします。
④**《18》**をクリックします。
※一覧をポイントすると、設定後のイメージを画面で確認できます。

2025年4月1日
メディア関係者各位
株式会社 F&M ヘルシーフーズ
代表取締役□佐々木□緑
新シリーズ発表会のご案内
拝啓□春暖の候、貴社いよいよご隆盛のこととお慶び申し上げます。平素は格別のお引き立てを賜り、ありがたく厚く御礼申し上げます。
□さて、このたび弊社では、昨今の健康志向にお応えして、低糖質・低カロリーの「もち麦パン」シリーズを発売することとなりました。また、自然にやさしい取り組みとして、植物由来のプラスチックの包装紙を採用しております。

フォントサイズが変更されます。

2 フォントの設定

文字の書体のことを**「フォント」**といいます。初期の設定は**「游明朝」**です。
タイトルのフォントを**「游ゴシック」**に変更しましょう。

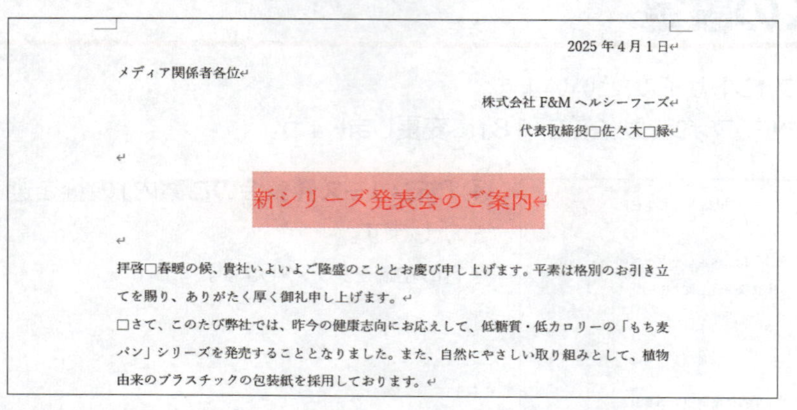

①**「新シリーズ発表会のご案内」**の行が選択されていることを確認します。

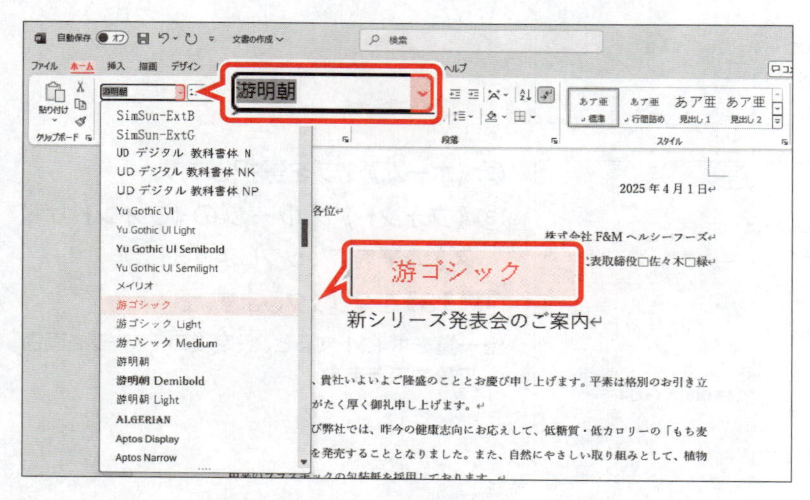

②**《ホーム》**タブを選択します。

③**《フォント》**グループの**《フォント》**の▼をクリックします。

④**《游ゴシック》**をクリックします。

※一覧に表示されていない場合は、スクロールして調整します。

※一覧をポイントすると、設定後のイメージを画面で確認できます。

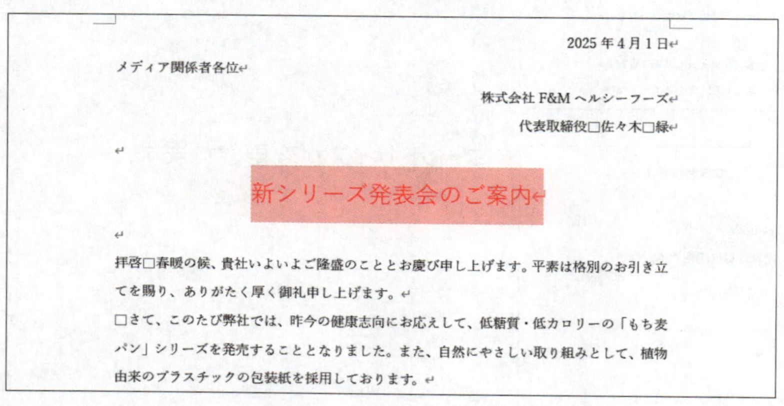

フォントが変更されます。

POINT フォントの色の設定

《フォントの色》を使うと、文字に色を付けて強調できます。

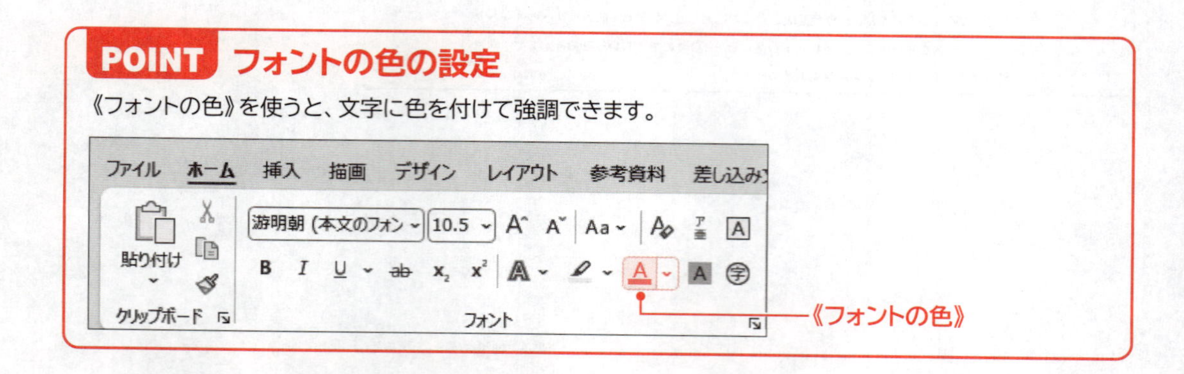

3 太字・斜体の設定

文字を太くしたり、斜めに傾けたりして強調できます。
タイトル**「新シリーズ発表会のご案内」**に太字と斜体を設定しましょう。

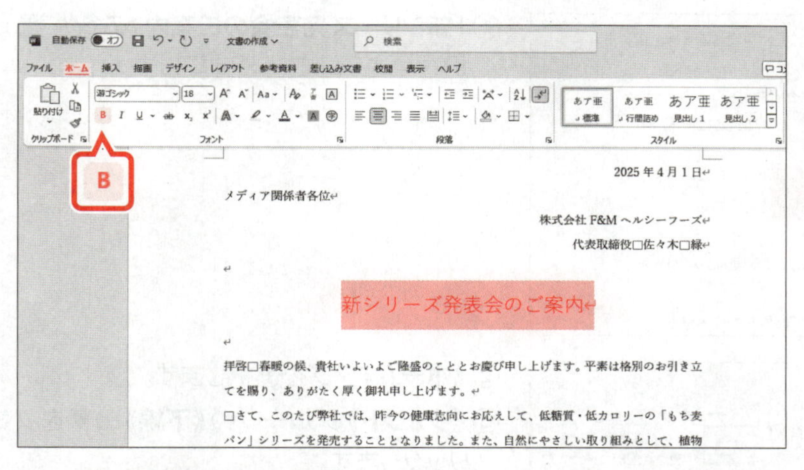

①**「新シリーズ発表会のご案内」**の行が選択されていることを確認します。
②**《ホーム》**タブを選択します。
③**《フォント》**グループの**《太字》**をクリックします。

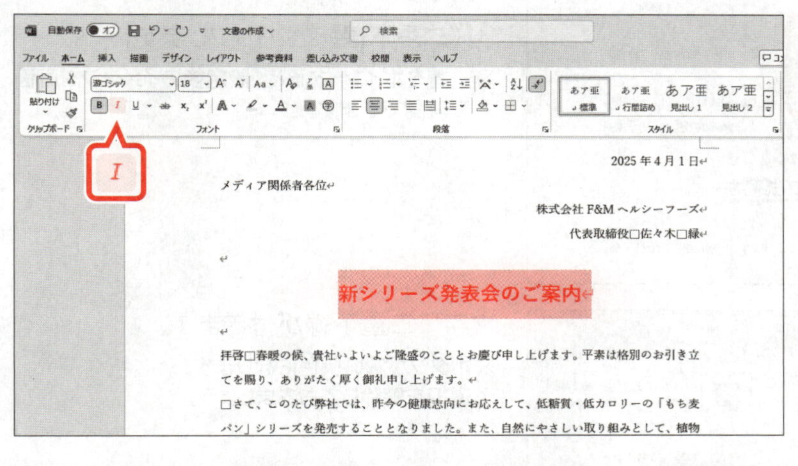

文字が太字になります。
※ボタンが濃い灰色になります。
④**《フォント》**グループの**《斜体》**をクリックします。

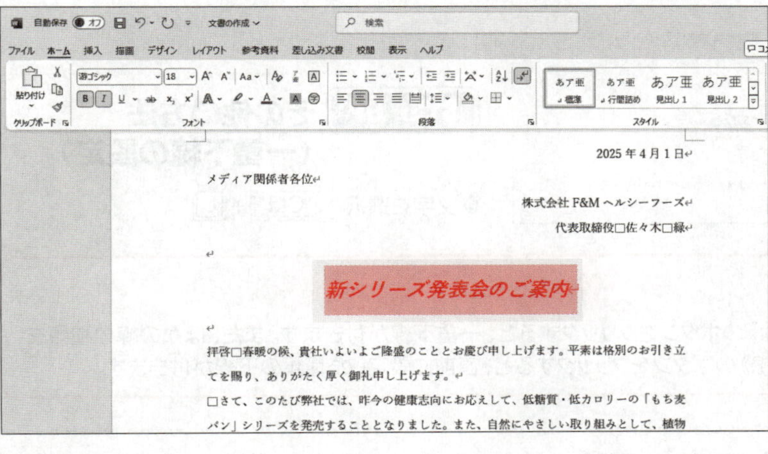

文字が斜体になります。
※ボタンが濃い灰色になります。

STEP UP その他の方法（太字の設定）

◆文字を選択→Ctrl＋B

STEP UP その他の方法（斜体の設定）

◆文字を選択→Ctrl＋I

4 下線の設定

文字に下線を付けて強調できます。下線には、二重線や波線などの種類があります。
タイトルに二重下線を設定しましょう。

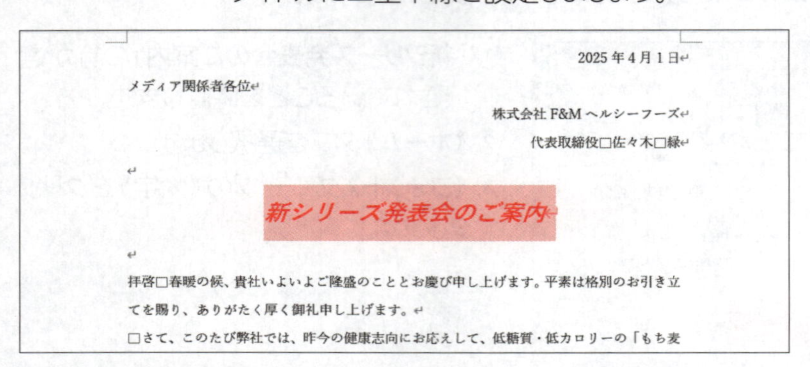

①「**新シリーズ発表会のご案内**」の行が選択されていることを確認します。

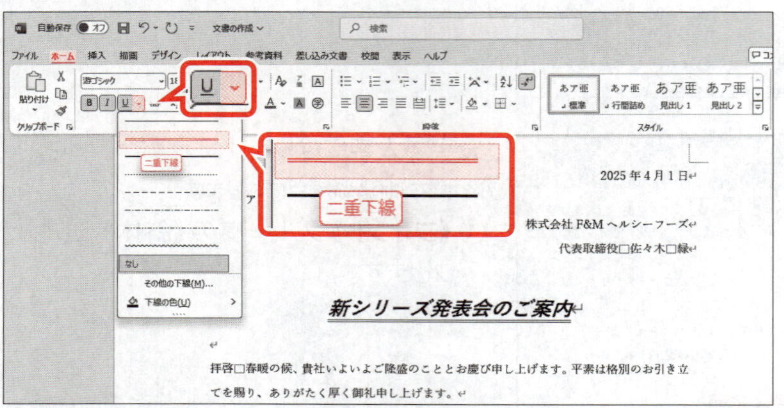

②《**ホーム**》タブを選択します。

③《**フォント**》グループの《**下線**》の▼をクリックします。

④《**二重下線**》をクリックします。

※一覧をポイントすると、設定後のイメージを画面で確認できます。

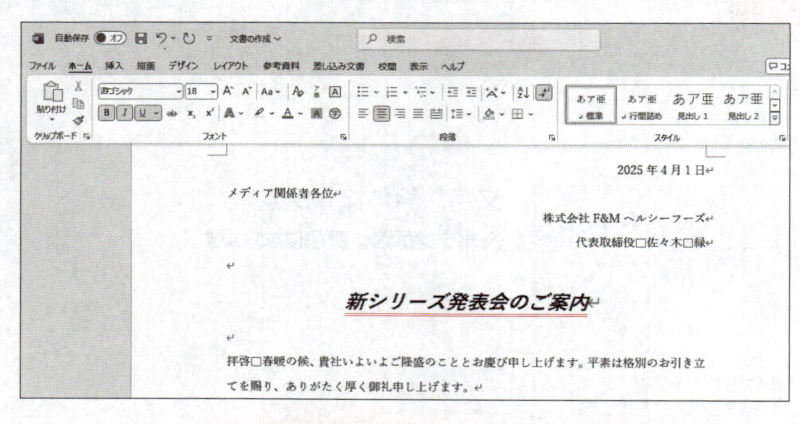

文字に二重下線が付きます。

※ボタンが濃い灰色になります。

※選択を解除しておきましょう。

STEP UP その他の方法（一重下線の設定）

◆文字を選択→Ctrl+U

POINT 下線

線の種類を指定せずに《下線》のボタンをクリックすると、一重下線が付きます。また、ほかの線の種類を選択して実行したあとに《下線》のボタンをクリックすると、直前に設定した種類の下線が付きます。

STEP UP 太字・斜体・下線の解除

太字・斜体・下線を解除するには、解除する範囲を選択して《太字》・《斜体》・《下線》のボタンを再度クリックします。設定が解除されると、ボタンが濃い灰色から標準の色に戻ります。

STEP UP 書式のクリア

文字に設定した書式を一括してクリアするには、《すべての書式をクリア》を使います。

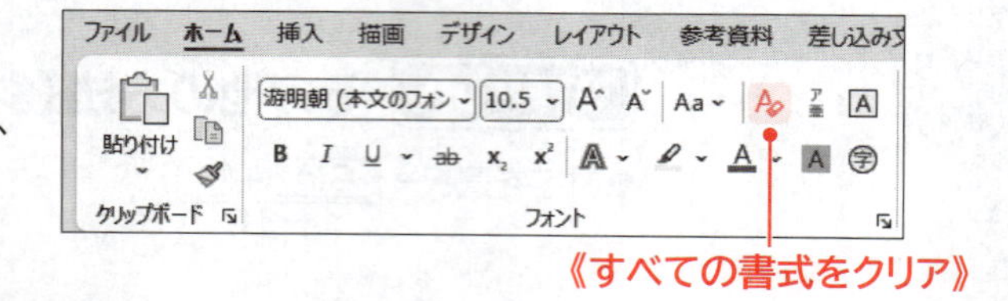

STEP 9 文書を保存する

1 名前を付けて保存

作成した文書を残しておくには、文書に名前を付けて保存します。
作成した文書に**「文書の作成完成」**と名前を付けてフォルダー**「第3章」**に保存しましょう。

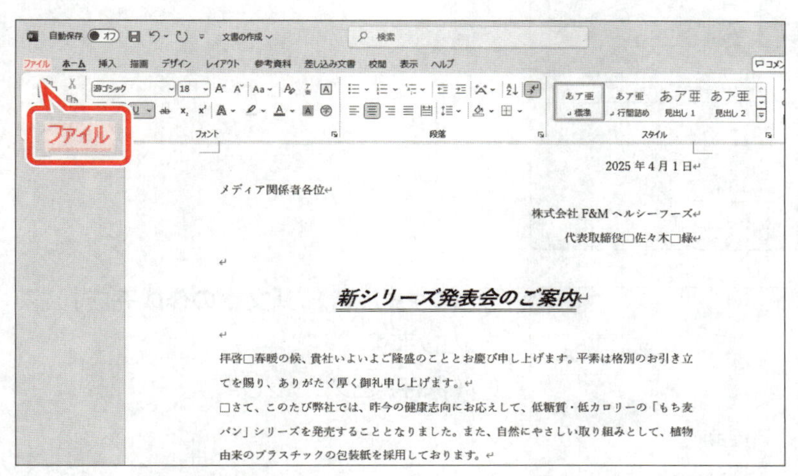

①**《ファイル》**タブを選択します。

②**《名前を付けて保存》**をクリックします。
③**《参照》**をクリックします。

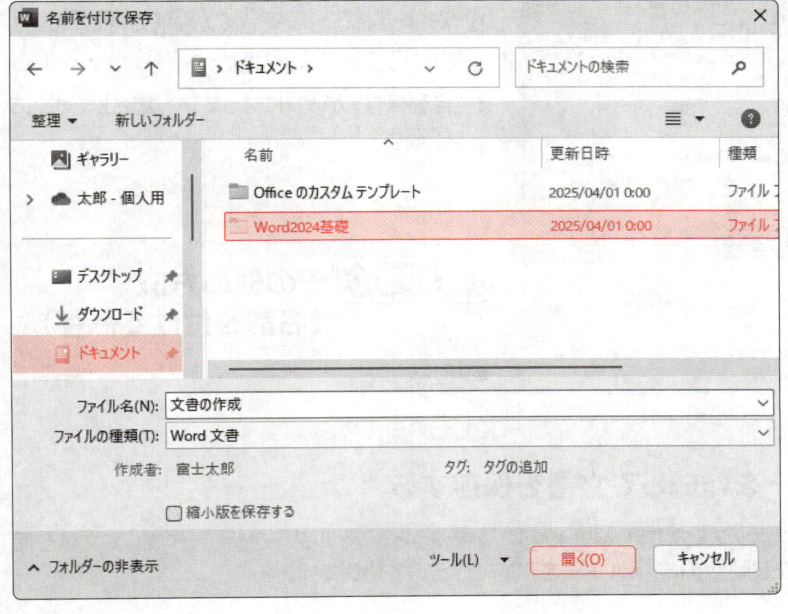

《名前を付けて保存》ダイアログボックスが表示されます。
文書を保存する場所を選択します。
④左側の一覧から**《ドキュメント》**を選択します。
⑤一覧から**「Word2024基礎」**を選択します。
⑥**《開く》**をクリックします。

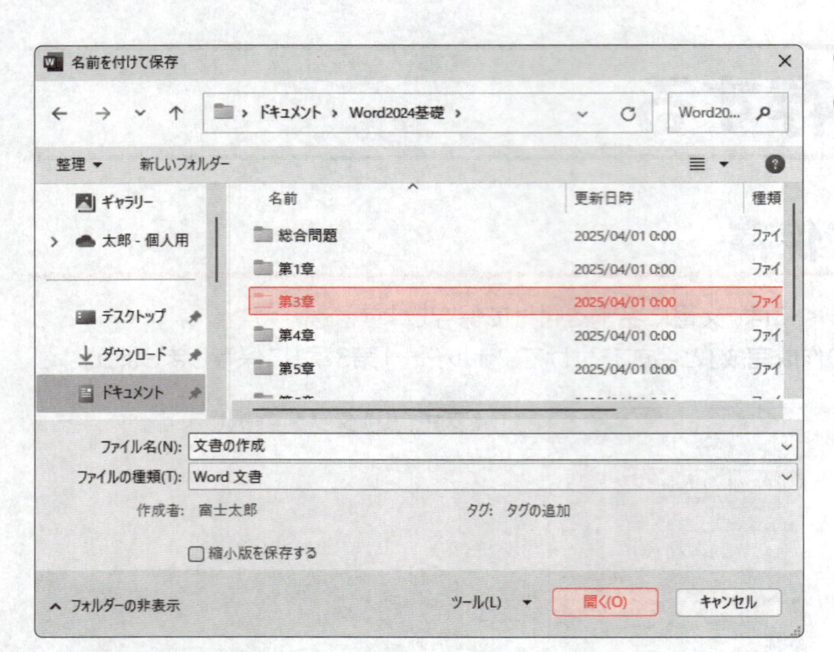

⑦一覧から**「第3章」**を選択します。

⑧**《開く》**をクリックします。

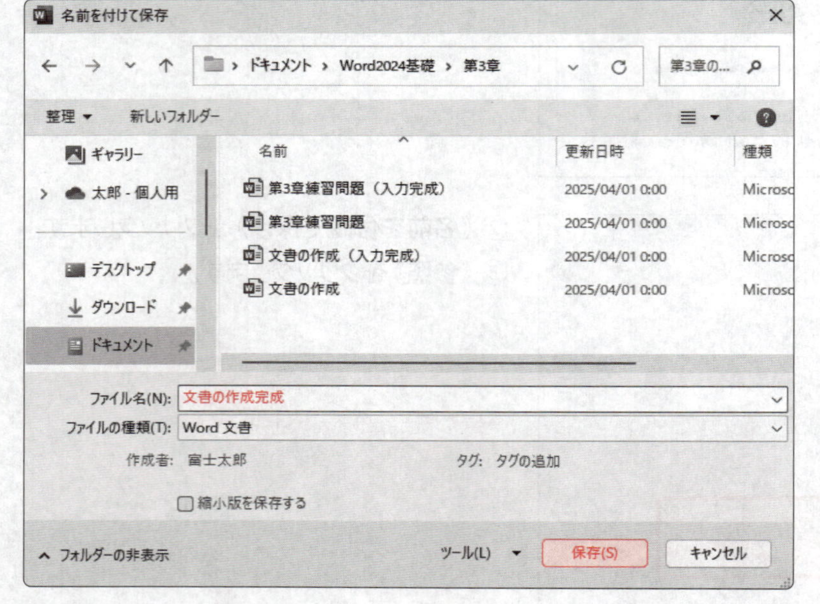

⑨**《ファイル名》**に**「文書の作成完成」**と入力します。

⑩**《保存》**をクリックします。

文書の作成完成

文書が保存されます。

⑪タイトルバーに文書の名前が表示されていることを確認します。

※《自動保存》がオンになっている場合は、オフにしておきましょう。

STEP UP その他の方法（名前を付けて保存）

◆ [F12]

STEP UP フォルダーを作成して文書を保存する

《名前を付けて保存》ダイアログボックスの《新しいフォルダー》を使うと、フォルダーを新しく作成して文書を保存できます。エクスプローラーを起動せずにフォルダーを作成できるので便利です。

2 上書き保存

保存した文書の内容を編集した場合、更新するには上書き保存します。
申込期限の**「12時」**を**「15時」**に修正し、文書を上書き保存しましょう。

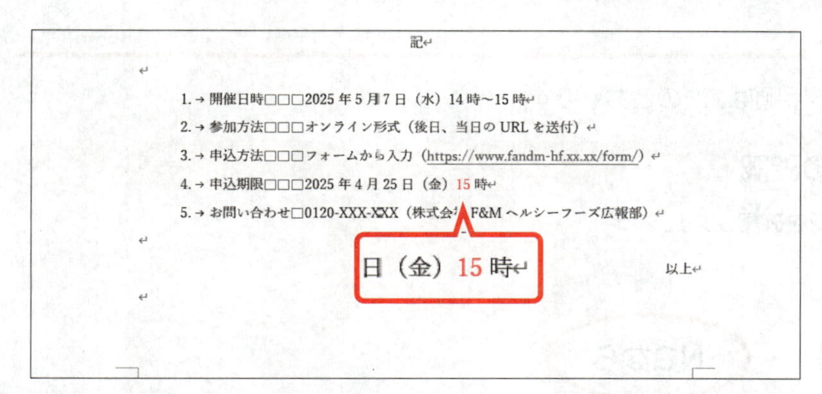

記

1. → 開催日時□□□2025 年 5 月 7 日（水）14 時～15 時
2. → 参加方法□□□オンライン形式（後日、当日の URL を送付）
3. → 申込方法□□□フォームから入力（https://www.fandm-hf.xx.xx/form/）
4. → 申込期限□□□2025 年 4 月 25 日（金）15 時
5. → お問い合わせ□0120-XXX-XXX（株式会社 F&M ヘルシーフーズ広報部）

以上

①**「12」**を選択します。

②**「15」**と入力します。

文字が変更されます。

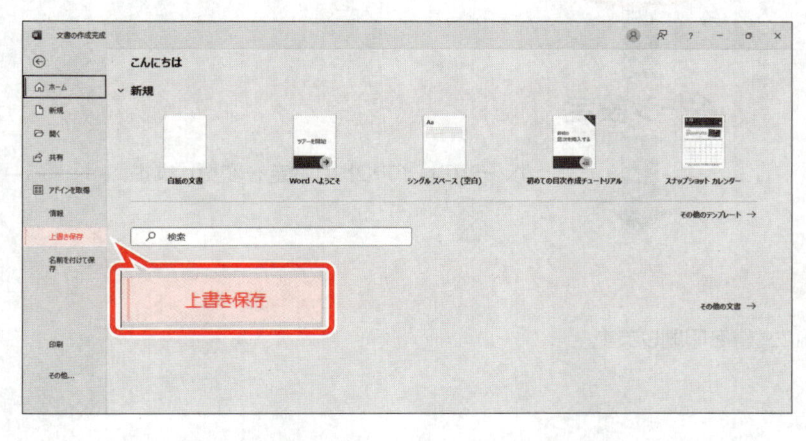

③**《ファイル》**タブを選択します。

④**《上書き保存》**をクリックします。

記

1. → 開催日時□□□2025 年 5 月 7 日（水）14 時～15 時
2. → 参加方法□□□オンライン形式（後日、当日の URL を送付）
3. → 申込方法□□□フォームから入力（https://www.fandm-hf.xx.xx/form/）
4. → 申込期限□□□2025 年 4 月 25 日（金）15 時
5. → お問い合わせ□0120-XXX-XXX（株式会社 F&M ヘルシーフーズ広報部）

以上

上書き保存されます。

STEP UP その他の方法（上書き保存）

◆クイックアクセスツールバーの《上書き保存》

◆ Ctrl + S

POINT 上書き保存と名前を付けて保存

文書の保存には、基本的に次の2つの方法があります。

●名前を付けて保存

新規に作成した文書を保存したり、既存の文書を編集して別の文書として保存したりするときに使います。

●上書き保存

既存の文書を編集して、同じ名前で保存するときに使います。

※自動保存がオンになっている場合、《名前を付けて保存》は《コピーを保存》と表示され、《上書き保存》は表示されません。

STEP 10 文書を印刷する

1 印刷する手順

作成した文書を印刷する手順は、次のとおりです。

1 印刷イメージの確認

画面で印刷イメージを確認します。

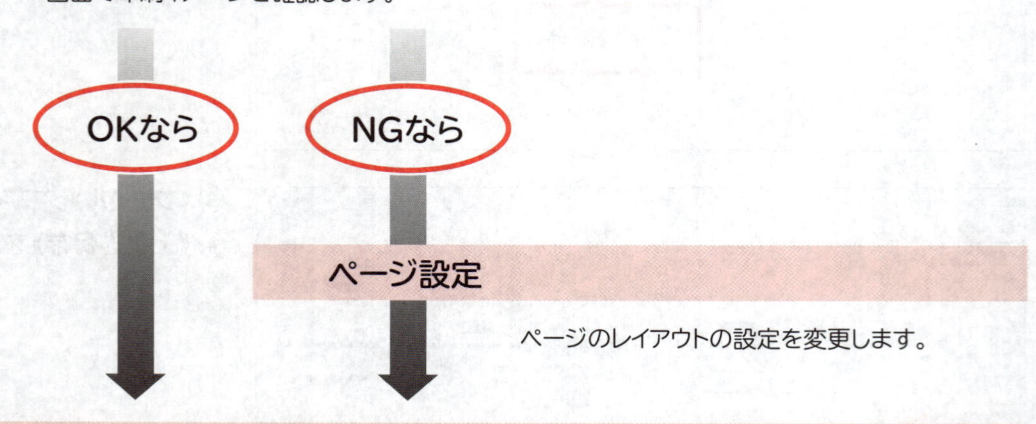

2 印刷

印刷を実行し、用紙に文書を印刷します。

2 印刷イメージの確認

画面で印刷イメージを確認することができます。
印刷の向きや余白のバランスは適当か、レイアウトが整っているかなどを確認します。

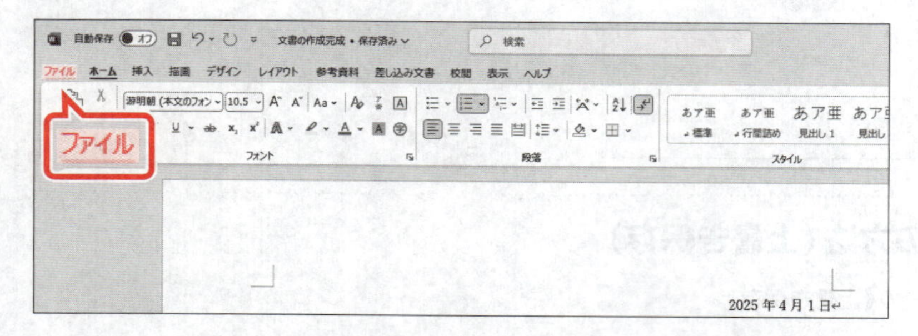

①《**ファイル**》タブを選択します。

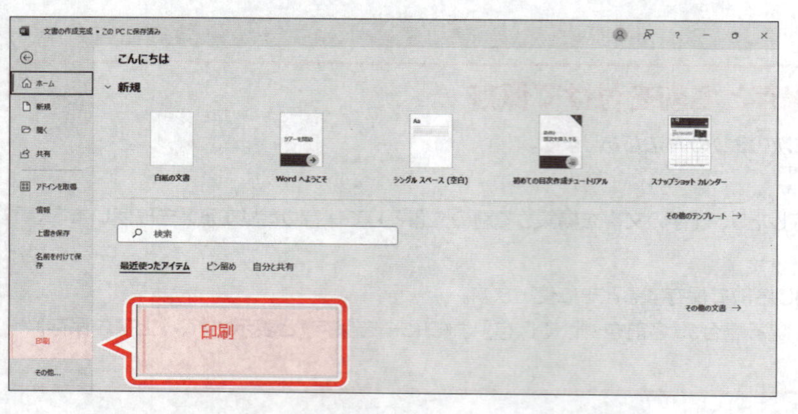

②《**印刷**》をクリックします。

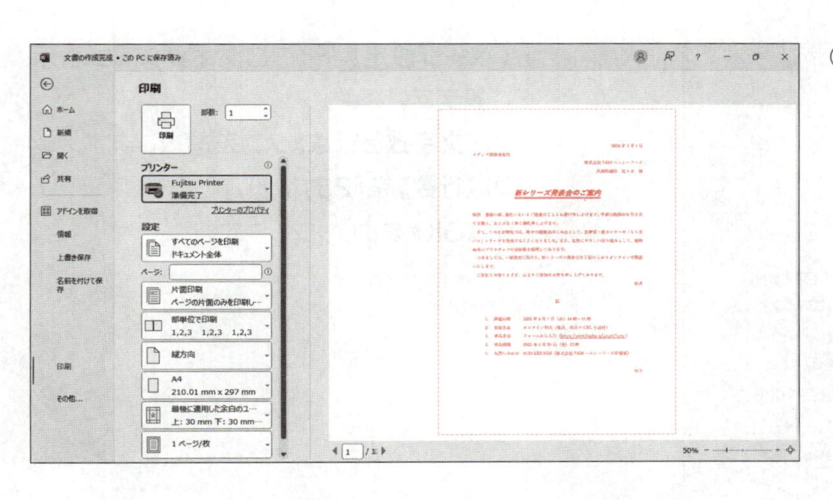

③印刷イメージを確認します。

POINT 印刷イメージの拡大

《印刷》の画面でもズーム機能を使って印刷イメージを拡大し、細かい箇所を確認することができます。
ズームして印刷イメージを確認後、元の大きさに戻すには、《ページに合わせる》をクリックします。

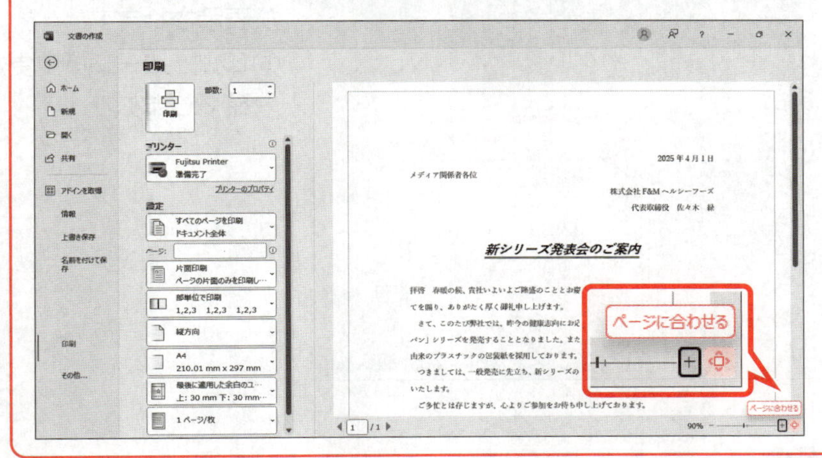

3 ページ設定

印刷イメージでレイアウトが整っていない場合、ページのレイアウトを調整します。
ページの下側が空いているので、1ページの行数を**「28行」**に変更しましょう。

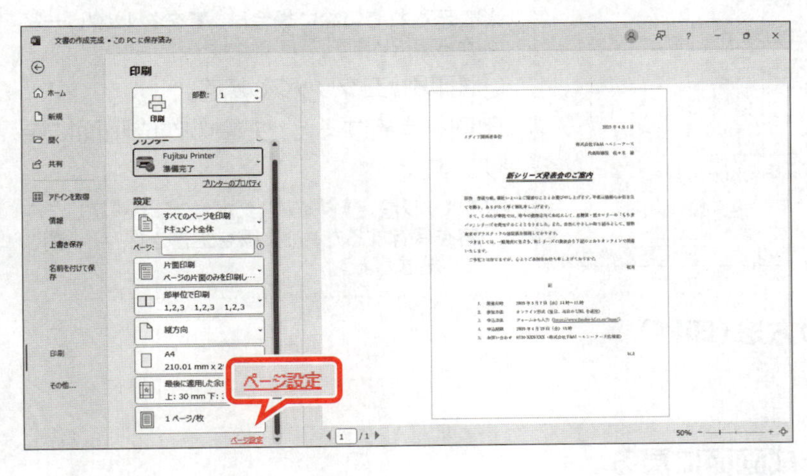

①**《ページ設定》**をクリックします。

※表示されていない場合は、スクロールして調整します。

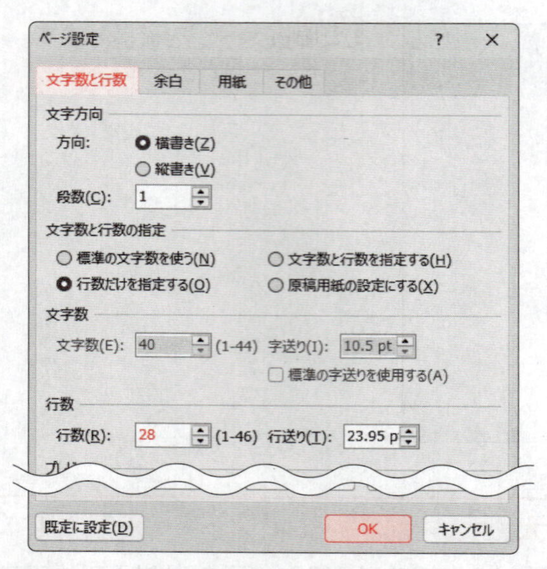

《ページ設定》ダイアログボックスが表示されます。

② **《文字数と行数》**タブを選択します。

③ **《行数》**を**「28」**に設定します。

④ **《OK》**をクリックします。

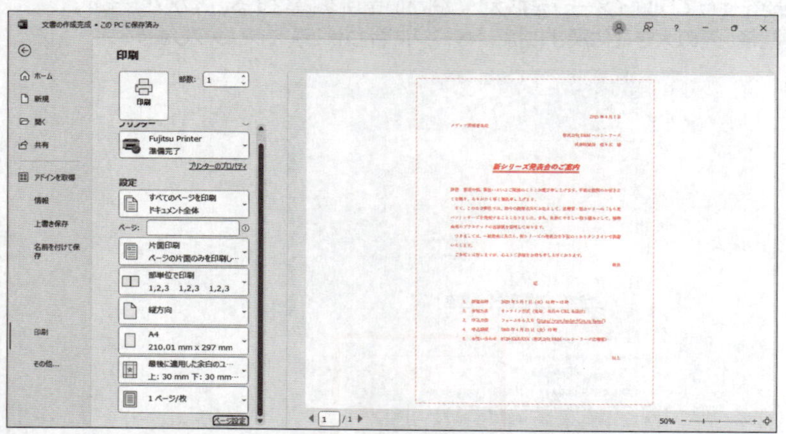

行数が変更され、ページの下側まで文章が表示されます。

⑤ 印刷イメージが変更されていることを確認します。

4 印刷

文書を1部印刷しましょう。

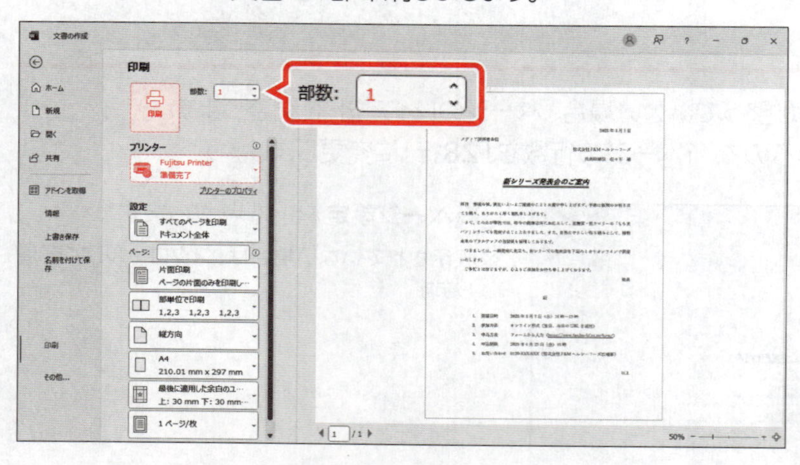

① **《部数》**が**「1」**になっていることを確認します。

② **《プリンター》**に出力するプリンターの名前が表示されていることを確認します。

※表示されていない場合は、▼をクリックし一覧から選択します。

③ **《印刷》**をクリックします。

印刷を実行すると、文書の作成画面に戻ります。

※《ページ設定》ダイアログボックスで設定した内容を保存するため、文書を上書き保存し、閉じておきましょう。

STEP UP その他の方法(印刷)

◆ Ctrl + P

STEP UP 文書の作成画面に戻る

印刷イメージを確認したあと、印刷を実行せずに文書の作成画面に戻るには、Esc を押します。
《閉じる》をクリックすると、Wordが終了してしまうので注意しましょう。

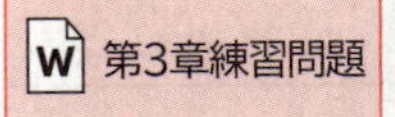

練習問題

PDF 標準解答 ▶ P.1

OPEN
第3章練習問題

あなたは、通信講座の営業企画部に所属しており、会員向けにキャンペーンの案内文書を作成することになりました。
完成図のような文書を作成しましょう。

※標準解答は、FOM出版のホームページで提供しています。P.5「5 学習ファイルと標準解答のご提供について」を参照してください。
※文書「第3章練習問題」は、行間やフォントサイズなどの設定がされている白紙の文書です。学習ファイルを使用せずに、新しい文書を作成して操作する場合は、P.100「Q&A」を参照してください。

●完成図

2025年3月3日

会員の皆様

通信講座エフアンドエム

春の学習応援キャンペーンのお知らせ

拝啓　早春の候、ますます御健勝のこととお慶び申し上げます。平素はひとかたならぬ御愛顧を賜り、厚く御礼申し上げます。

このたび、通信講座エフアンドエムでは、「春の学習応援キャンペーン」を実施いたします。春は新しいことを始めるのに最適な季節です。お得なキャンペーンを利用して、新しい学習をスタートしてみませんか。皆様のお申し込みをお待ちしております。

敬具

記

- ✧ 対象期間　2025年4月1日～2025年4月30日
- ✧ 特典　全講座10,000円キャッシュバック
- ✧ 詳細　同封のチラシをご確認ください。

以上

<お問い合わせ先>
春の学習応援キャンペーン事務局
電話　：0120-XXX-XXX
メール：campaign-fandm@xx.xx

①次のようにページのレイアウトを設定しましょう。

用紙サイズ	：A4
印刷の向き	：縦
1行の文字数	：38文字
1ページの行数	：30行

HINT 文字数と行数を設定するには、《ページ設定》ダイアログボックスの《文字数と行数》タブを使います。

②次のように文章を入力しましょう。

※入力を省略する場合は、文書「第3章練習問題（入力完成）」を開き、③に進みましょう。

HINT あいさつ文を挿入するには、《挿入》タブ→《テキスト》グループの《あいさつ文の挿入》を使います。

2025年3月3日↵
会員の皆様↵
通信講座エフアンドエム↵
↵
春の学習応援キャンペーンのお知らせ↵
↵
拝啓□早春の候、ますます御健勝のこととお慶び申し上げます。平素はひとかたならぬ御愛顧を賜り、厚く御礼申し上げます。↵
□このたび、通信講座エフアンドエムでは、「春の学習応援キャンペーン」を実施いたします。春は新しいことを始めるのに最適な季節です。お得なキャンペーンを利用して、新しい学習をスタートしてみませんか。皆様のお申し込みをお待ちしております。↵
敬具↵
↵
記↵
↵
対象期間□2025年4月1日～2025年4月30日↵
特典□□□全講座10,000円キャッシュバック↵
詳細□□□同封のチラシをご確認ください。↵
↵
以上↵
↵
↵
<お問い合わせ先>↵
事務局↵
電話□：0120-XXX-XXX↵
メール：campaign-fandm@xx.xx

※↵で Enter を押して改行します。
※□は全角空白を表します。
※「～」は「から」と入力して変換します。
※お使いの環境によっては、文章の折り返し位置が異なる場合があります。

③ 発信日付「**2025年3月3日**」と発信者名「**通信講座エフアンドエム**」をそれぞれ右揃えにしましょう。

④ タイトル「**春の学習応援キャンペーンのお知らせ**」に次の書式を設定しましょう。

フォント　　　：游ゴシック
フォントサイズ　：18
太字
太線の下線
中央揃え

⑤ 本文中の「**春の学習応援キャンペーン**」を「**<お問い合わせ先>**」の「**事務局**」の前にコピーしましょう。

⑥ 「**対象期間…**」で始まる行から「**詳細…**」で始まる行までに、5文字分の左インデントを設定しましょう。

⑦ 「**対象期間…**」で始まる行から「**詳細…**」で始まる行までに、「✧」の行頭文字の箇条書きを設定しましょう。

HINT 箇条書きを設定するには、《ホーム》タブ→《段落》グループの《箇条書き》を使います。

⑧ 「**<お問い合わせ先>**」の行から「**メール：…**」で始まる行までに、23文字分の左インデントを設定しましょう。

HINT 設定する左インデントの文字数が多い場合は、《レイアウト》タブ→《段落》グループの《左インデント》を使うと効率的です。

⑨ 印刷イメージを確認し、1部印刷しましょう。

※文書に「第3章練習問題完成」と名前を付けて、フォルダー「第3章」に保存し、閉じておきましょう。

Q&A 新しい文書は行間が広くて、行数が調整できない…どうすればいいい？

これは、Word 2024やMicrosoft 365のWordにおいて、新しい文書（白紙の文書）を作成するときに参照しているWord文書のひな形である標準テンプレート（Normal.dotm）の行間やフォントサイズなどが影響しています。
本書の学習ファイルは、《ページ設定》ダイアログボックスで指定した行数どおりに文書に反映されるように、次のように設定を変更しています。
＜設定方法＞を参考に、自分で作成した新しい文書でも操作してみましょう。

●段落の設定

配置　　　　：両端揃え
段落後の間隔：0pt
行間　　　　：1行

＜設定方法＞
①《ホーム》タブを選択
②《段落》グループの□（段落の設定）をクリック
③《インデントと行間隔》タブを選択
④《配置》の▼をクリックし、一覧から《両端揃え》を選択
⑤《段落後》を「0」ptに設定
⑥《行間》の▼をクリックし、一覧から《1行》を選択
⑦《既定に設定》をクリック

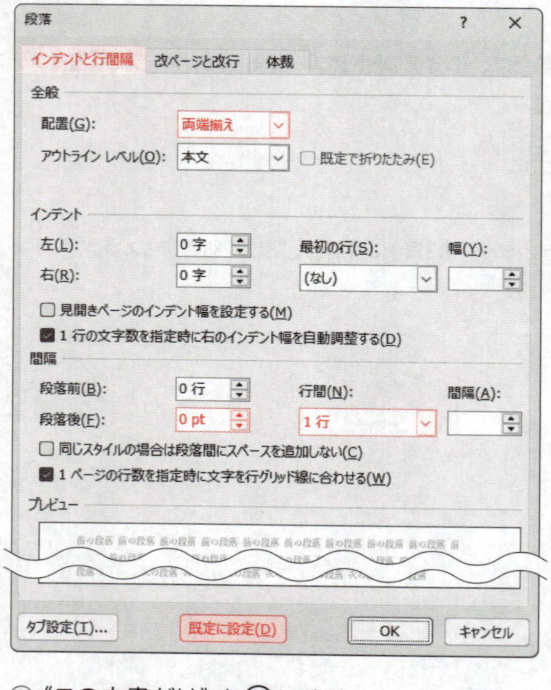

⑧《この文書だけ》を◉にする
⑨《OK》をクリック

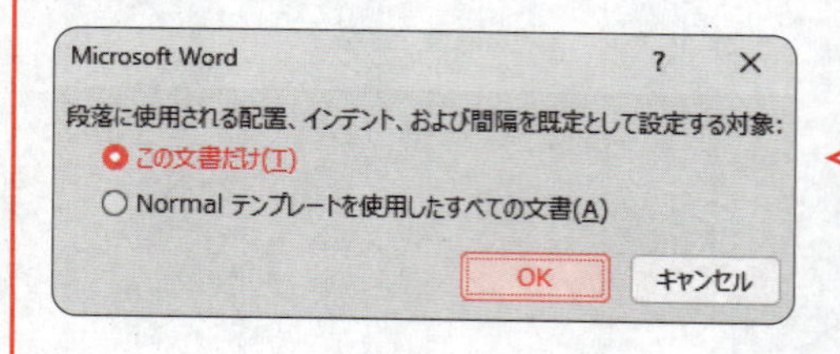

●フォント

フォントサイズ：10.5

＜設定方法＞
①《ホーム》タブを選択
②《フォント》グループの□（フォント）をクリック
③《フォント》タブを選択
④《サイズ》の一覧から《10.5》を選択
⑤《既定に設定》をクリック

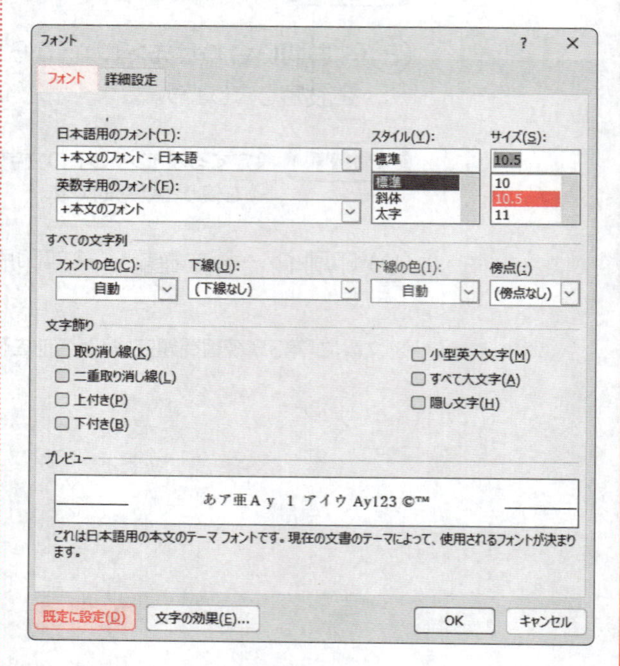

⑥《この文書だけ》を◉にする
⑦《OK》をクリック

ワンポイント アドバイス

《この文書だけ》を選択すると、開いている文書にだけ設定が適用されます。

《Normalテンプレートを使用したすべての文書》を選択すると、これから作成するすべての新しい文書に適用されるため、毎回同じ設定を行う手間を省くことができます。

第4章

表の作成

この章で学ぶこと

学習前に習得すべきポイントを理解しておき、
学習後には確実に習得できたかどうかを振り返りましょう。

- ■ 表の構成を理解できる。 → P.104 ☑☑☑
- ■ 行数と列数を指定して表を作成できる。 → P.105 ☑☑☑
- ■ 表内に文字を入力できる。 → P.106 ☑☑☑
- ■ 選択する対象に応じて、適切に表の範囲を選択できる。 → P.107 ☑☑☑
- ■ 表に行や列を挿入したり、削除したりできる。 → P.110 ☑☑☑
- ■ 表の列の幅や行の高さを変更できる。 → P.112 ☑☑☑
- ■ 表全体のサイズを変更できる。 → P.115 ☑☑☑
- ■ 複数のセルを結合したり、複数のセルに分割したりできる。 → P.116 ☑☑☑
- ■ セル内の文字の配置を変更できる。 → P.118 ☑☑☑
- ■ 表の配置を変更できる。 → P.121 ☑☑☑
- ■ 罫線の種類や太さ、色を変更できる。 → P.122 ☑☑☑
- ■ セルに色を塗ることができる。 → P.124 ☑☑☑
- ■ 表にスタイルを適用し、表の見栄えを整えることができる。 → P.126 ☑☑☑
- ■ 段落罫線を設定し、文書内に区切り線を入れることができる。 → P.129 ☑☑☑

STEP 1 作成する文書を確認する

1 作成する文書の確認

次のような文書を作成しましょう。

2025年1月6日

学生・保護者各位

学校法人　桔梗医科薬科大学
事務局　小笠原　清隆

図書寄贈のお願い

頌春の候、皆様におかれましては、春からの新生活に期待を膨らませていることと存じます。
さて、このたび本大学の図書館では、図書の充実と学生支援を目的として、進学・卒業などで不要になりました専門分野の図書、辞書、そのほか在校生に有益と思われる資料について寄贈を募集いたします。
なお、寄贈していただける図書につきましては、下記の方法でご送付ください。ご協力のほど、よろしくお願い申し上げます。

記

- ■ 受付期間　2025年1月13日～2025年3月31日
- ■ 送付方法　郵送（元払い）／図書館カウンターまで持ち込み
- ■ 送付先　〒144-0054　東京都大田区新蒲田X-X　桔梗医科薬科大学　図書館
- ■ 添付書類　寄贈用送付状
- ■ お問い合わせ

期間	電話番号
2025年1月13日～2025年2月17日	図書館　03-XXXX-1234（直通）
2025年2月18日～2025年3月31日	事務局　03-XXXX-1111（直通）

表のスタイルの適用

以上

段落罫線の設定

寄贈用送付状

ご寄付者	学部・学科		学年	
	お名前			
	日中連絡先	携帯・自宅・その他（　　）		
図書名	例：細胞生物学入門（第4版）			

表の作成
行の高さの変更
表のサイズ変更
セルの結合・分割
セル内の文字の配置
表全体の配置
罫線の変更

列の幅の変更
セルの塗りつぶしの設定

行の挿入

セル内の均等割り付け

STEP 2 表を作成する

1 表の構成

「表」を使うと、項目ごとにデータを整列して表示でき、内容を読み取りやすくなります。
表は罫線で囲まれた**「列」**と**「行」**で構成されます。また、罫線で囲まれたひとつのマス目を**「セル」**といいます。

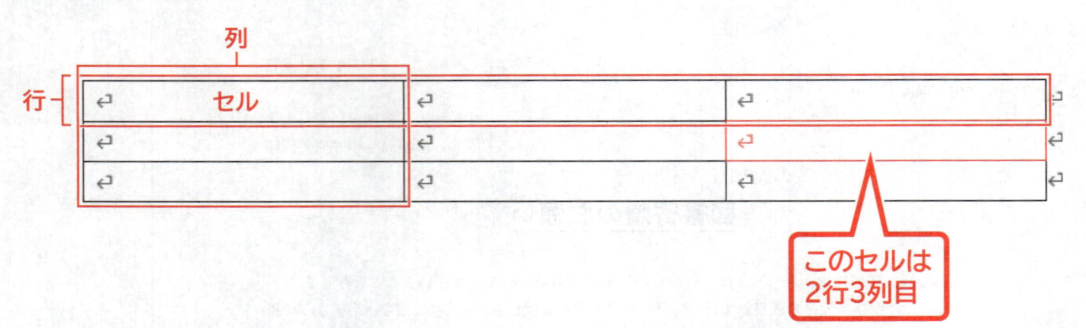

2 表の作成方法

表を作成するには、**《挿入》**タブの**《表の追加》**を使い、次のような方法で作成します。

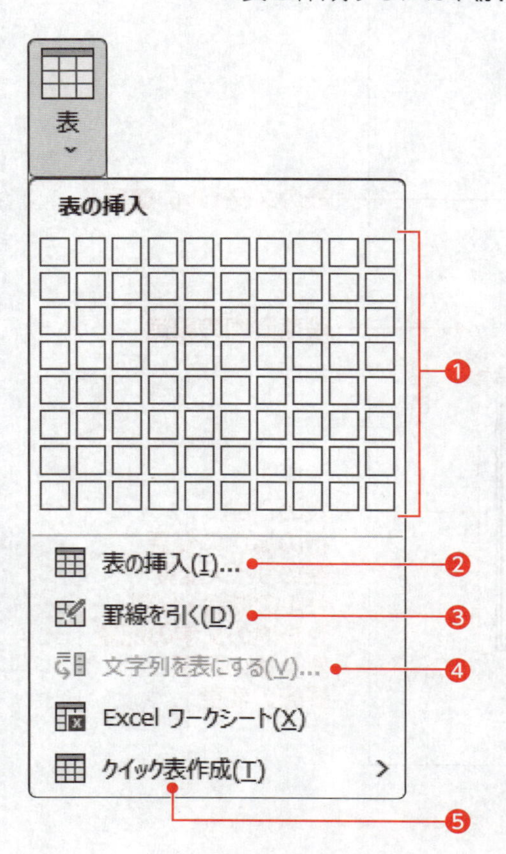

❶マス目で指定する
必要な行数と列数をマス目で指定して、表を作成します。
※お使いの環境によって、指定できる行数と列数は異なります。

❷数値で指定する
必要な列数と行数を数値で指定して、表を作成します。

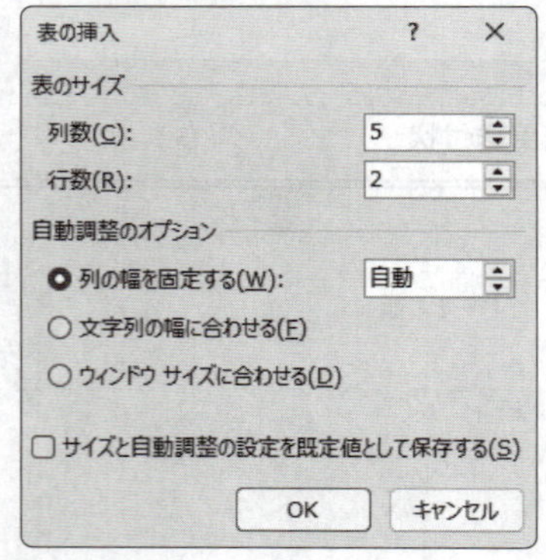

❸ドラッグ操作で罫線を引く
鉛筆で線を引くように、ドラッグして罫線を引いて、表を作成します。

❹文字列を表にする
タブや段落で区切られた入力済みの文字を表に変換します。

❺サンプルから作成する
完成イメージに近い表のサンプルを選択して、表を作成します。
※作成した表は、表のイメージがつかみやすいように、サンプルデータが入力されています。

3 表の作成

文書の最後に、4行3列の表を作成しましょう。

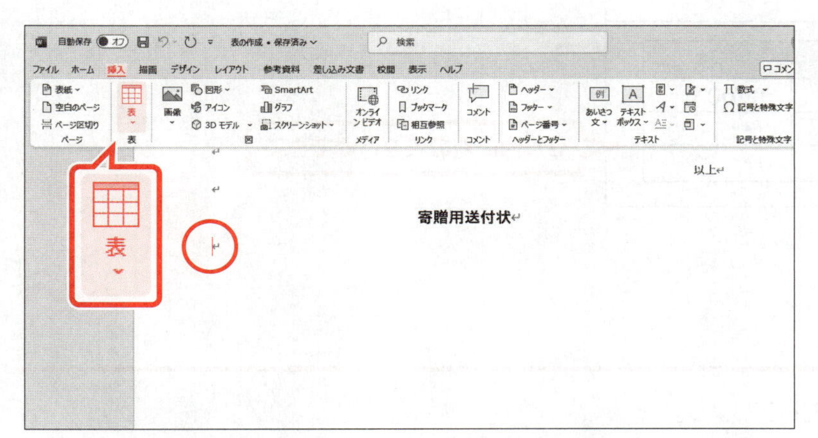

文書の最後にカーソルを移動します。

① Ctrl + End を押します。

②《**挿入**》タブを選択します。

③《**表**》グループの《**表の追加**》をクリックします。

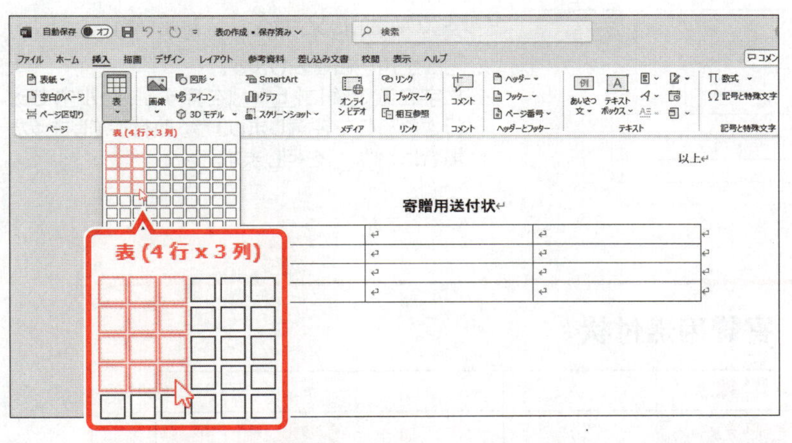

マス目が表示されます。

行数（4行）と列数（3列）を指定します。

④下に4マス分、右に3マス分の位置をポイントします。

⑤表のマス目の上に「**表（4行×3列）**」と表示されていることを確認し、クリックします。

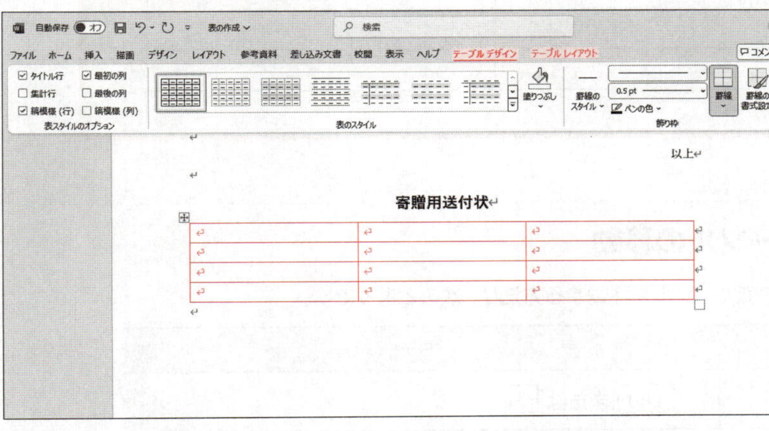

表が作成されます。

リボンに《**テーブルデザイン**》タブと《**テーブルレイアウト**》タブが表示されます。

POINT 《テーブルデザイン》タブと《テーブルレイアウト》タブ

表内にカーソルがあるとき、リボンに《テーブルデザイン》タブと《テーブルレイアウト》タブが表示され、表に関するコマンドが使用できる状態になります。

STEP UP 複合表

表内の情報を整理するために、セル内に別の表を作成できます。セル内に作成した表を「複合表」といいます。任意のセル内に新しく表を挿入したり、既存の表をコピー・移動したりして、複合表を作成できます。

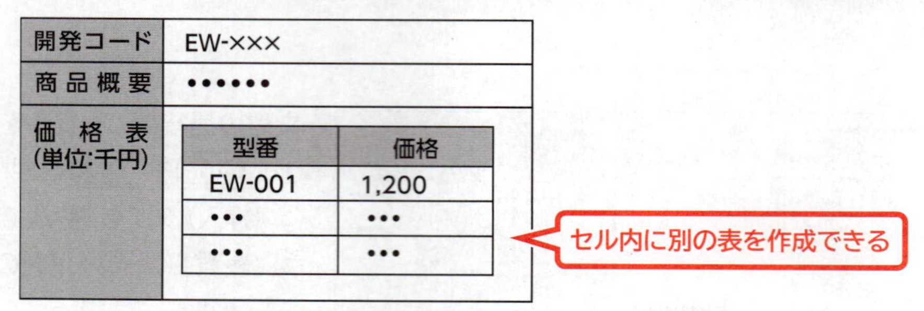

開発コード	EW-×××
商品概要	••••••
価格表（単位:千円）	（表内の表）型番 / 価格 EW-001 / 1,200 ••• / ••• ••• / •••

4 文字の入力

作成した表に文字を入力しましょう。

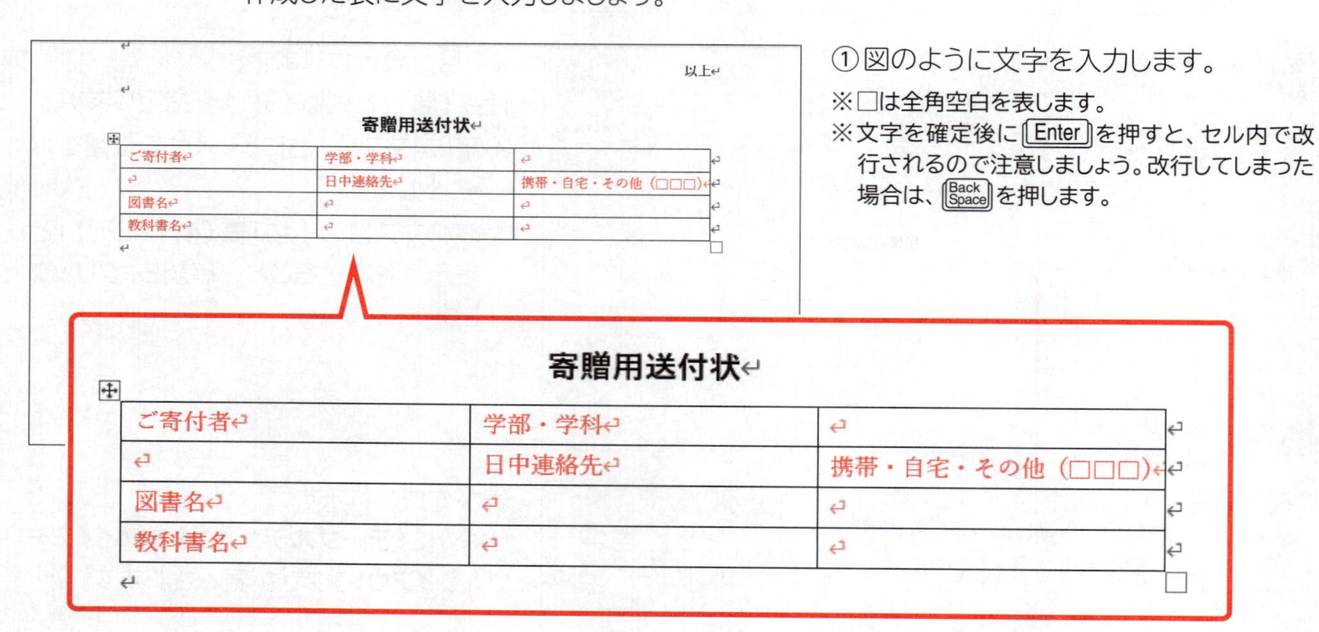

以上

寄贈用送付状

ご寄付者	学部・学科	
	日中連絡先	携帯・自宅・その他（□□□）
図書名		
教科書名		

①図のように文字を入力します。

※□は全角空白を表します。

※文字を確定後に【Enter】を押すと、セル内で改行されるので注意しましょう。改行してしまった場合は、【Back Space】を押します。

STEP UP 表内のカーソルの移動

キーボードのキーを使って、表内でカーソルを移動する方法は、次のとおりです。

移動方向	キー
右のセルへ移動	【Tab】または【→】
左のセルへ移動	【Shift】+【Tab】または【←】
上のセルへ移動	【↑】
下のセルへ移動	【↓】

STEP 3 表の範囲を選択する

1 セルの選択

表に書式を設定する場合、対象のセルや行などを選択してコマンドを実行します。
ひとつのセルを選択する場合、セル内の左端をクリックします。
複数のセルをまとめて選択する場合、開始位置のセルから終了位置のセルまでドラッグします。
「ご寄付者」のセルを選択しましょう。次に、**「ご寄付者」**から**「日中連絡先」**までのセルをまとめて選択しましょう。

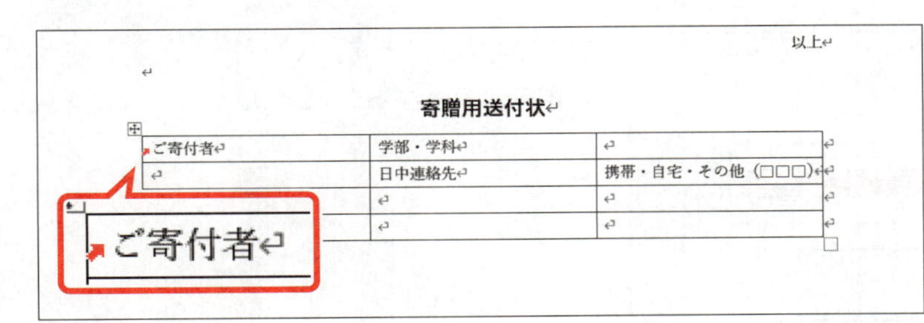

「ご寄付者」のセルを選択します。

①図のように、選択するセル内の左端をポイントします。

マウスポインターの形が➚に変わります。

②クリックします。

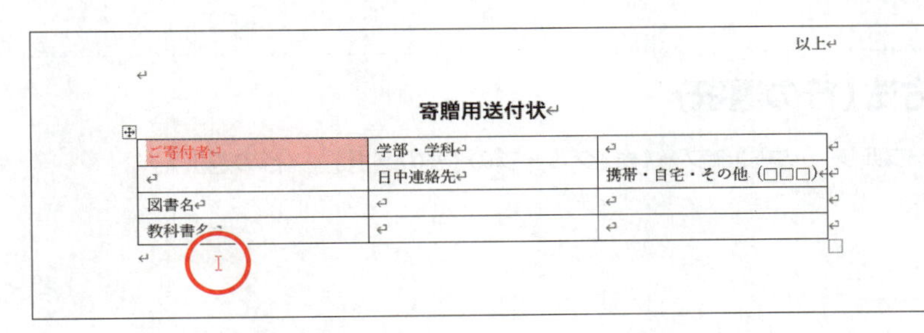

セルが選択されます。

セルの選択を解除します。

③選択されているセル以外の場所をクリックします。

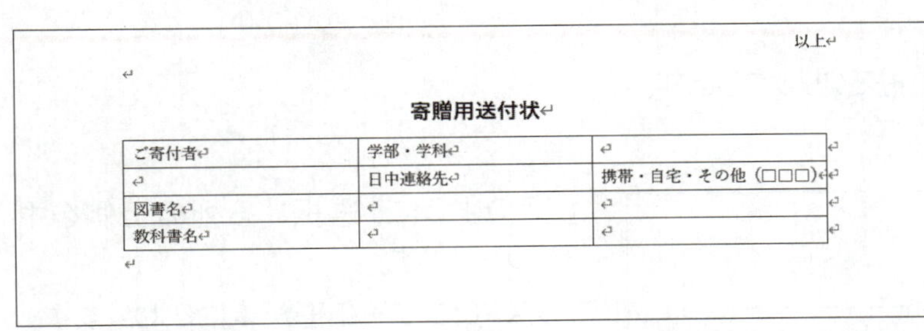

セルの選択が解除されます。

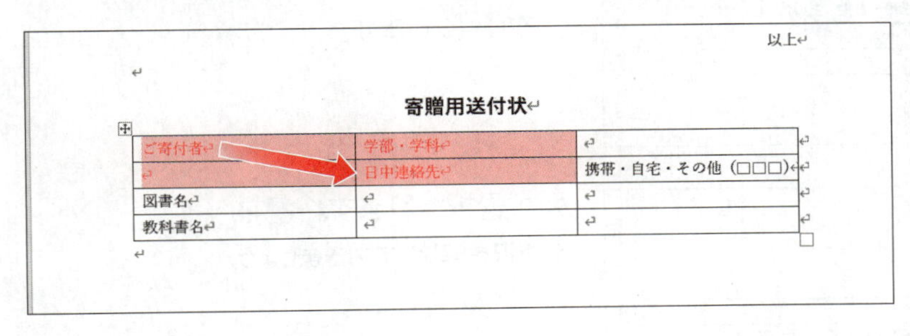

「ご寄付者」から**「日中連絡先」**までのセルを選択します。

④図のように、開始位置のセルから終了位置のセルまでドラッグします。

複数のセルが選択されます。

※選択を解除しておきましょう。

STEP UP その他の方法（セルの選択）

◆セル内にカーソルを移動→《テーブルレイアウト》タブ→《表》グループの《表の選択》→《セルの選択》

2 行の選択

行を選択する場合、行の左側をクリックします。
2行目を選択しましょう。

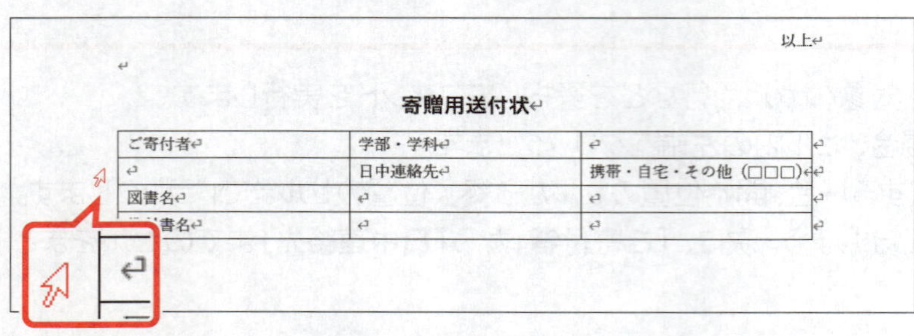

①図のように、選択する行の左側をポイントします。
マウスポインターの形が⇗に変わります。
②クリックします。

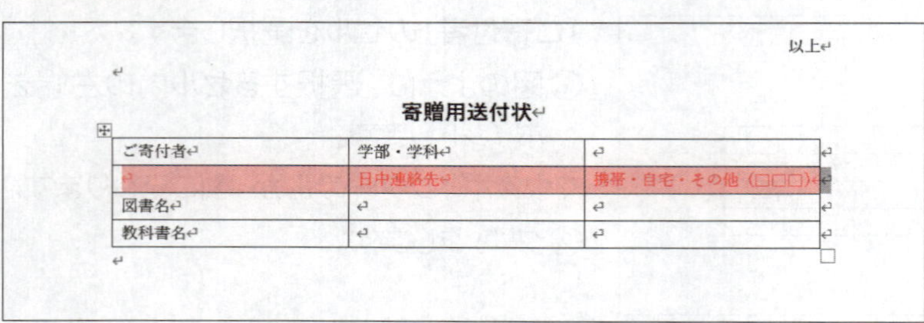

行が選択されます。
※選択を解除しておきましょう。

STEP UP その他の方法（行の選択）

◆行内にカーソルを移動→《テーブルレイアウト》タブ→《表》グループの《表の選択》→《行の選択》

3 列の選択

列を選択する場合、列の上側をクリックします。
1列目を選択しましょう。

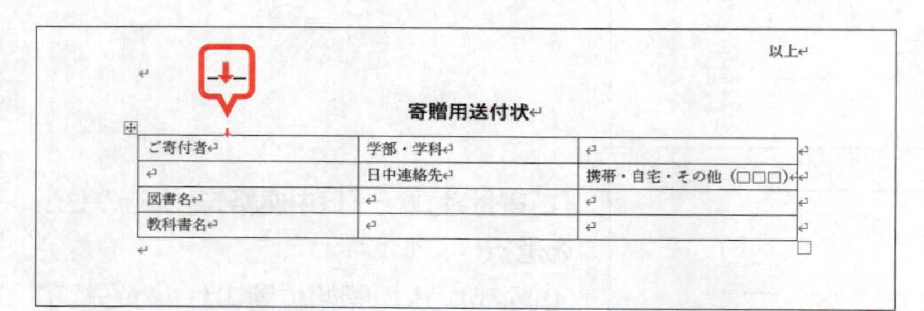

①図のように、選択する列の上側をポイントします。
マウスポインターの形が⬇に変わります。
②クリックします。

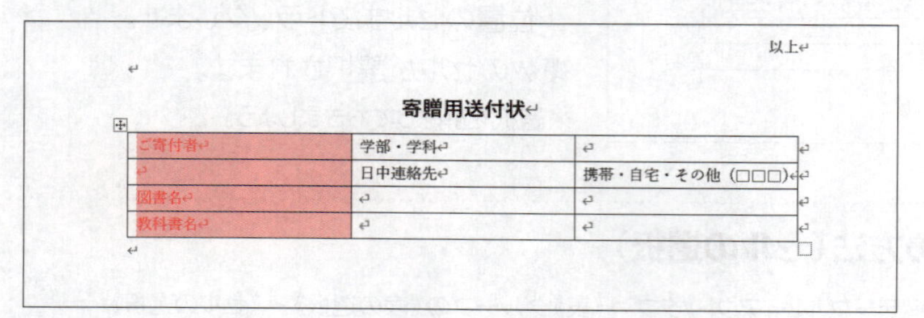

列が選択されます。
※選択を解除しておきましょう。

STEP UP その他の方法（列の選択）

◆列内にカーソルを移動→《テーブルレイアウト》タブ→《表》グループの《表の選択》→《列の選択》

4　表全体の選択

表全体を選択するには、（表の移動ハンドル）をクリックします。（表の移動ハンドル）は、表内をポイントすると、表の左上に表示されます。
表全体を選択しましょう。

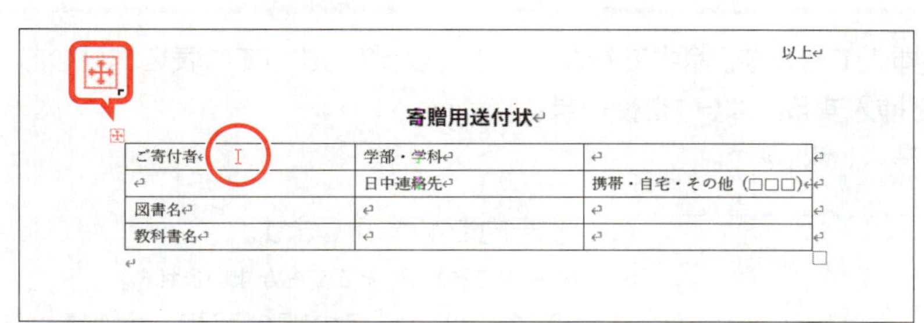

①表内をポイントします。
※表内であれば、どこでもかまいません。
表の左上に（表の移動ハンドル）が表示されます。

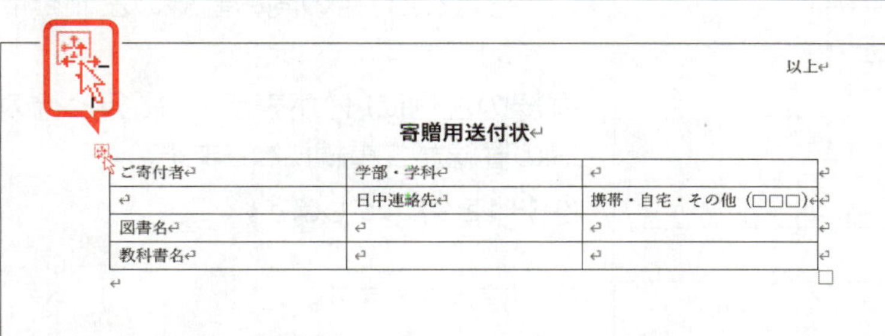

②（表の移動ハンドル）をポイントします。
マウスポインターの形がに変わります。
③クリックします。

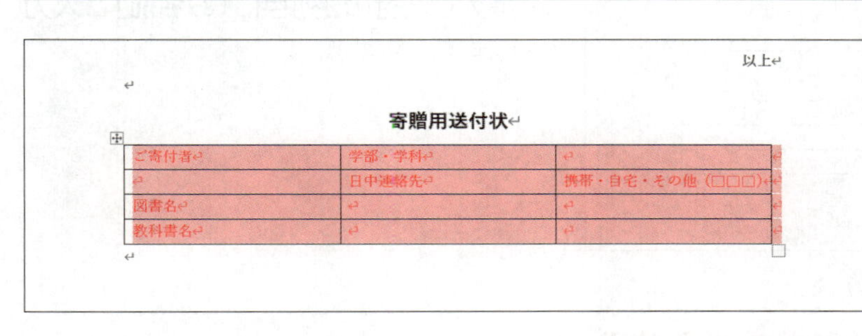

表全体が選択されます。
※選択を解除しておきましょう。

STEP UP　その他の方法（表全体の選択）

◆表内にカーソルを移動→《テーブルレイアウト》タブ→《表》グループの《表の選択》→《表の選択》

POINT　表の範囲選択の方法

表のセル、行、列を選択する方法は、次のとおりです。

単位	操作
セル	マウスポインターの形がの状態で、セル内の左端をクリック
セル範囲	開始位置のセルから終了位置のセルまでをドラッグ
行（1行単位）	マウスポインターの形がの状態で、行の左側をクリック
複数行（連続する複数の行）	マウスポインターの形がの状態で、行の左側をドラッグ
列（1列単位）	マウスポインターの形がの状態で、列の上側をクリック
複数列（連続する複数の列）	マウスポインターの形がの状態で、列の上側をドラッグ
複数のセル範囲（離れた場所にある複数の範囲）	2つ目以降の範囲を Ctrl を押しながら選択
表全体	表をポイントし、表の左上の（表の移動ハンドル）をクリック

STEP 4 表のレイアウトを変更する

1 行の挿入

表を作成したあとに行を挿入できます。途中で行が足りなくなってしまっても表を作りなおす必要はありません。行を挿入するには⊕を使います。
1行目と2行目の間に1行挿入しましょう。

①表内をポイントします。
※表内であれば、どこでもかまいません。
②1行目と2行目の間の罫線の左側をポイントします。
罫線の左側に⊕が表示され、行と行の間の罫線が二重線になります。
③⊕をクリックします。

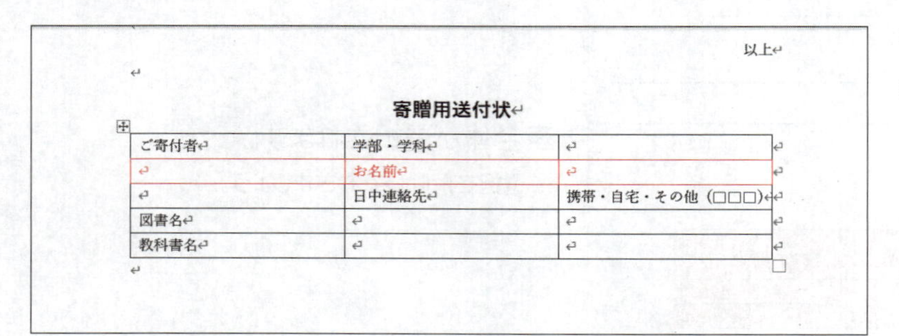

行が挿入されます。
④挿入した行の2列目に**「お名前」**と入力します。

POINT 表の一番上に行を挿入する

表の一番上の罫線の左側をポイントしても、⊕は表示されません。1行目より上に行を挿入するには、《テーブルレイアウト》タブ→《行と列》グループの《上に行を挿入》を使って挿入します。

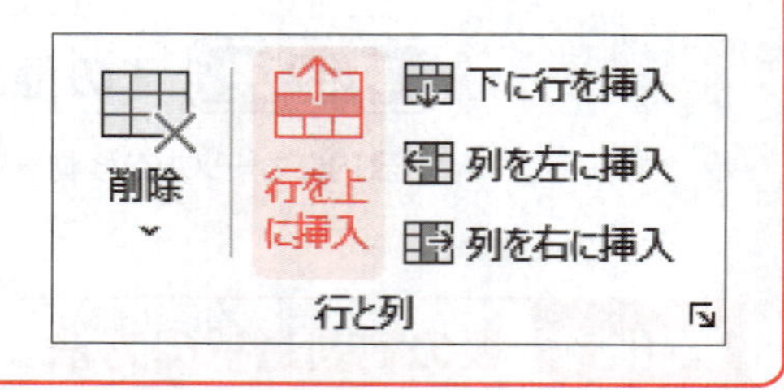

STEP UP その他の方法（行の挿入）

◆挿入する行にカーソルを移動→《テーブルレイアウト》タブ→《行と列》グループの《上に行を挿入》／《下に行を挿入》
◆挿入する行のセルを右クリック→《挿入》→《上に行を挿入》／《下に行を挿入》

STEP UP 列の挿入

列を挿入する方法は、次のとおりです。
◆挿入する列にカーソルを移動→《テーブルレイアウト》タブ→《行と列》グループの《左に列を挿入》／《右に列を挿入》
◆挿入する列の間の罫線の上側をポイント→⊕をクリック

2 行の削除

表を作成したあとに行を削除できます。行を削除するには【Back Space】を使います。
「教科書名」の行を削除しましょう。

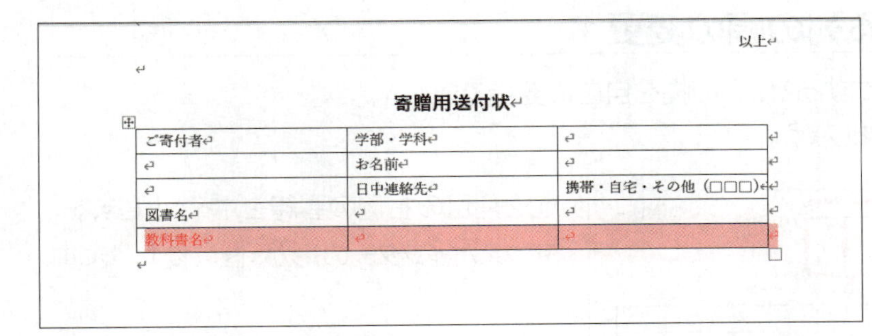

以上

寄贈用送付状

ご寄付者	学部・学科	
	お名前	
	日中連絡先	携帯・自宅・その他（□□□）
図書名		
教科書名		

①**「教科書名」**の行を選択します。
※行の左側をクリックします。
②【Back Space】を押します。

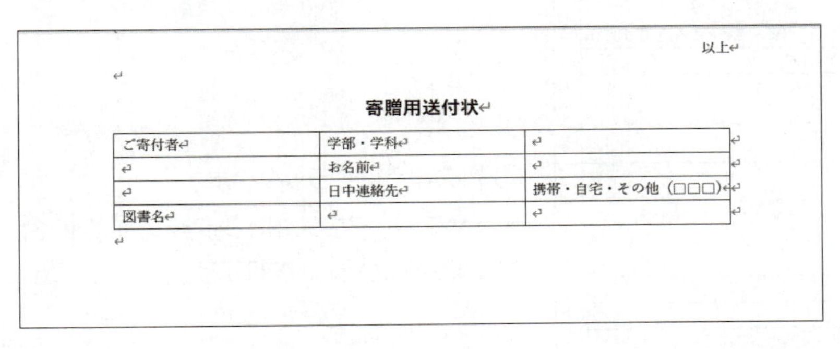

以上

寄贈用送付状

ご寄付者	学部・学科	
	お名前	
	日中連絡先	携帯・自宅・その他（□□□）
図書名		

行が削除されます。

STEP UP その他の方法（行の削除）

◆削除する行にカーソルを移動→《テーブルレイアウト》タブ→《行と列》グループの《表の削除》→《行の削除》
◆削除する行を選択→削除する行を右クリック→《行の削除》

STEP UP 列・表全体の削除

列や表全体を削除する方法は、次のとおりです。
◆削除する列・表全体を選択→【Back Space】

POINT 表内のデータの削除

表内の範囲を選択して【Delete】を押すと、入力されているデータだけが削除され、罫線はそのまま残ります。

3 列の幅の変更

列と列の間の罫線をドラッグしたりダブルクリックしたりして、列の幅を変更できます。

1 ドラッグによる列の幅の変更

列の右側の罫線をドラッグすると、列の幅を自由に変更できます。
2列目の列の幅を変更しましょう。

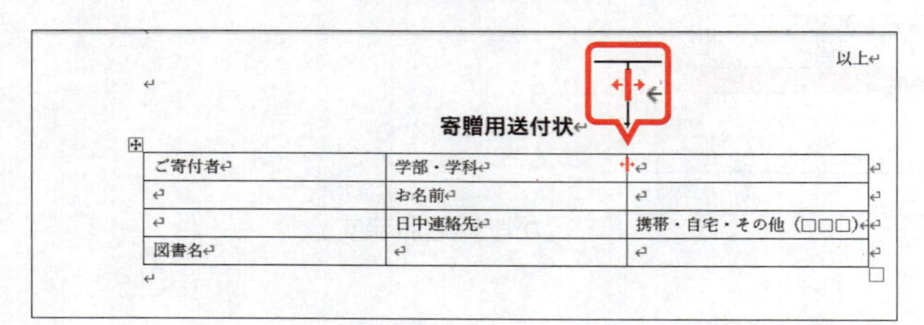

①2列目の右側の罫線をポイントします。
マウスポインターの形が+‖+に変わります。

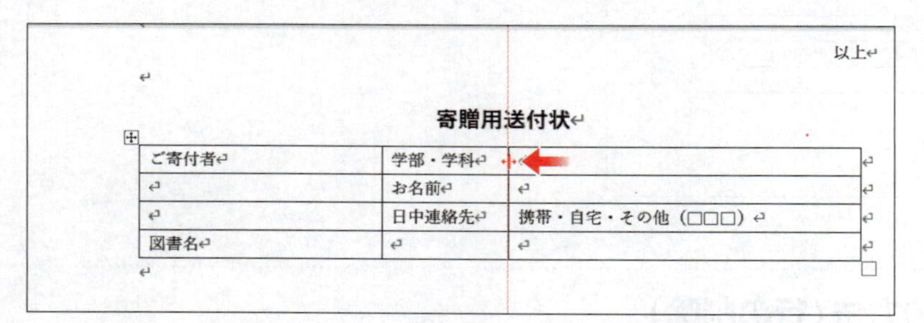

②図のようにドラッグします。
ドラッグ中、マウスポインターの動きに合わせて点線が表示されます。

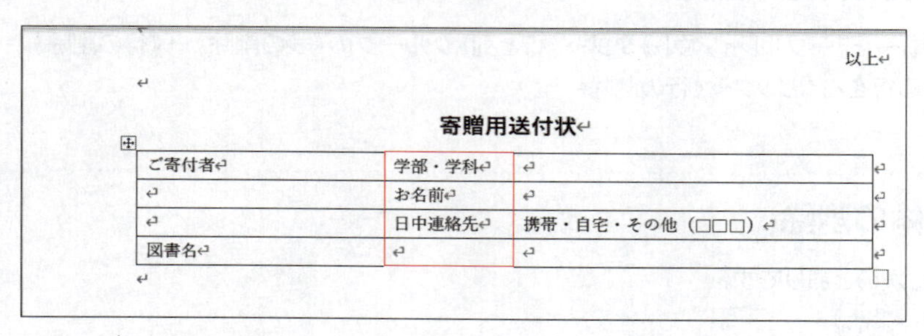

列の幅が変更されます。
※表全体の幅は変わりません。

2 ダブルクリックによる列の幅の変更

列の右側の罫線をダブルクリックすると、列内で最長のデータに合わせて列の幅を自動的に変更できます。
1列目の列の幅を変更しましょう。

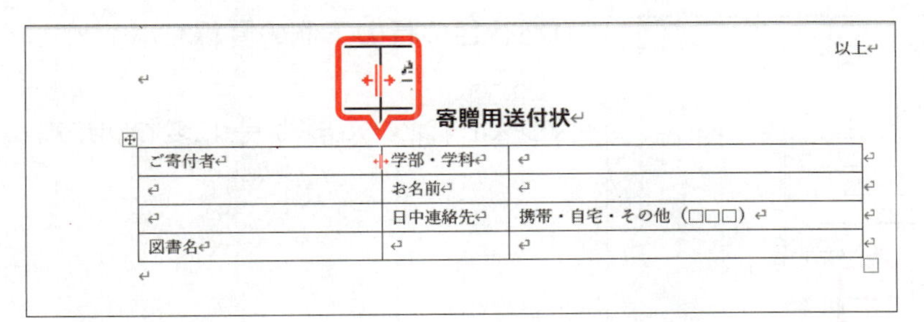

①1列目の右側の罫線をポイントします。
マウスポインターの形が+||+に変わります。
②ダブルクリックします。

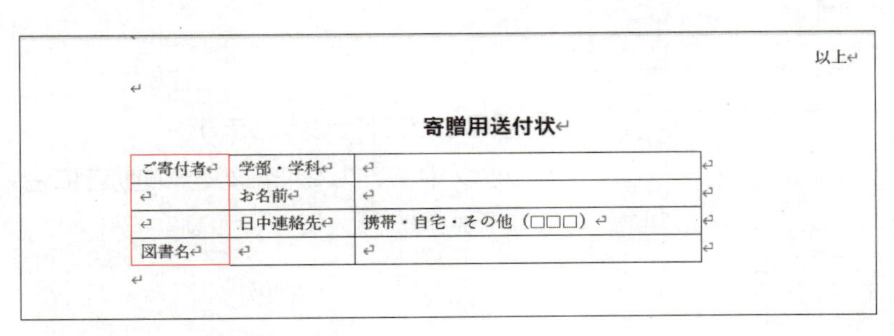

最長のデータに合わせて列の幅が変更されます。
※表全体の幅も変わります。

POINT 表全体の列の幅の変更

表全体を選択して任意の列の罫線をダブルクリックすると、それぞれの列内の最長データに合わせて表内のすべての列の幅を変更できます。データが入力されていない列の幅は変更されません。

STEP UP 列の幅を数値で設定

列の幅を数値で指定して変更することもできます。
数値で列の幅を設定する方法は、次のとおりです。
◆列内にカーソルを移動→《テーブルレイアウト》タブ→《セルのサイズ》グループの《列の幅の設定》を設定

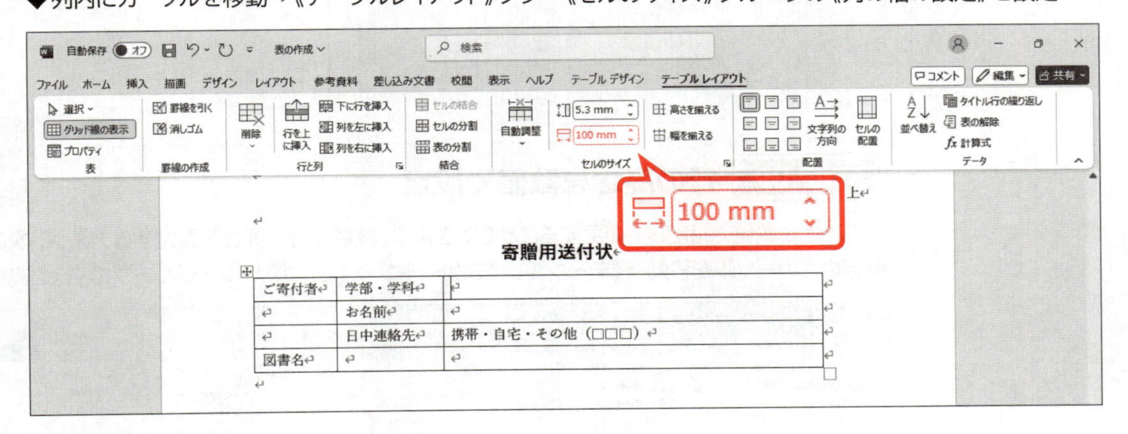

4 行の高さの変更

行の下側の罫線をドラッグすると、行の高さを自由に変更できます。
3行目と4行目の行の高さを変更しましょう。

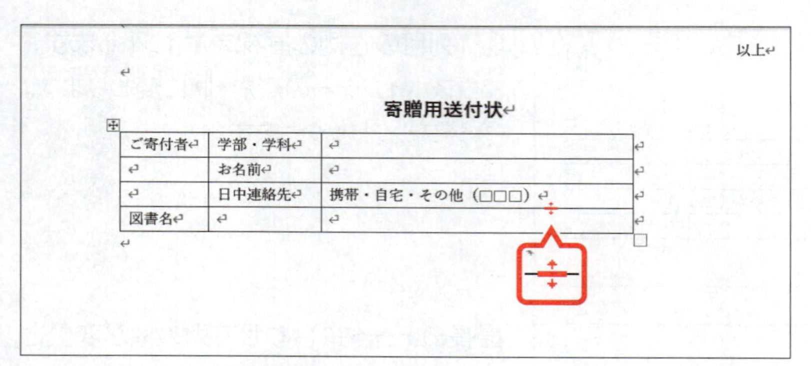

①3行目の行の下側の罫線をポイントします。

マウスポインターの形が÷に変わります。

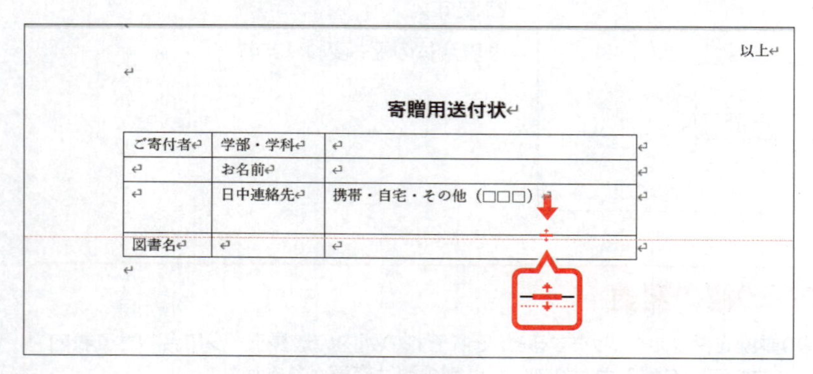

②図のようにドラッグします。

ドラッグ中、マウスポインターの動きに合わせて点線が表示されます。

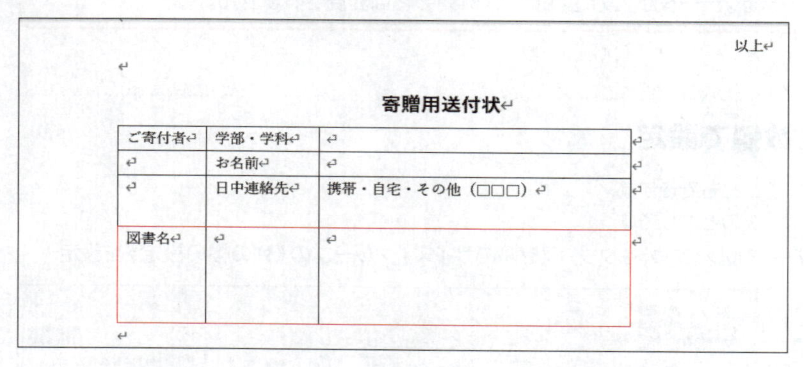

行の高さが変更されます。

③同様に、4行目の行の高さを変更します。

STEP UP 行の高さを数値で設定

行の高さを数値で指定して変更することもできます。数値で行の高さを設定する方法は、次のとおりです。

◆行内にカーソルを移動→《テーブルレイアウト》タブ→《セルのサイズ》グループの《行の高さの設定》を設定

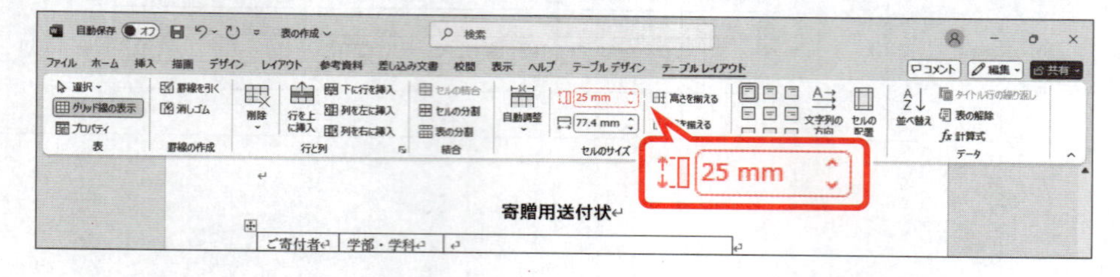

STEP UP 行の高さ・列の幅を均等にする

複数の行の高さや列の幅を均等に設定できます。行の高さ・列の幅を均等にする方法は、次のとおりです。

◆範囲を選択→《テーブルレイアウト》タブ→《セルのサイズ》グループの《高さを揃える》／《幅を揃える》

5 表のサイズ変更

表全体のサイズを変更するには、□（表のサイズ変更ハンドル）をドラッグします。□（表のサイズ変更ハンドル）は表内をポイントすると表の右下に表示されます。
表のサイズを変更しましょう。

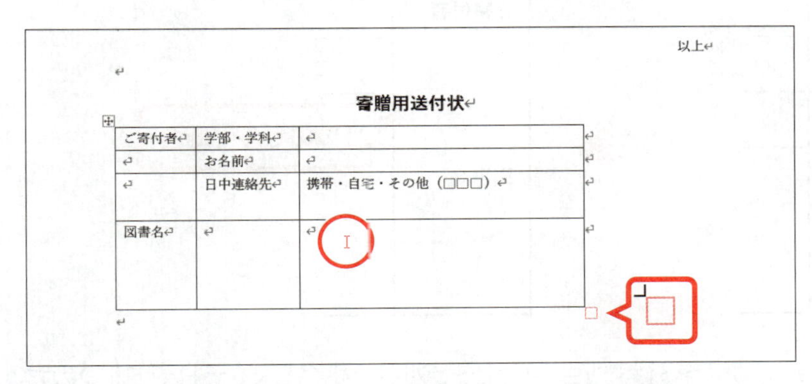

①表内をポイントします。
※表内であれば、どこでもかまいません。
表の右下に□（表のサイズ変更ハンドル）が表示されます。

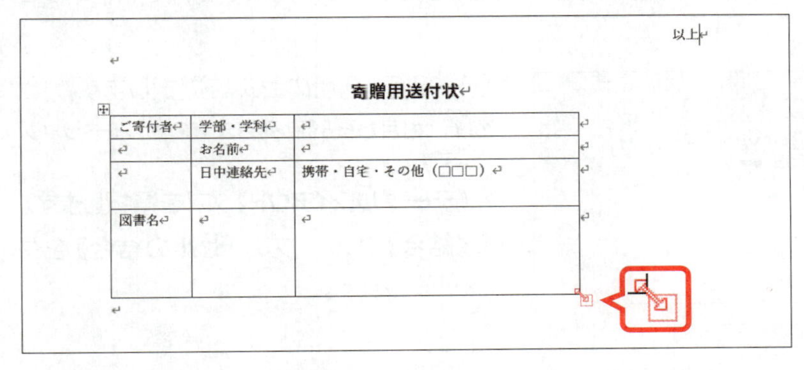

②□（表のサイズ変更ハンドル）をポイントします。
マウスポインターの形が⤡に変わります。

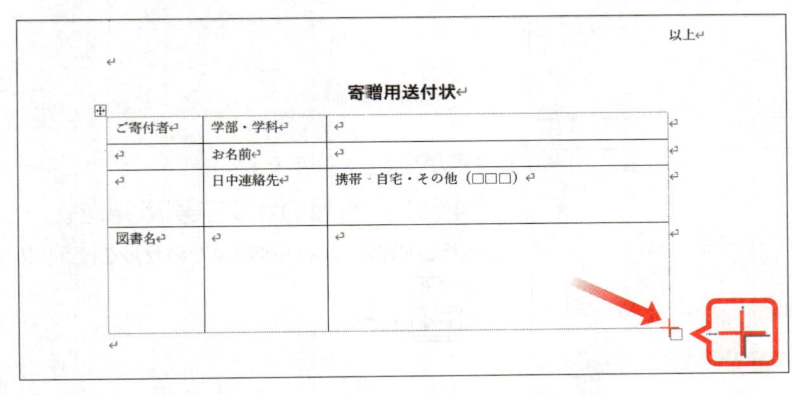

③図のようにドラッグします。
ドラッグ中、マウスポインターの形が＋に変わり、マウスポインターの動きに合わせてサイズが表示されます。

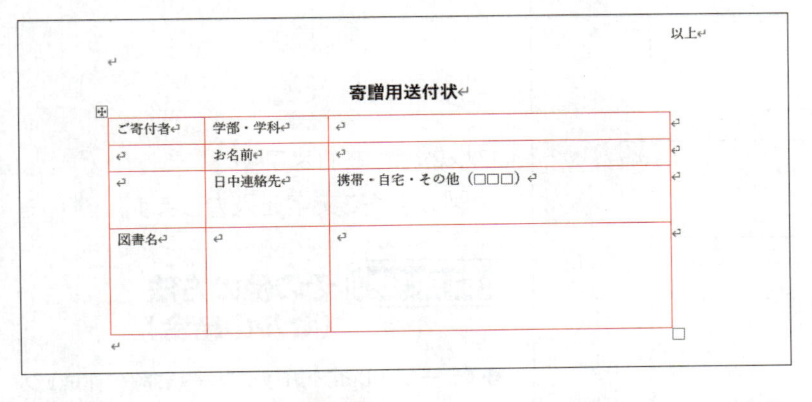

表のサイズが変更されます。

POINT 行の高さと列の幅

表のサイズを変更すると、行の高さと列の幅が均等な比率で変更されます。

6 セルの結合

隣り合った複数のセルを1つのセルに結合できます。
セルを結合するには**《テーブルレイアウト》**タブの**《セルの結合》**を使います。

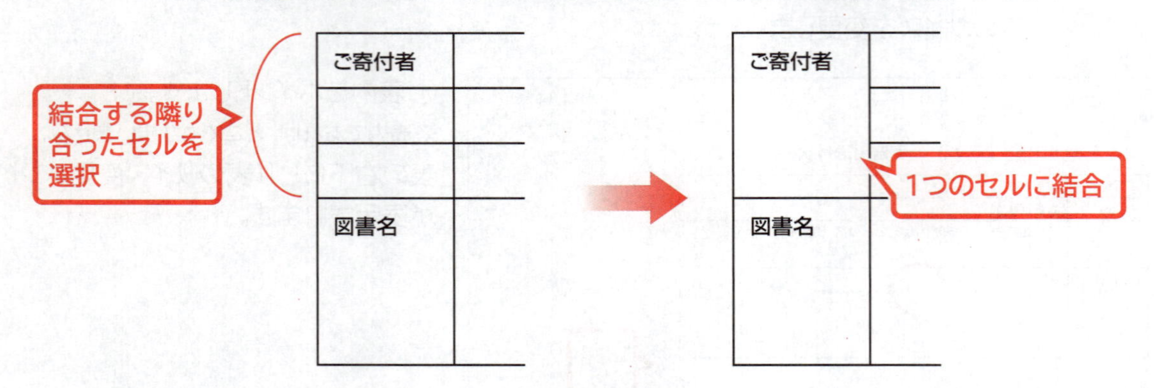

項目がわかりやすくなるように、1～3行1列目、4行2～3列目を結合して、それぞれ1つのセルにしましょう。

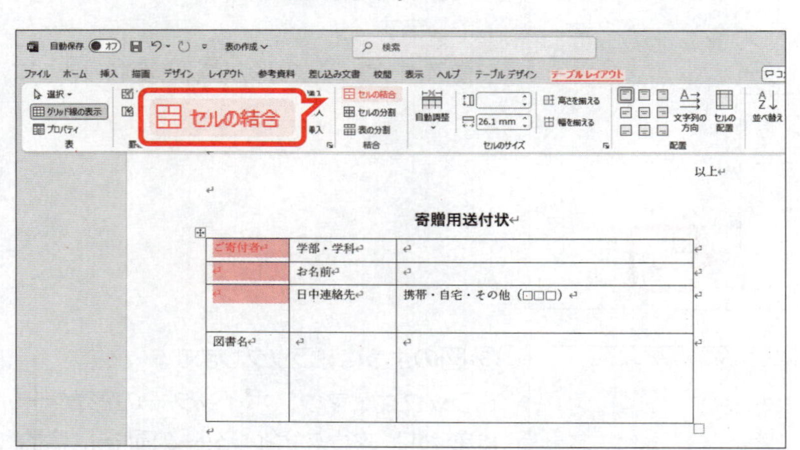

①1～3行1列目のセルを選択します。
※1行1列目から3行1列目までのセルをドラッグします。
②**《テーブルレイアウト》**タブを選択します。
③**《結合》**グループの**《セルの結合》**をクリックします。

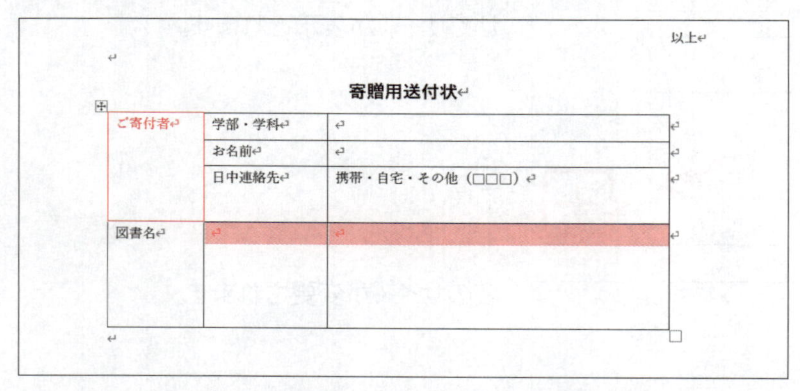

セルが結合されます。
④4行2～3列目のセルを選択します。
※4行2列目から4行3列目までのセルをドラッグします。
⑤ F4 を押します。

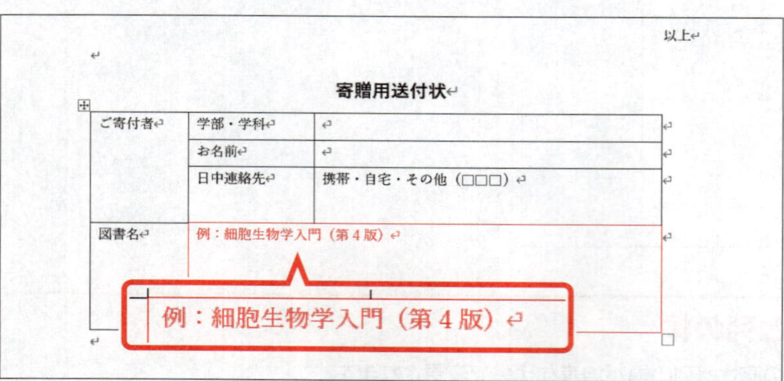

セルが結合されます。
⑥図のように文字を入力します。

STEP UP その他の方法（セルの結合）

◆《テーブルレイアウト》タブ→《罫線の作成》グループの《罫線の削除》→結合するセルの罫線をクリック

◆結合するセルを選択し、右クリック→《セルの結合》

7 セルの分割

ひとつまたは隣り合った複数のセルを指定した列数・行数に分割できます。
セルを分割するには**《テーブルレイアウト》**タブの**《セルの分割》**を使います。

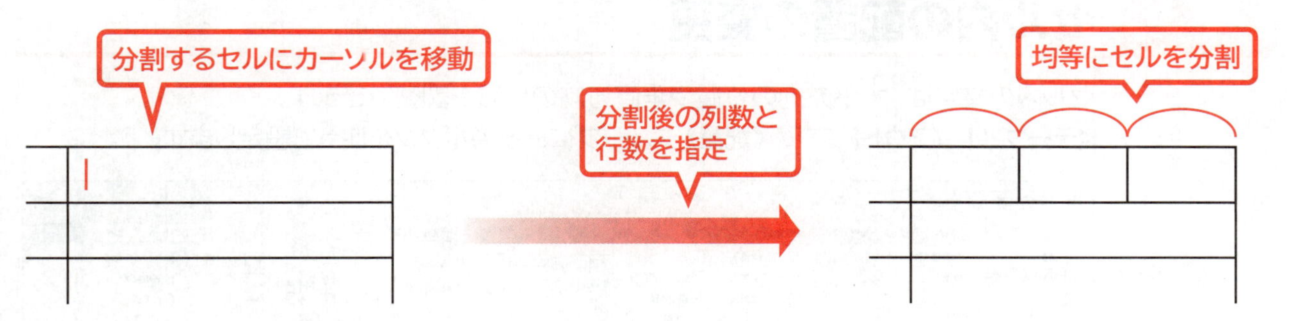

入力項目を増やすために、1行3列目のセルを3つに分割しましょう。

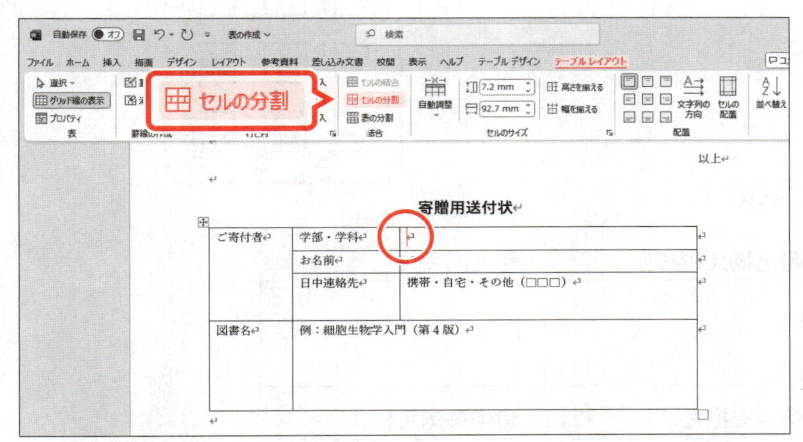

①1行3列目のセルにカーソルを移動します。
②**《テーブルレイアウト》**タブを選択します。
③**《結合》**グループの**《セルの分割》**をクリックします。

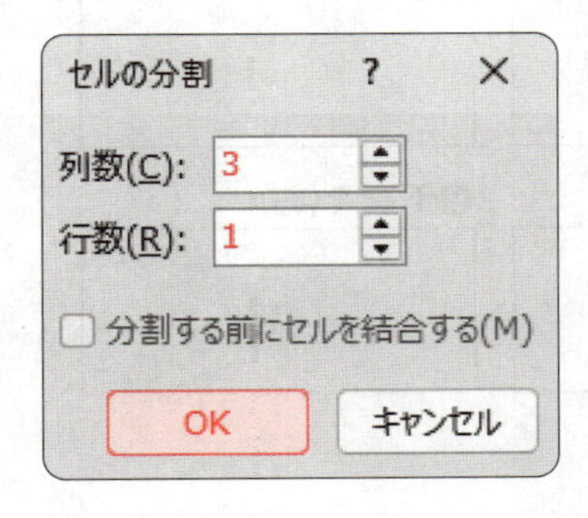

《セルの分割》ダイアログボックスが表示されます。
④**《列数》**を**「3」**に設定します。
⑤**《行数》**を**「1」**に設定します。
⑥**《OK》**をクリックします。

寄贈用送付状

ご寄付者	学部・学科		学年	
	お名前			
	日中連絡先	携帯・自宅・その他（□		
図書名	例：細胞生物学入門（第4版）			

学年

セルが分割されます。
⑦図のように、分割したセルの列の幅を変更します。
⑧1行4列目に**「学年」**と入力します。

STEP UP その他の方法（セルの分割）

◆《テーブルレイアウト》タブ→《罫線の作成》グループの《罫線を引く》→分割するセル内をドラッグして縦線または横線を引く
◆分割するセル内を右クリック→《セルの分割》

STEP 5 表に書式を設定する

1 セル内の配置の変更

セル内の文字は、水平方向の位置や垂直方向の位置を調整できます。
《テーブルレイアウト》タブの**《配置》**グループにある各ボタンを使って設定します。

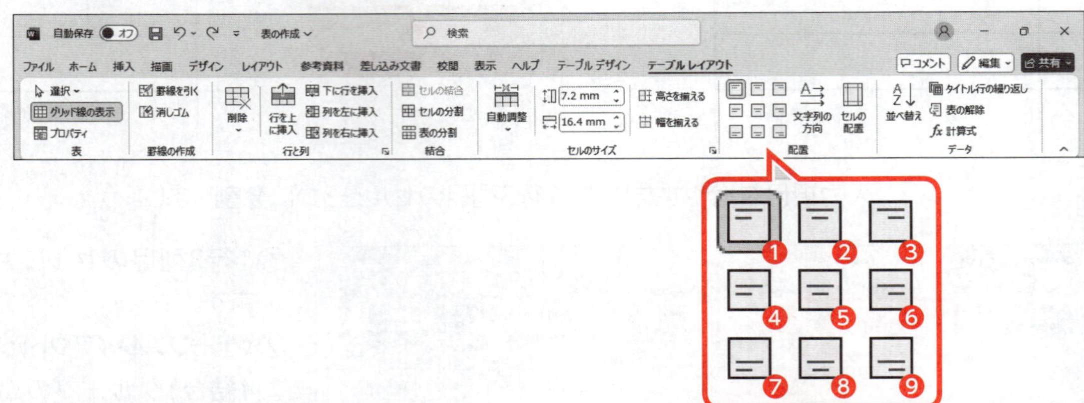

文字の配置は次のようになります。

❶上揃え(左)	❷上揃え(中央)	❸上揃え(右)
氏名	氏名	氏名

❹中央揃え(左)	❺中央揃え	❻中央揃え(右)
氏名	氏名	氏名

❼下揃え(左)	❽下揃え(中央)	❾下揃え(右)
氏名	氏名	氏名

1 中央揃え

1列目を**「中央揃え」**に設定しましょう。

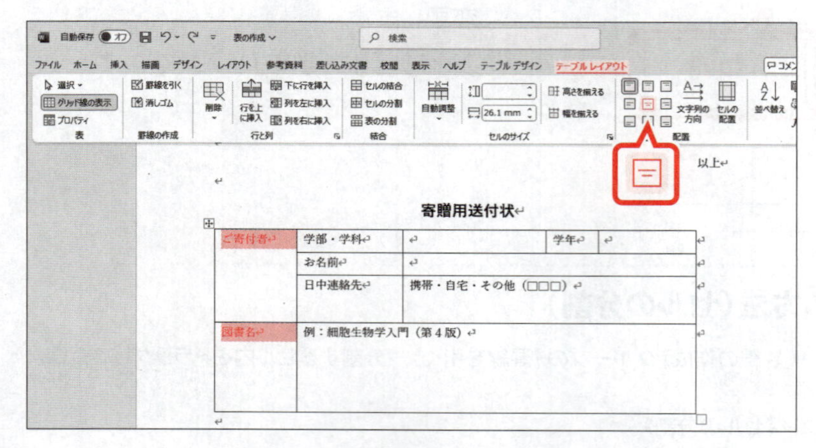

①1列目を選択します。
※列の上側をクリックします。
②**《テーブルレイアウト》**タブを選択します。
③**《配置》**グループの**《中央揃え》**をクリックします。

以上

寄贈用送付状

ご寄付者	学部・学科		学年	
	お名前			
	日中連絡先	携帯・自宅・その他（□□□）		
図書名	例：細胞生物学入門（第4版）			

セル内の文字が中央揃えに設定されます。

※ボタンが濃い灰色になります。

※選択を解除しておきましょう。

2 中央揃え（左）

2列目と4列目の項目名を**「中央揃え（左）」**に設定しましょう。

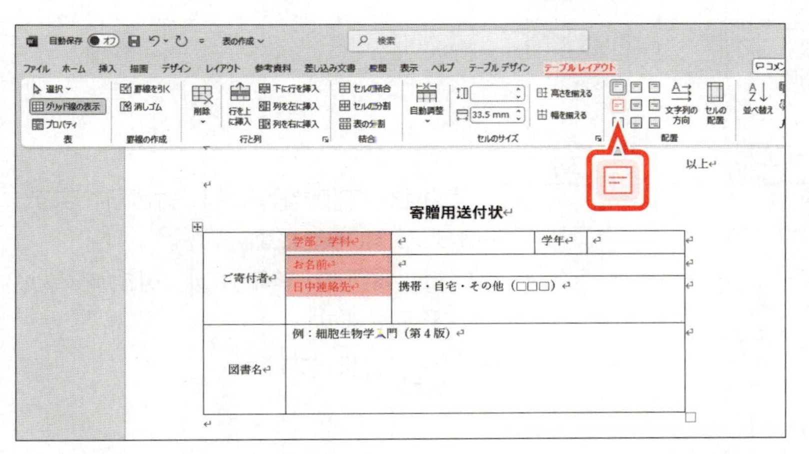

①1～3行2列目のセルを選択します。

※「学部・学科」から「日中連絡先」までのセルをドラッグします。

②**《テーブルレイアウト》**タブを選択します。

③**《配置》**グループの**《中央揃え（左）》**をクリックします。

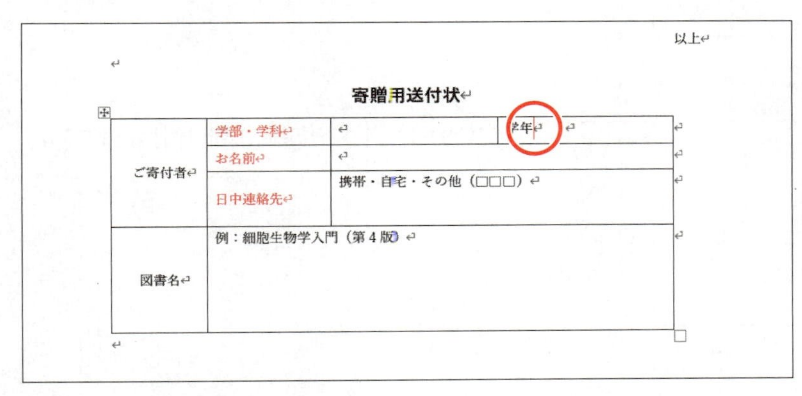

セル内の文字が中央揃え（左）に設定されます。

※ボタンが濃い灰色になります。

④1行4列目の**「学年」**のセルにカーソルを移動します。

⑤ F4 を押します。

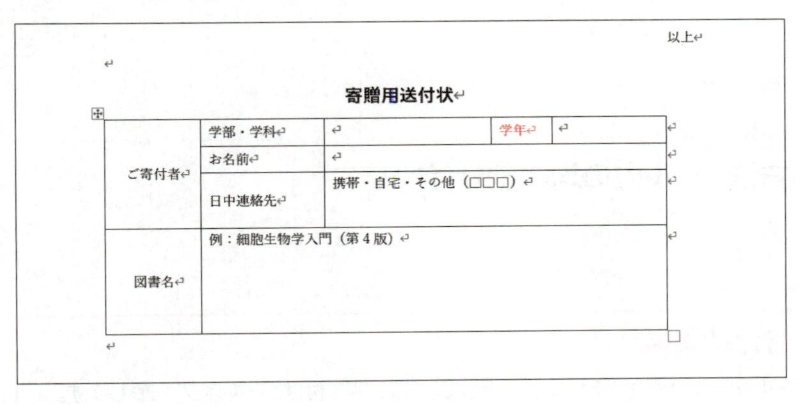

セル内の文字が中央揃え（左）に設定されます。

※選択を解除しておきましょう。

2 セル内の均等割り付け

《ホーム》タブの《均等割り付け》を使うと、セルの幅に合わせて文字を均等に配置できます。
均等割り付けを使うことで、文字が列内で均等に配置され、読みやすくなります。
2列目と4列目の項目名をセル内で均等に割り付けましょう。

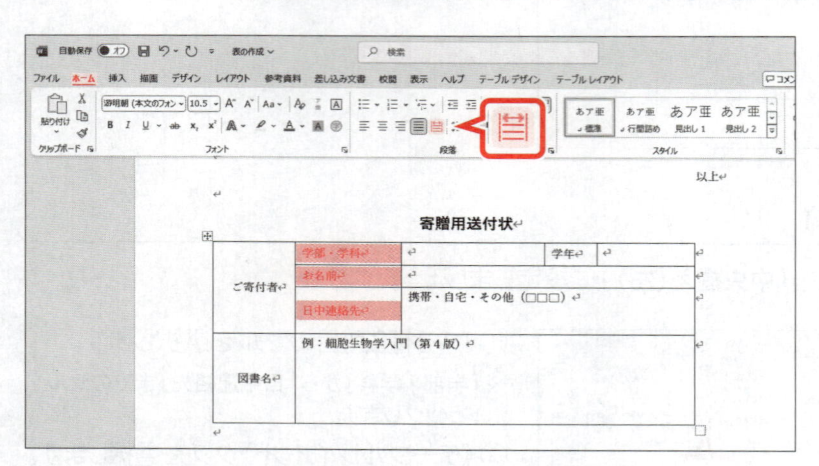

①1～3行2列目のセルを選択します。

※「学部・学科」から「日中連絡先」までのセルをドラッグします。

②《ホーム》タブを選択します。

③《段落》グループの《均等割り付け》をクリックします。

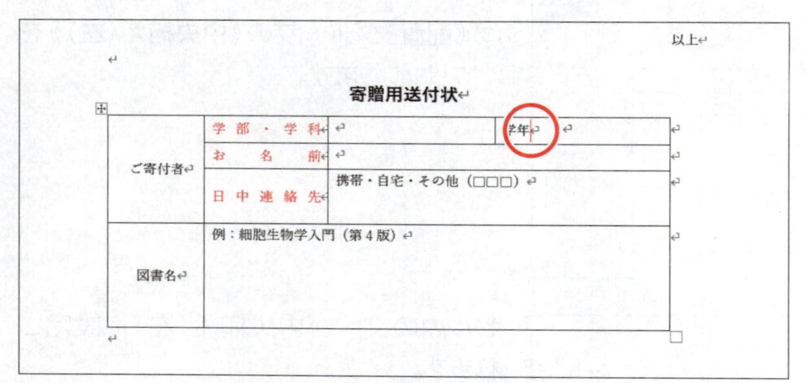

文字がセル内で均等に割り付けられます。

※ボタンが濃い灰色になります。

④1行4列目の「学年」のセルにカーソルを移動します。

⑤ F4 を押します。

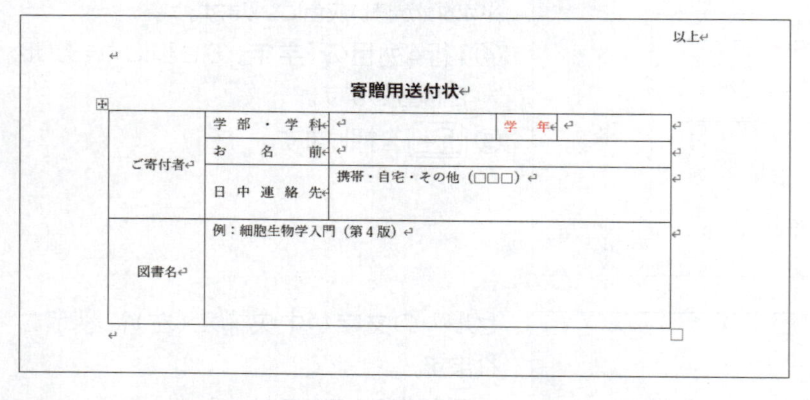

文字がセル内で均等に割り付けられます。

STEP UP その他の方法（セル内の均等割り付け）

◆ Ctrl + Shift + J

POINT 均等割り付けの解除

セル内の均等割り付けを解除するには、解除するセルを選択して、《均等割り付け》を再度クリックします。

3 表の配置の変更

セル内の文字の配置を変更するには、**《テーブルレイアウト》**タブの**《配置》**グループのボタンを使って操作しますが、表全体の配置を変更するには、**《ホーム》**タブの**《段落》**グループのボタンを使います。
表全体を行の中央に配置しましょう。

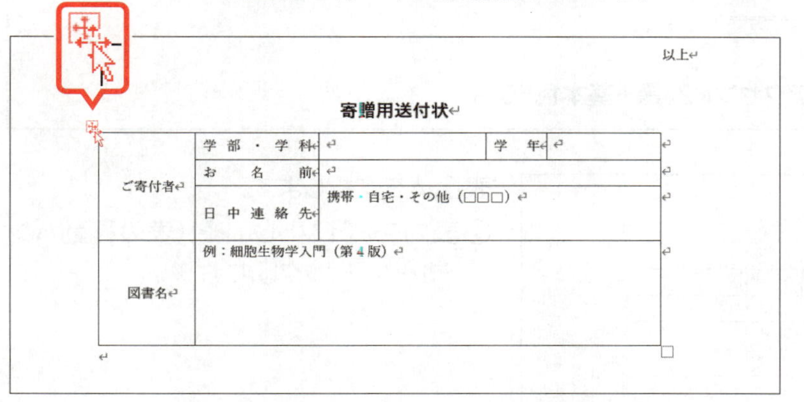

表全体を選択します。

①表内をポイントし、（表の移動ハンドル）をクリックします。

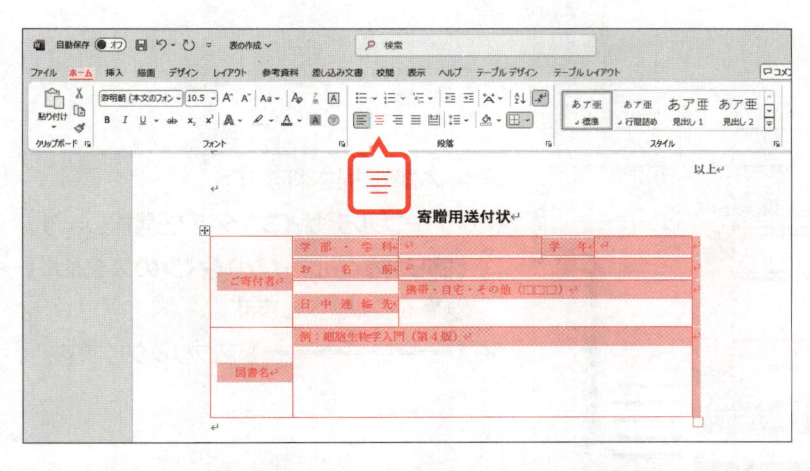

表全体が選択されます。

②**《ホーム》**タブを選択します。

③**《段落》**グループの**《中央揃え》**をクリックします。

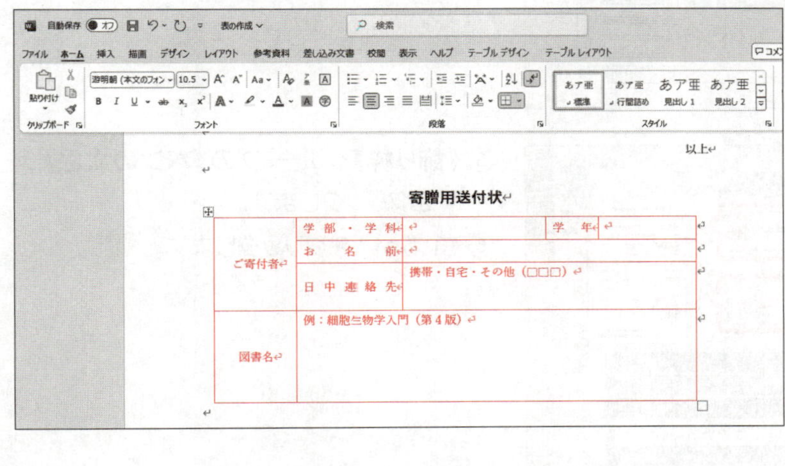

表全体が中央揃えになります。

※ボタンが濃い灰色になります。
※選択を解除しておきましょう。

STEP UP その他の方法（表の配置の変更）

◆表内にカーソルを移動→《テーブルレイアウト》タブ→《表》グループの《表のプロパティ》→《表》タブ→《配置》の《中央揃え》

4 罫線の変更

罫線の種類や太さ、色を変更するには、《テーブルデザイン》タブの《飾り枠》グループのボタンを使って操作します。
次のように、表の外枠の罫線を変更しましょう。

種類	**：═══════**
線の太さ	**：1.5pt**
色	**：オレンジ、アクセント2、黒+基本色50%**

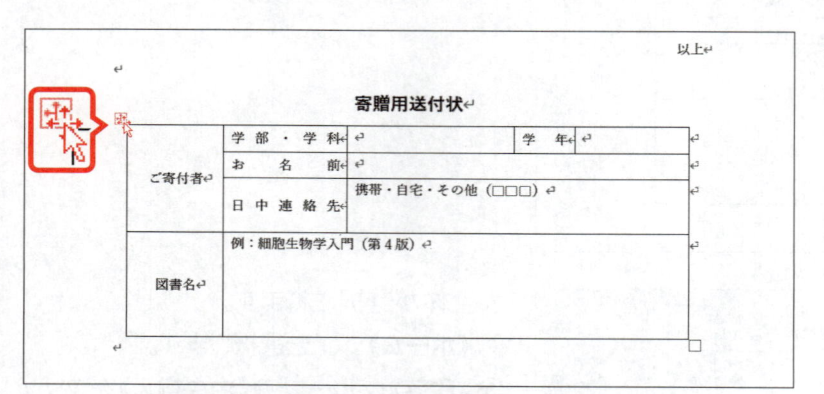

表全体を選択します。
①表内をポイントし、⊞（表の移動ハンドル）をクリックします。

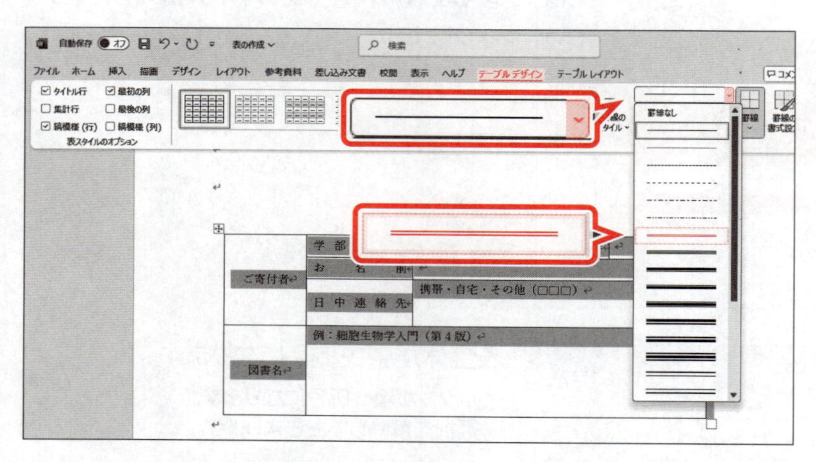

表全体が選択されます。
②《テーブルデザイン》タブを選択します。
③《飾り枠》グループの《ペンのスタイル》の▼をクリックします。
④《═══════》をクリックします。

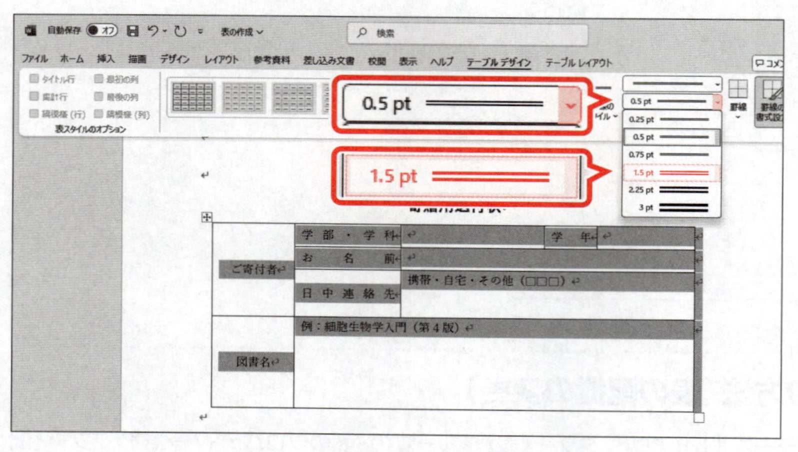

⑤《飾り枠》グループの《ペンの太さ》の▼をクリックします。
⑥《1.5pt》をクリックします。

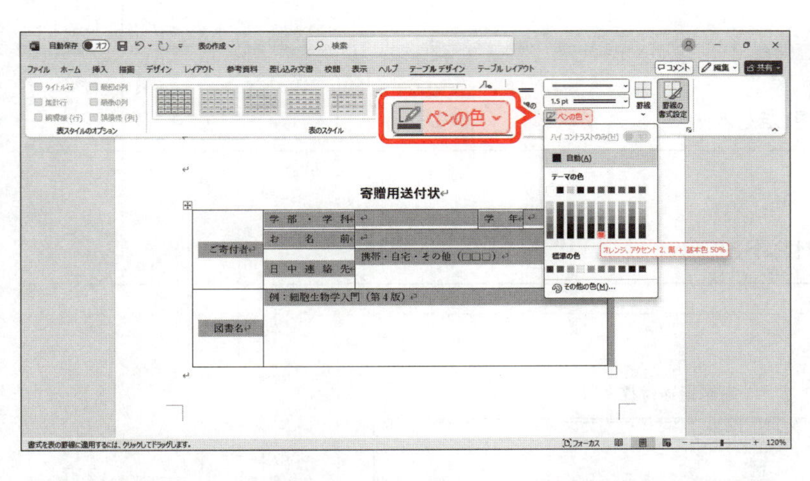

⑦《飾り枠》グループの《ペンの色》の▼をクリックします。

⑧《テーマの色》の《オレンジ、アクセント2、黒+基本色50%》をクリックします。

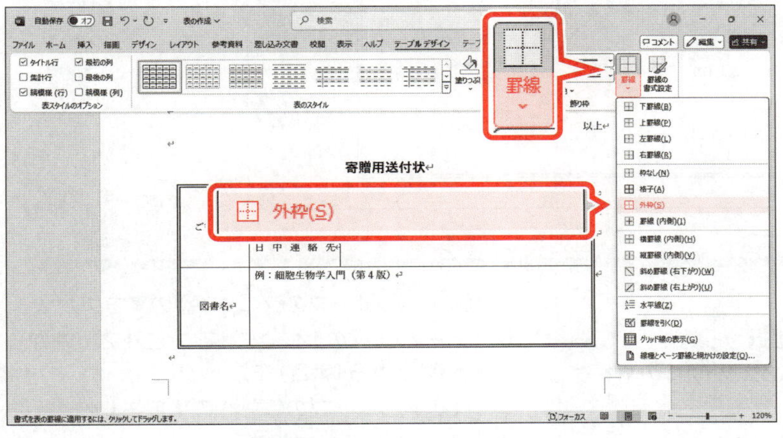

⑨《飾り枠》グループの《罫線》の▼をクリックします。

⑩《外枠》をクリックします。

※一覧をポイントすると、設定後のイメージを画面で確認できます。

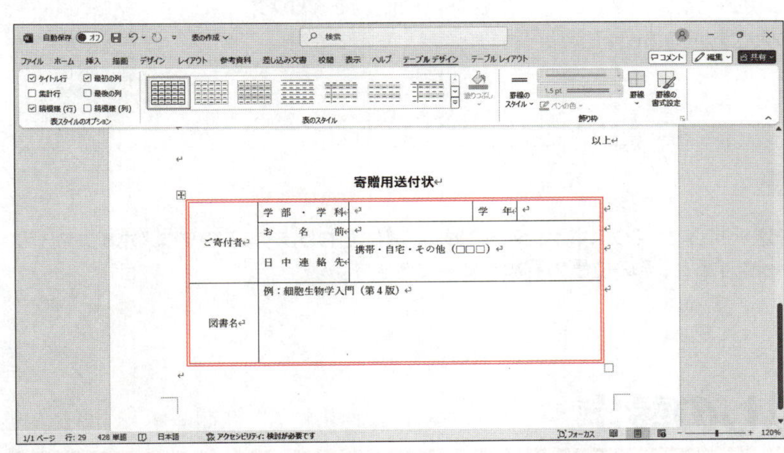

罫線の種類と太さ、色が変更されます。

※ボタンが直前に選択した罫線の種類に変わります。

※選択を解除しておきましょう。

STEP UP 罫線のスタイル

《テーブルデザイン》タブの《罫線のスタイル》には、よく使うペンのスタイルや太さ、色がまとめて登録されています。スタイルの一覧から選択するだけで、簡単に表のそれぞれの罫線に書式を設定できます。

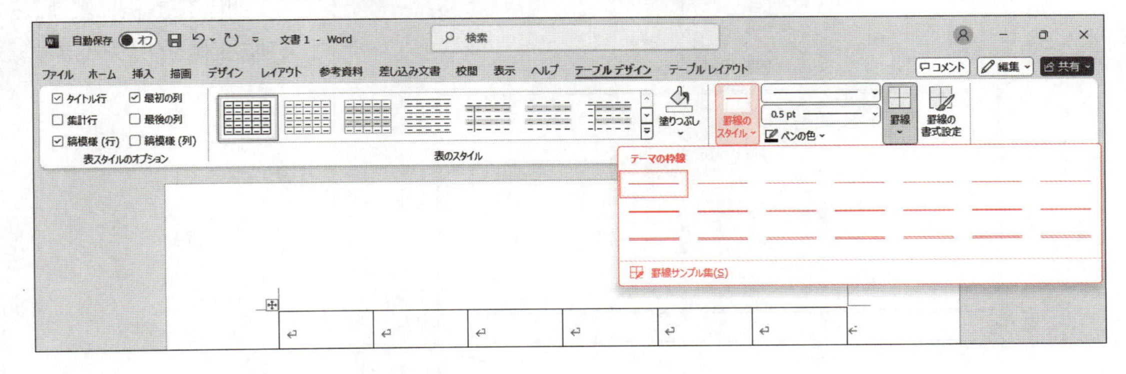

ためしてみよう

次のように、内側の罫線を変更しましょう。

種類　　：――――――
線の太さ：0.5pt
色　　　：オレンジ、アクセント2

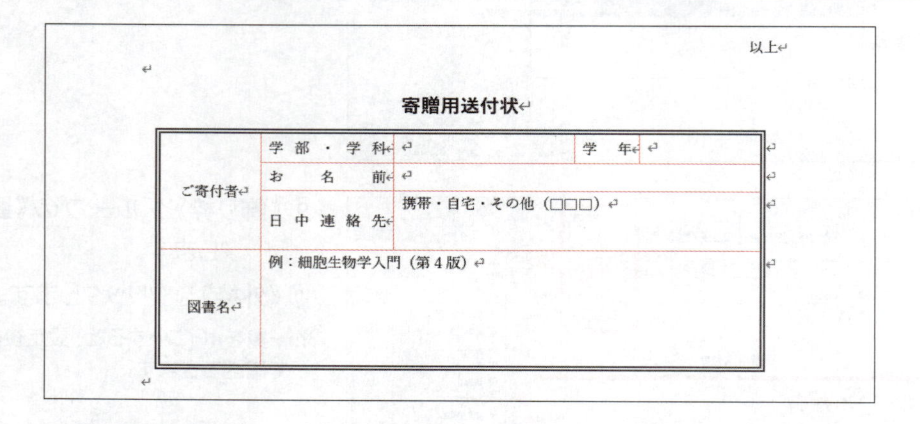

①表全体を選択
②《テーブルデザイン》タブを選択
③《飾り枠》グループの《ペンのスタイル》の▼をクリック
④《――――――》をクリック
⑤《飾り枠》グループの《ペンの太さ》が《0.5pt》になっていることを確認
⑥《飾り枠》グループの《ペンの色》の▼をクリック
⑦《テーマの色》の《オレンジ、アクセント2》（左から6番目、上から1番目）をクリック
⑧《飾り枠》グループの《罫線》の▼をクリック
⑨《罫線（内側）》をクリック

STEP UP 罫線の変更

ペンのスタイルや太さ、色などを選択すると、マウスポインターの形が🖌に変わります。このマウスポインターの状態で罫線をクリックまたはドラッグすると、その位置の罫線を変更できます。

5 セルの塗りつぶしの設定

表内のセルに色を塗って、セルを強調できます。
項目名を目立たせるために、1列目のセルに**「オレンジ、アクセント2、白+基本色60%」**の塗りつぶしを設定しましょう。

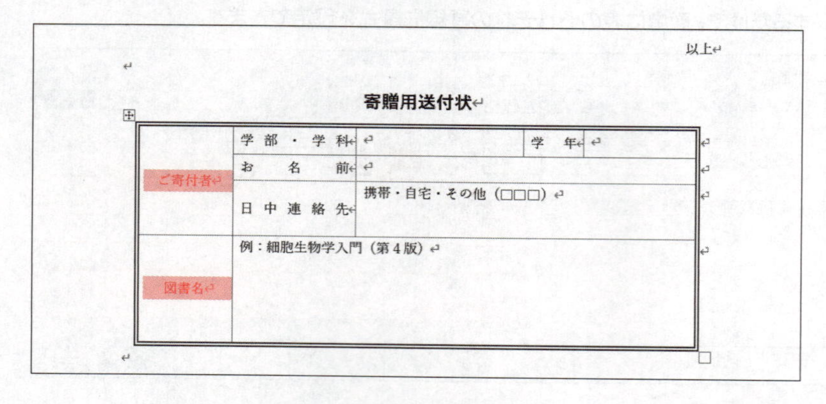

①1列目を選択します。
※列の上側をクリックします。

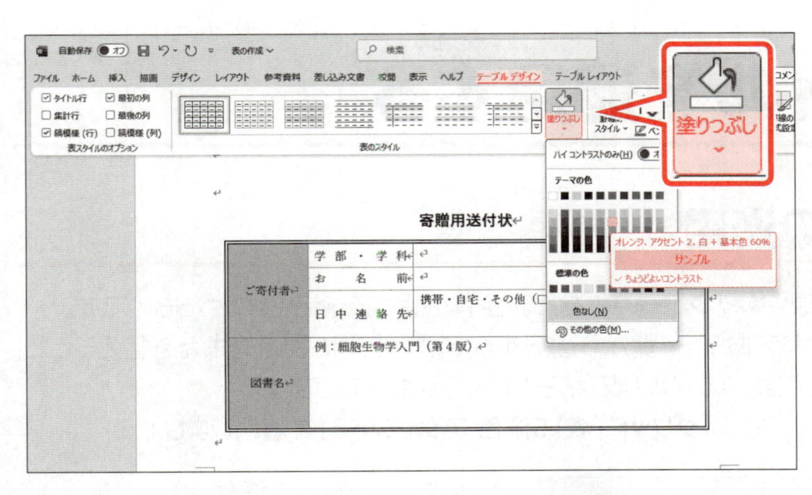

②《テーブルデザイン》タブを選択します。

③《表のスタイル》グループの《塗りつぶし》の▼をクリックします。

④《テーマの色》の《オレンジ、アクセント2、白+基本色60%》をクリックします。

※一覧をポイントすると、設定後のイメージを画面で確認できます。

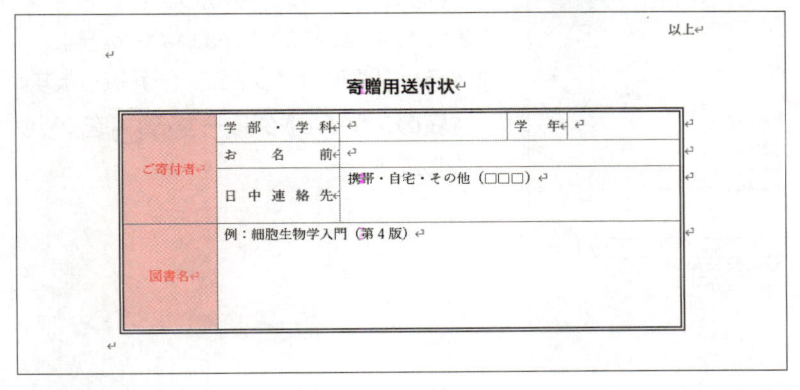

1列目に塗りつぶしが設定されます。

※選択を解除しておきましょう。

Let's Try ためしてみよう

2列目と4列目の項目名のセルに「オレンジ、アクセント2、白+基本色80%」の塗りつぶしを設定しましょう。

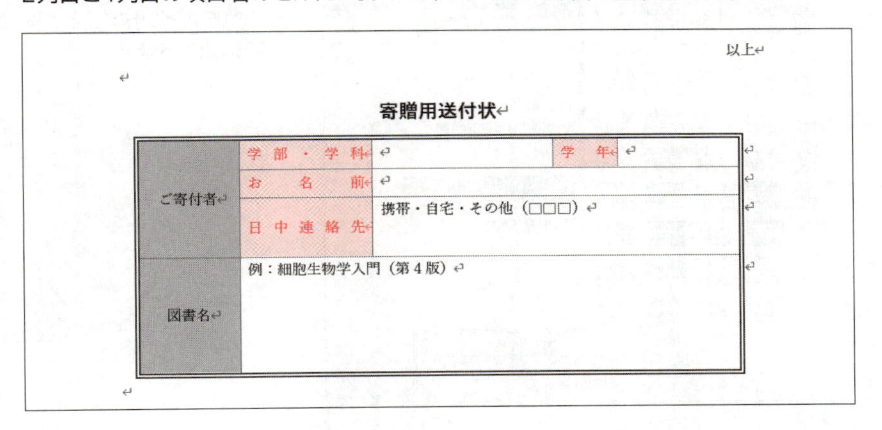

① 1～3行2列目のセルを選択

※「学部・学科」から「日中連絡先」までのセルをドラッグします。

②《テーブルデザイン》タブを選択

③《表のスタイル》グループの《塗りつぶし》の▼をクリック

④《テーマの色》の《オレンジ、アクセント2、白+基本色80%》（左から6番目、上から2番目）をクリック

⑤ 1行4列目の「学年」のセルにカーソルを移動

⑥ F4 を押す

STEP 6 表にスタイルを適用する

1 表のスタイルの適用

「表のスタイル」とは、罫線や塗りつぶしの色など表全体の書式を組み合わせたものです。たくさんの種類が用意されており、一覧から選択するだけで簡単に表の見栄えを整えることができます。初期の設定では、スタイル**「表（格子）」**が適用されています。
「お問い合わせ」の表に、スタイル**「グリッド（表）5濃色-アクセント2」**を適用しましょう。

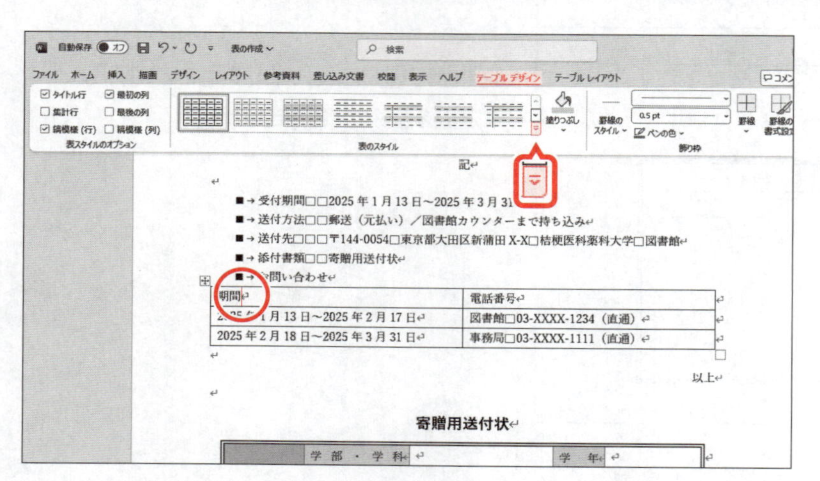

①表内にカーソルを移動します。
※表内であれば、どこでもかまいません。
②《テーブルデザイン》タブを選択します。
③《表のスタイル》グループの をクリックします。

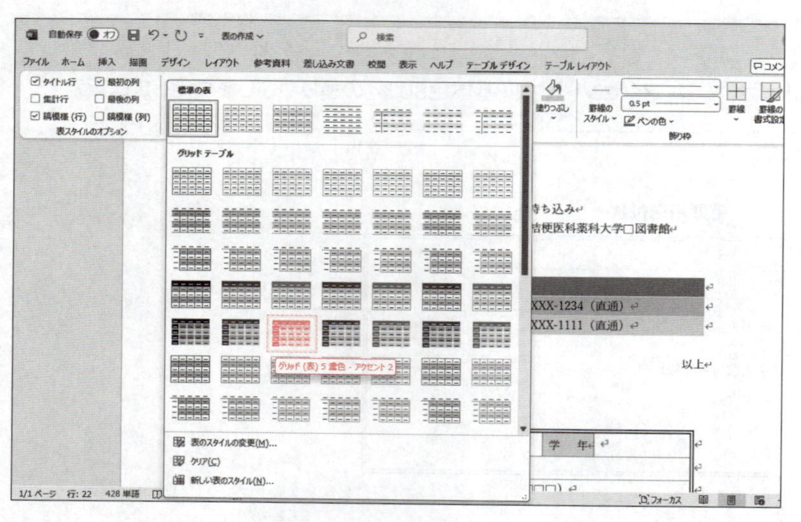

④《グリッドテーブル》の《グリッド（表）5濃色-アクセント2》をクリックします。
※一覧をポイントすると、設定後のイメージを画面で確認できます。

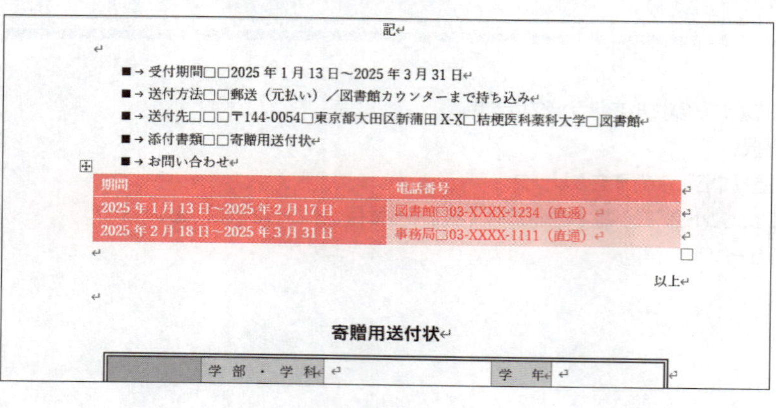

表にスタイルが適用されます。

2 表スタイルのオプションの設定

「表スタイルのオプション」を使うと、タイトル行を強調したり、最初の列や最後の列を強調したり、縞模様で表示したりなど、表の体裁を変更できます。

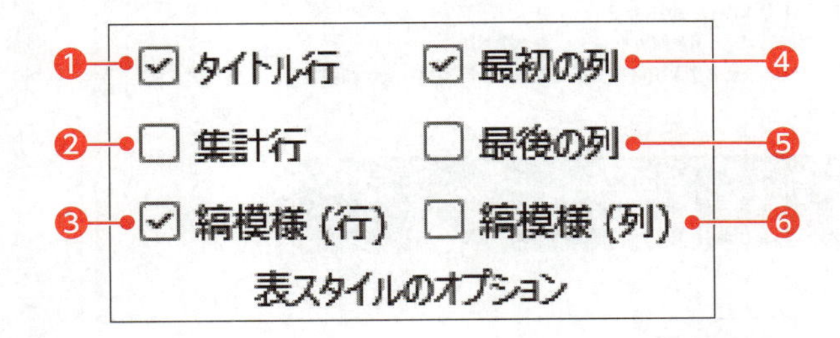

❶タイトル行
☑にすると、表の最初の行が強調されます。

❷集計行
☑にすると、表の最後の行が強調されます。

❸縞模様（行）
☑にすると、行方向の縞模様が設定されます。

❹最初の列
☑にすると、表の最初の列が強調されます。

❺最後の列
☑にすると、表の最後の列が強調されます。

❻縞模様（列）
☑にすると、列方向の縞模様が設定されます。

表スタイルのオプションを使って、1列目の強調を解除しましょう。

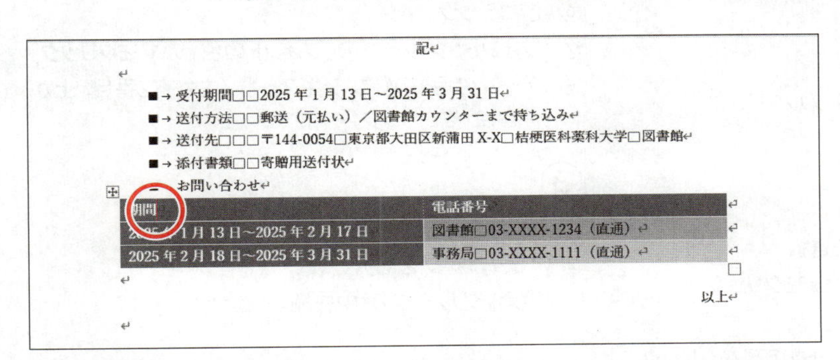

①表内にカーソルがあることを確認します。

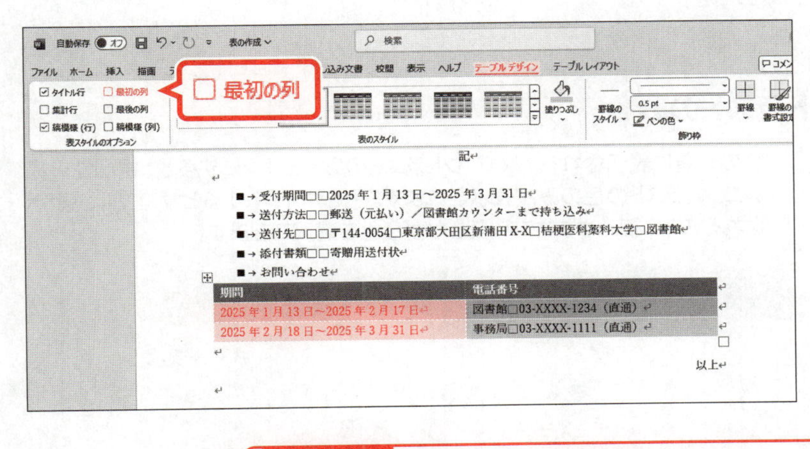

②《テーブルデザイン》タブを選択します。

③《表スタイルのオプション》グループの《最初の列》を□にします。

1列目のスタイルが変更されます。

POINT 表のスタイルの解除

表のスタイルを解除するには、初期の設定のスタイル《表（格子）》を適用します。

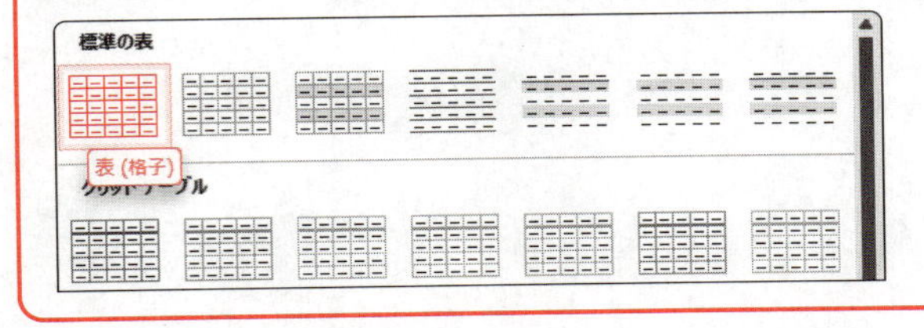

ためしてみよう

次のように「お問い合わせ」の表を編集しましょう。

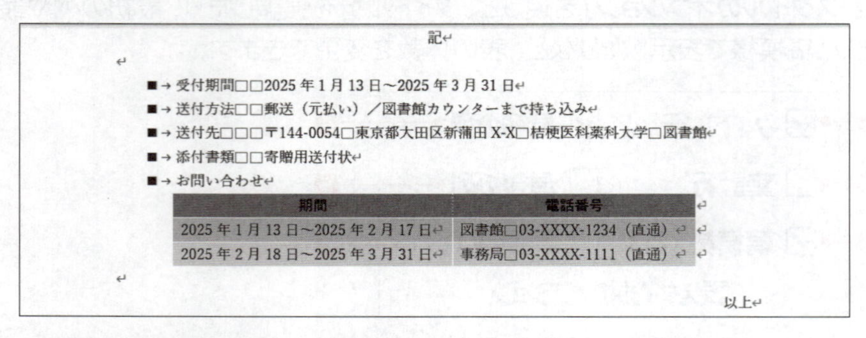

記

■→受付期間□□2025年1月13日～2025年3月31日
■→送付方法□□郵送（元払い）／図書館カウンターまで持ち込み
■→送付先□□□〒144-0054□東京都大田区新蒲田X-X□桔梗医科薬科大学□図書館
■→添付書類□□寄贈用送付状
■→お問い合わせ

期間	電話番号
2025年1月13日～2025年2月17日	図書館□03-XXXX-1234（直通）
2025年2月18日～2025年3月31日	事務局□03-XXXX-1111（直通）

以上

① すべての列の幅をセル内の最長のデータに合わせて、自動調整しましょう。
② 次のように1行目の項目名の書式を設定しましょう。

セル内の文字の配置	：中央揃え
フォント	：游ゴシック
フォントの色	：黒、テキスト1

③ 表全体を行の中央に配置しましょう。

①

① 表全体を選択
② 任意の列の右側の罫線をダブルクリック

②

① 1行目を選択
②《テーブルレイアウト》タブを選択
③《配置》グループの《中央揃え》をクリック
④《ホーム》タブを選択
⑤《フォント》グループの《フォント》の▼をクリック
⑥《游ゴシック》をクリック
⑦《フォント》グループの《フォントの色》の▼をクリック
⑧《テーマの色》の《黒、テキスト1》（左から2番目、上から1番目）をクリック

③

① 表全体を選択
②《ホーム》タブを選択
③《段落》グループの《中央揃え》をクリック

STEP UP ハイコントラストのみ

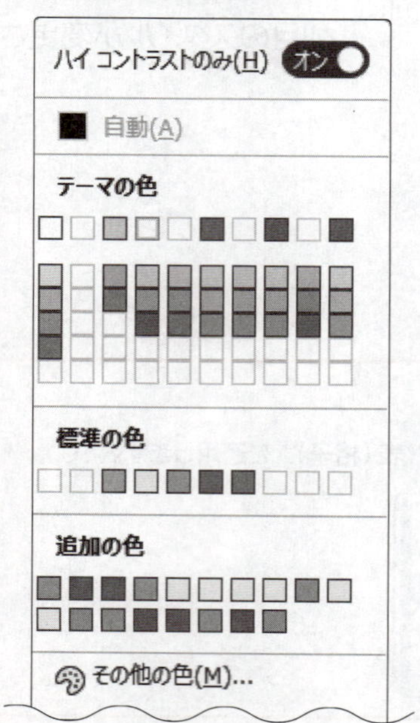

色の一覧に表示される《ハイコントラストのみ》をオンにすると、視認性の高いコントラストの色のみが表示されます。色をポイントするとサンプルが表示されるので、読みやすさを確認しながら色を選択できます。

STEP 7 段落罫線を設定する

1 段落罫線の設定

罫線を使うと、表だけでなく、水平方向の直線などを引くこともできます。
水平方向の直線は、段落に対して引くので**「段落罫線」**といいます。
次のように、**「寄贈用送付状」**の上の行に段落罫線を引いて、切り取り線を作成しましょう。

種類 ： - - - - - - - - - - - - - -
位置 ：段落の下

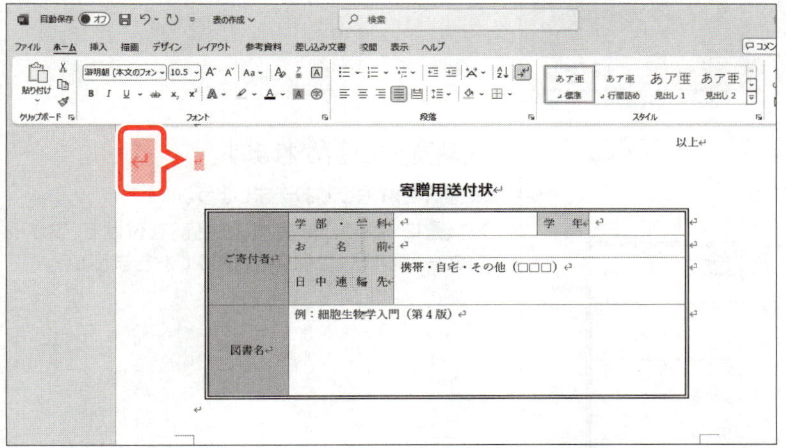

①**「寄贈用送付状」**の上の行を選択します。
段落記号が選択されます。

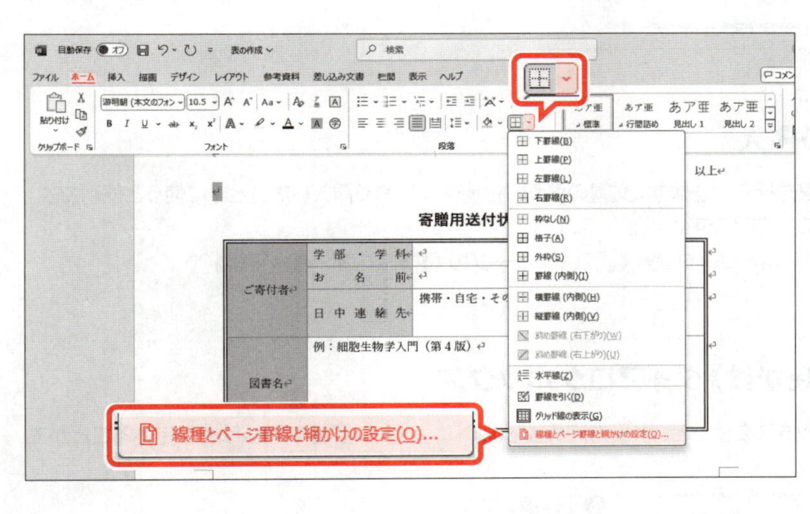

②**《ホーム》**タブを選択します。
③**《段落》**グループの**《罫線》**の▼をクリックします。
④**《線種とページ罫線と網かけの設定》**をクリックします。

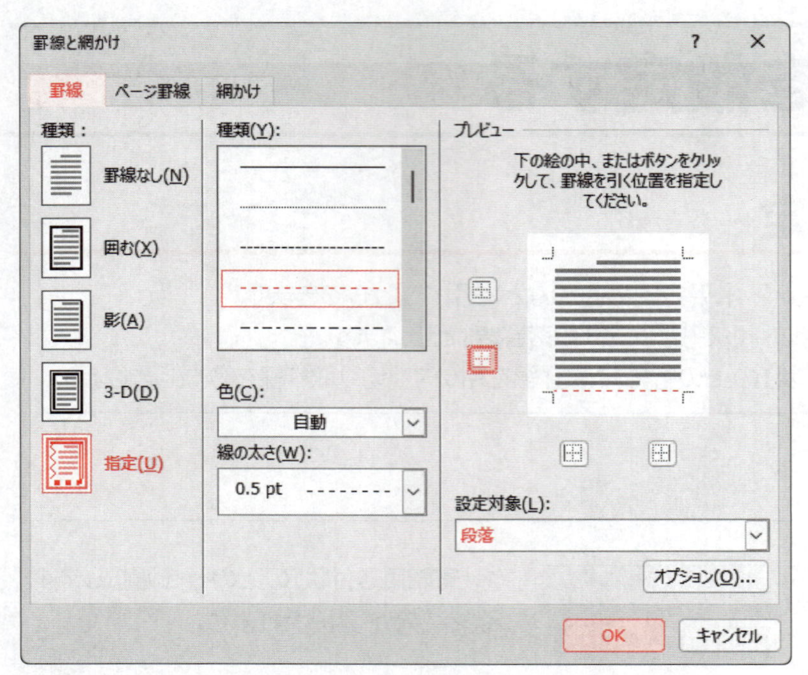

《罫線と網かけ》ダイアログボックスが表示されます。

⑤《罫線》タブを選択します。

⑥《設定対象》が《段落》になっていることを確認します。

⑦左側の《種類》の《指定》をクリックします。

⑧中央の《種類》の《--------------》をクリックします。

⑨《プレビュー》の［罫線ボタン］をクリックします。

※《プレビュー》の絵の下側に罫線が表示されます。

⑩《OK》をクリックします。

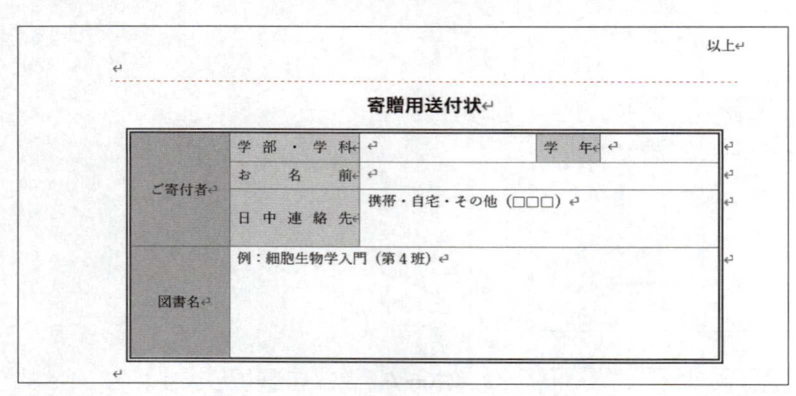
以上

寄贈用送付状

ご寄付者	学部・学科		学年	
	お名前			
	日中連絡先	携帯・自宅・その他（□□□）		
図書名	例：細胞生物学入門（第4班）			

段落罫線が引かれます。

※選択を解除しておきましょう。

※文書に「表の作成完成」と名前を付けて、フォルダー「第4章」に保存し、閉じておきましょう。

STEP UP 水平線の挿入

「水平線」を使うと、灰色の実線を挿入できます。文書の区切り位置をすばやく挿入したいときに使うと便利です。水平線を挿入する方法は、次のとおりです。

◆挿入位置にカーソルを移動→《ホーム》タブ→《段落》グループの《罫線》の▼→《水平線》

STEP UP 《罫線と網かけ》ダイアログボックス

《罫線と網かけ》ダイアログボックスを使うと、水平方向の罫線以外に、ページ罫線や網かけを設定することができます。

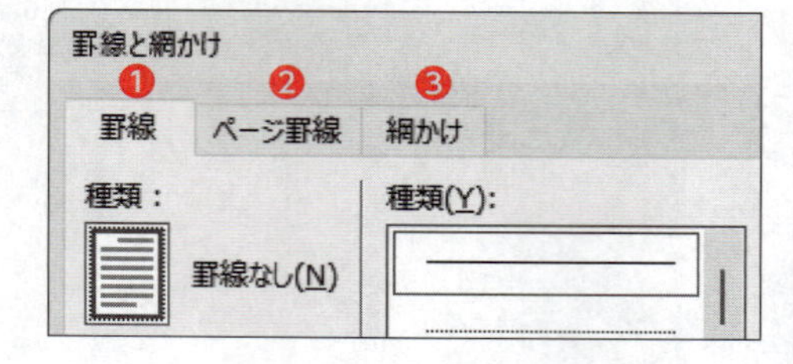

❶《罫線》タブ

段落の周囲に罫線を引いて、切り取り線を入れたり段落を強調したりできます。罫線には、種類や色、太さ、位置を指定できます。

❷《ページ罫線》タブ

用紙の周囲に罫線を引いて、ページ全体を飾ることができます。ページ罫線には、線の種類や絵柄などが用意されています。

❸《網かけ》タブ

段落に網かけを設定すると、段落の背景に色を付けたり、濃淡や模様を付けたりできます。

練習問題

PDF 標準解答 ▶ P.2

OPEN
第4章練習問題

あなたは、商品開発部に所属しており、新商品の名称を社内募集するためのお知らせを作成することになりました。
完成図のような文書を作成しましょう。

●完成図

新商品ネーミング募集

2025 年 8 月発売予定の新商品の名称を下記のとおり社内募集します。
採用された方には、記念品を検討しておりますので、奮ってご応募ください。

記

1. 商品概要

特長	・低糖質・低カロリーの「もち麦パン」シリーズのラインアップ ・ドライフルーツが入った食パン ・そのまま食べるとモチッと、トーストするとサクッと軽い食感
内容量	6 枚スライス
予定価格	350 円（税込）

2. 応募方法　応募用紙を総務センター受付の応募箱に投函してください。
　※投函できない場合は、担当までメールでご連絡ください。
3. 締め切り　2025 年 3 月 31 日（月）

以上

担当：商品開発部　今田（imada@fandm-hf.xx.xx）

＜応募用紙＞

ネーミング案		
理　　　由	（100 文字以内で記入）	
部　署　名		
氏　　　名		
連　絡　先	内　線　番　号	
	メールアドレス	

① **「商品概要」**の表の**「特長」**の行の下に1行挿入しましょう。
次に、挿入した行の1列目に**「内容量」**、2列目に**「6枚スライス」**と入力しましょう。

② **「商品概要」**の表に、スタイル**「グリッド（表）5濃色-アクセント1」**を適用しましょう。
次に、1行目の強調と行方向の縞模様を解除しましょう。

③ **「商品概要」**の表全体を行の中央に配置しましょう。

④ **「<応募用紙>」**の上の行に、次のように段落罫線を引きましょう。

種類 ： ----------------
位置 ：段落の下

⑤ 文書の最後に、5行3列の表を作成し、次のように表に文字を入力しましょう。

ネーミング案		
部署名		
氏名		
連絡先	内線番号	
	メールアドレス	

⑥ **「<応募用紙>」**の表の1列目と2列目の列の幅を、完成図を参考に変更しましょう。

⑦ **「<応募用紙>」**の表の1～3行目の2列目と3列目のセルをそれぞれ結合しましょう。
次に、4～5行1列目のセルを結合しましょう。

⑧ **「<応募用紙>」**の表の**「ネーミング案」**の行の下に1行挿入し、挿入した行の1列目に**「理由」**、2列目に**「（100文字以内で記入）」**と入力しましょう。
次に、挿入した行の高さを、完成図を参考に変更しましょう。

⑨ **「<応募用紙>」**の表の1列目に**「濃い青緑、アクセント1、白+基本色60%」**、5～6行2列目に**「濃い青緑、アクセント1、白+基本色80%」**の塗りつぶしを設定しましょう。

⑩ **「<応募用紙>」**の表全体の罫線を次のように変更しましょう。

種類　　： ――――――――
線の太さ：1pt
色　　　：濃い青緑、アクセント1、黒+基本色25%
位置　　：格子

⑪ **「<応募用紙>」**の表の1列目と2列目の項目名をセル内で均等に割り付けましょう。

⑫ 1行目のタイトルに、次のように段落罫線と網かけを設定しましょう。

●段落罫線

種類 ： ――――――――
色 　：濃い青緑、アクセント1
位置 ：段落の上と下

●網かけ

色：濃い青緑、アクセント1、白+基本色80%

HINT 段落に網かけを設定するには、《罫線と網かけ》ダイアログボックスの《網かけ》タブを使います。

※文書に「第4章練習問題完成」と名前を付けて、フォルダー「第4章」に保存し、閉じておきましょう。

第5章

文書の編集

この章で学ぶこと

学習前に習得すべきポイントを理解しておき、
学習後には確実に習得できたかどうかを振り返りましょう。

- ■ 指定した文字数の幅に合わせて文字を均等に割り付けることができる。 ➡ P.136 ☑☑☑
- ■ 「○」や「△」などの記号で文字を囲むことができる。 ➡ P.137 ☑☑☑
- ■ 文字の上にふりがなを表示することができる。 ➡ P.139 ☑☑☑
- ■ 影、光彩、反射などの視覚効果を設定して、文字を強調できる。 ➡ P.140 ☑☑☑
- ■ 文字や段落に設定されている書式を別の場所にコピーできる。 ➡ P.142 ☑☑☑
- ■ 文書内で部分的に行間を変更できる。 ➡ P.143 ☑☑☑
- ■ 行内の特定の位置で文字をそろえることができる。 ➡ P.144 ☑☑☑
- ■ 段落の先頭の文字を大きくして段落の開始位置を強調できる。 ➡ P.149 ☑☑☑
- ■ 長い文章を読みやすいように複数の段に分けて配置できる。 ➡ P.151 ☑☑☑
- ■ 任意の位置からページを改めることができる。 ➡ P.154 ☑☑☑
- ■ すべてのページに連続したページ番号を追加できる。 ➡ P.155 ☑☑☑

STEP 1 作成する文書を確認する

1 作成する文書の確認

次のような文書を作成しましょう。

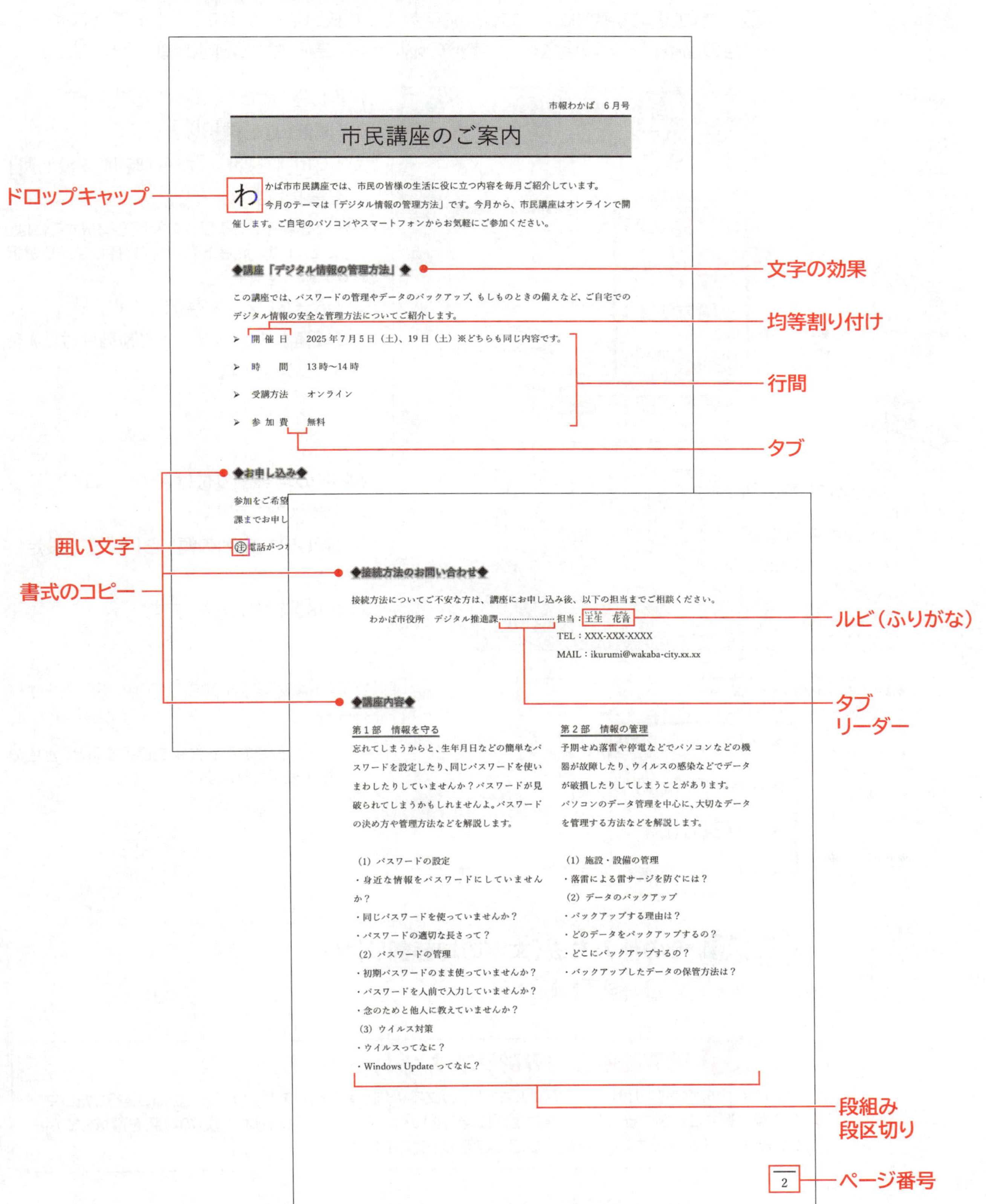

市報わかば　6月号

市民講座のご案内

わかば市市民講座では、市民の皆様の生活に役に立つ内容を毎月ご紹介しています。今月のテーマは「デジタル情報の管理方法」です。今月から、市民講座はオンラインで開催します。ご自宅のパソコンやスマートフォンからお気軽にご参加ください。

◆講座「デジタル情報の管理方法」◆

この講座では、パスワードの管理やデータのバックアップ、もしものときの備えなど、ご自宅でのデジタル情報の安全な管理方法についてご紹介します。

- 開催日　2025年7月5日（土）、19日（土）※どちらも同じ内容です。
- 時　間　13時～14時
- 受講方法　オンライン
- 参加費　無料

◆お申し込み◆

参加をご希望…

課までお申し…

㊟電話がつ…

◆接続方法のお問い合わせ◆

接続方法についてご不安な方は、講座にお申し込み後、以下の担当までご相談ください。

わかば市役所　デジタル推進課……………担当：王生　花音

TEL：XXX-XXX-XXXX

MAIL：ikurumi@wakaba-city.xx.xx

◆講座内容◆

第1部　情報を守る

忘れてしまうからと、生年月日などの簡単なパスワードを設定したり、同じパスワードを使いまわしたりしていませんか？パスワードが見破られてしまうかもしれませんよ。パスワードの決め方や管理方法などを解説します。

（1）パスワードの設定
・身近な情報をパスワードにしていませんか？
・同じパスワードを使っていませんか？
・パスワードの適切な長さって？
（2）パスワードの管理
・初期パスワードのまま使っていませんか？
・パスワードを人前で入力していませんか？
・念のためと他人に教えていませんか？
（3）ウイルス対策
・ウイルスってなに？
・Windows Updateってなに？

第2部　情報の管理

予期せぬ落雷や停電などでパソコンなどの機器が故障したり、ウイルスの感染などでデータが破損したりしてしまうことがあります。パソコンのデータ管理を中心に、大切なデータを管理する方法などを解説します。

（1）施設・設備の管理
・落雷による雷サージを防ぐには？
（2）データのバックアップ
・バックアップする理由は？
・どのデータをバックアップするの？
・どこにバックアップするの？
・バックアップしたデータの保管方法は？

2

STEP 2 いろいろな書式を設定する

1 文字の均等割り付け

文章中の文字に対して**「均等割り付け」**を使うと、指定した文字数の幅に合わせて文字が均等に配置されます。文字数は、入力した文字数よりも狭い幅に設定することもできます。
1ページ目の箇条書きの項目名を4文字分の幅に均等に割り付けし、同じ幅にそろえましょう。

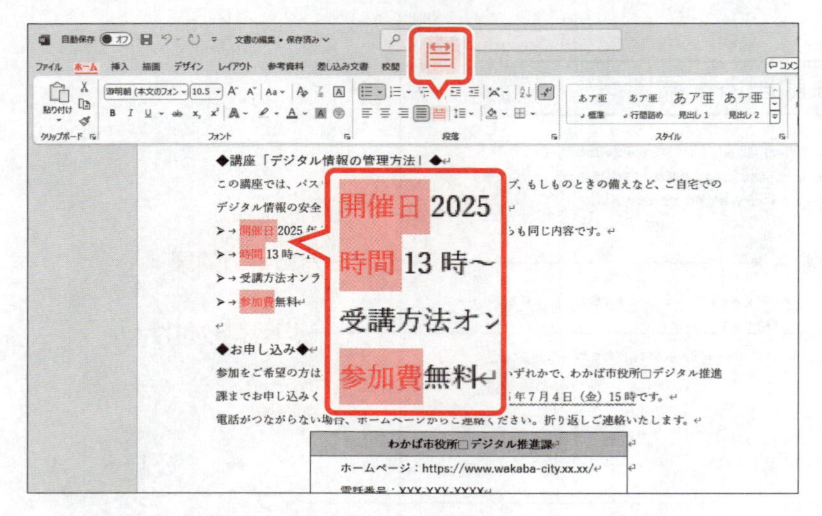

均等に割り付ける文字を選択します。

①**「開催日」**を選択します。

②Ctrlを押しながら**「時間」「参加費」**を選択します。

※離れた場所にある複数の範囲を選択するには、2つ目以降の範囲をCtrlを押しながら選択します。

③**《ホーム》**タブを選択します。

④**《段落》**グループの**《均等割り付け》**をクリックします。

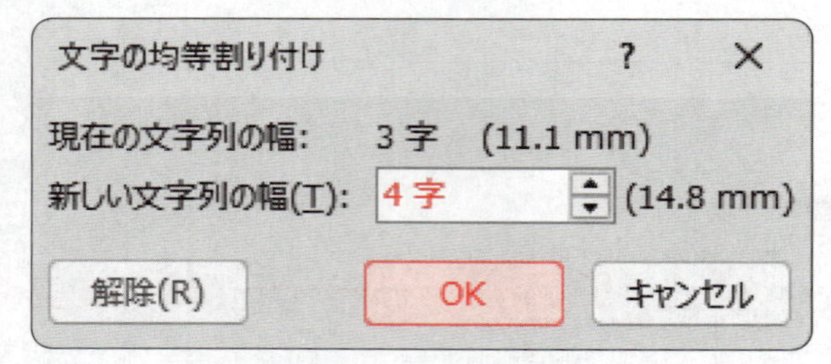

《文字の均等割り付け》ダイアログボックスが表示されます。

⑤**《新しい文字列の幅》**を**「4字」**に設定します。

⑥**《OK》**をクリックします。

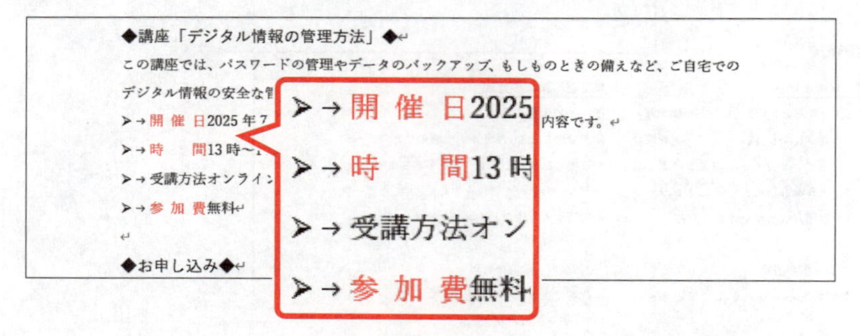

文字が4文字分の幅に均等に割り付けられます。

※均等割り付けされた文字を選択すると、水色の下線が表示されます。

STEP UP その他の方法（文字の均等割り付け）

◆文字を選択→Ctrl+Shift+J

POINT 複数箇所の均等割り付け

表のセル内の均等割り付けとは異なり、文章中の文字の均等割り付けでは、F4で直前に実行したコマンドを繰り返すことができません。複数箇所に均等割り付けを設定するときは、複数の範囲を選択してから均等割り付けを実行すると、一度に設定できるので効率的です。

POINT 均等割り付けの解除

設定した均等割り付けを解除する方法は、次のとおりです。

◆文字を選択→《ホーム》タブ→《段落》グループの《均等割り付け》→《解除》

2 囲い文字の設定

「囲い文字」を使うと、「㊞」「㊙」などのように、全角1文字または半角2文字分の文字を「○」や「△」などの記号で囲むことができます。

「電話がつながらない場合…」の前に「㊟」を挿入しましょう。

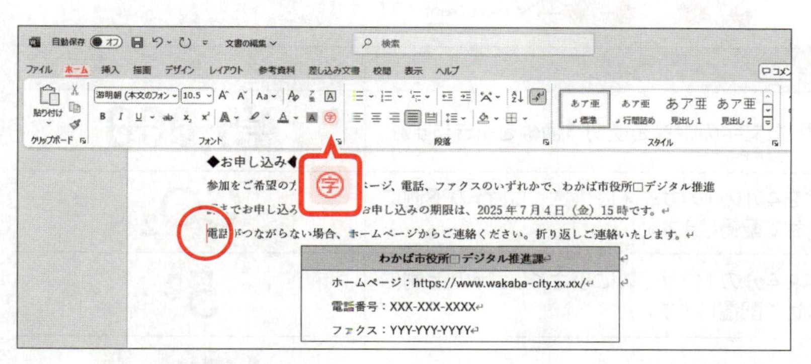

囲い文字を挿入する位置を指定します。

①**「電話がつながらない場合…」**の前にカーソルを移動します。

②**《ホーム》**タブを選択します。

③**《フォント》**グループの**《囲い文字》**をクリックします。

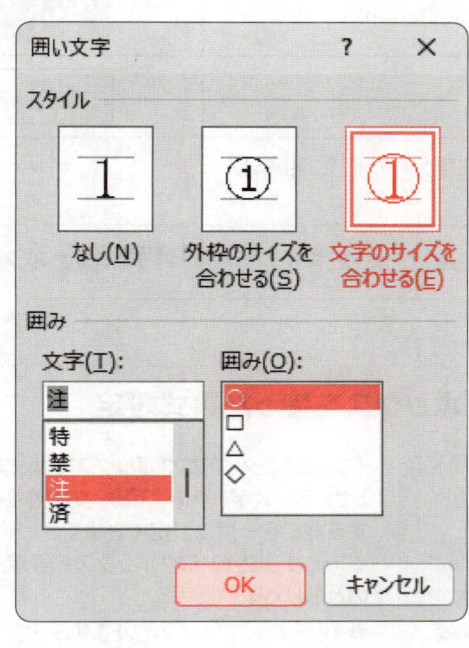

《囲い文字》ダイアログボックスが表示されます。

④**《スタイル》**の**《文字のサイズを合わせる》**をクリックします。

⑤**《文字》**の一覧から**《注》**を選択します。

※一覧に表示されていない場合は、スクロールして調整します。

※一覧にない文字を入力することもできます。

⑥**《囲み》**の一覧から**《○》**を選択します。

⑦**《OK》**をクリックします。

◆お申し込み◆
参加をご希望の方は、ホームページ、電話、ファクスのいずれかで、わかば市役所□デジタル推進
課までお申し込みください。お申し込みの期限は、2025年7月4日（金）15時です。
㊟電話がつながらない場合、ホームページからご連絡ください。折り返しご連絡いたします。

わかば市役所□デジタル推進課
ホームページ：https://www.wakaba-city.xx.xx/
電話番号：XXX-XXX-XXXX
ファクス：YYY-YYY-YYYY

◆接続方法のお問い合わせ◆
接続方法についてご不安な方は、講座にお申し込み後、以下の担当までご相談ください。

囲い文字が挿入されます。

POINT　入力済みの文字を囲い文字にする

入力済みの文字を囲い文字にする場合は、文字を選択してから《囲い文字》をクリックします。

STEP UP　その他の文字装飾

《ホーム》タブで設定できる文字の装飾には、次のようなものがあります。❻❼は、《拡張書式》から選択します。

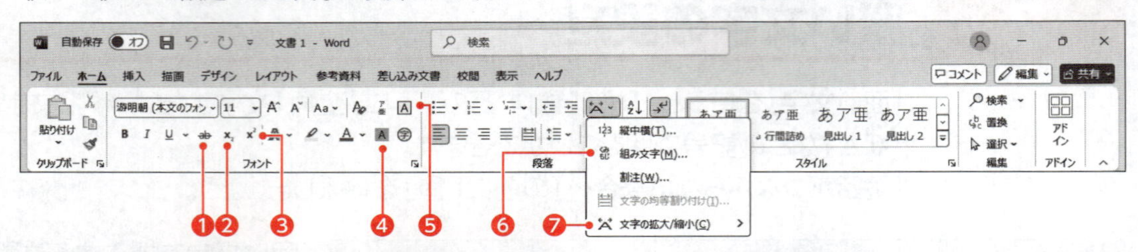

種類	説明	例
❶取り消し線	選択した文字の中央を横切る横線を引きます。	~~¥5,000~~
❷下付き	文字を4分の1のサイズに小さくし、行の下側に合わせて配置します。	CO_2
❸上付き	文字を4分の1のサイズに小さくし、行の上側に合わせて配置します。	5^2
❹文字の網かけ	文字に灰色の網かけを設定します。	市報わかば
❺囲み線	文字を枠で囲みます。	市報わかば
❻組み文字	6文字以内の文字を1文字分のサイズに組み込んで表示します。	市報わかば
❼文字の拡大/縮小	文字の横幅を拡大したり縮小したりします。	市報わかば

STEP UP　《フォント》ダイアログボックスを使った書式設定

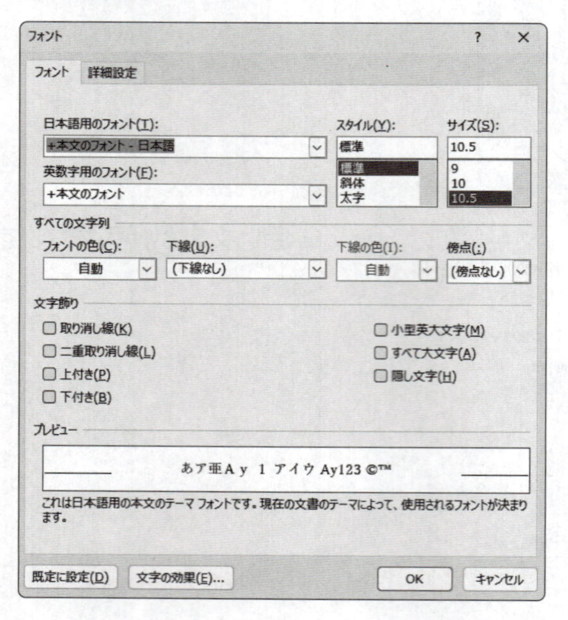

《フォント》ダイアログボックスでは、フォントやフォントサイズ、太字、斜体、下線、文字飾りなど、文字に関する書式を一度に設定できます。

《フォント》ダイアログボックスを表示する方法は、次のとおりです。

◆《ホーム》タブ→《フォント》グループの［⧅］(フォント)

3 ルビ（ふりがな）の設定

「ルビ」を使うと、難しい読みの名前や地名などにルビを付けられます。
「王生　花音」に「いくるみ　かのん」とルビを付けましょう。また、ルビは姓と名のそれぞれの文字の中央に配置されるように設定しましょう。

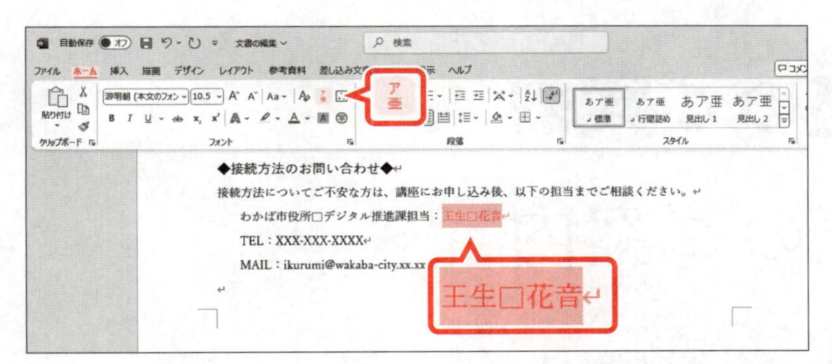

ルビを付ける文字を選択します。

①「**王生　花音**」を選択します。
②《**ホーム**》タブを選択します。
③《**フォント**》グループの《**ルビ**》をクリックします。

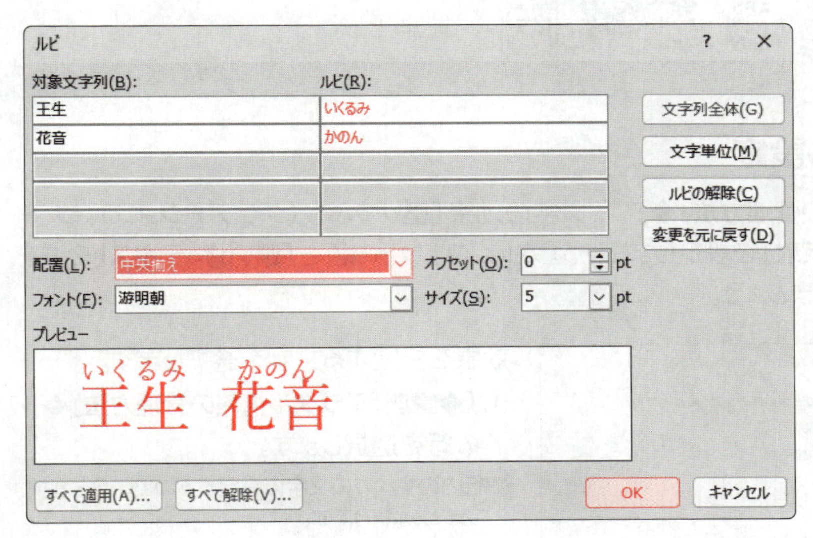

《**ルビ**》ダイアログボックスが表示されます。

④「**王生**」の《**ルビ**》を「**いくるみ**」に修正します。
⑤「**花音**」の《**ルビ**》を「**かのん**」に修正します。
⑥《**配置**》の▼をクリックします。
⑦《**中央揃え**》をクリックします。
⑧設定した内容を《**プレビュー**》で確認します。
⑨《**OK**》をクリックします。

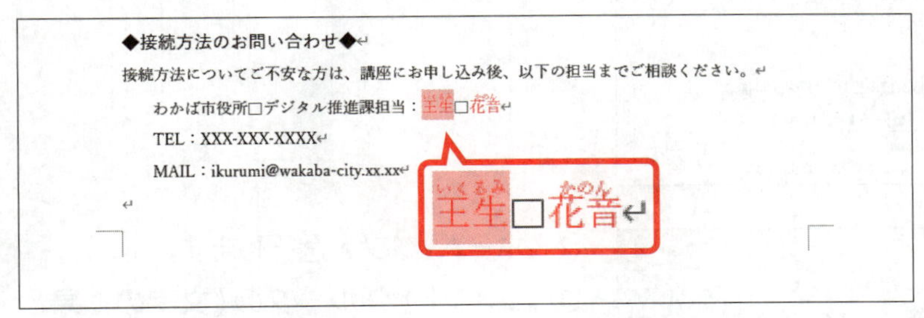

ルビが付けられます。

POINT ルビの解除

設定したルビを解除する方法は、次のとおりです。
◆文字を選択→《ホーム》タブ→《フォント》グループの《ルビ》→《ルビの解除》

4 文字の効果の設定

「文字の効果と体裁」を使うと、影、光彩、反射などの視覚効果を設定して、文字を強調できます。
複数の効果を組み合わせたデザインが用意されており、選択するだけで簡単に文字を装飾できます。

市民講座のご案内

市民講座のご案内

市民講座のご案内

1 文字の効果の設定

「◆講座「デジタル情報の管理方法」◆」に、文字の効果**「塗りつぶし（グラデーション）：プラム、アクセントカラー5；反射」**を設定しましょう。次に、フォントの色を**「濃い青、テキスト2、白+基本色25%」**に変更しましょう。

◆講座「デジタル情報の管理方法」◆
この講座では、パスワードの管理やデータのバックアップ、もしものときの備えなど、ご自宅でのデジタル情報の安全な管理方法についてご紹介します。
➤開 催 日2025年7月5日（土）、19日（土）※どちらも同じ内容です。
➤時 間13時～14時
➤受講方法オンライン
➤参 加 費無料

◆お申し込み◆
参加をご希望の方は、ホームページ、電話、ファクスのいずれかで、わかば市役所□デジタル推進課までお申し込みください。お申し込みの期限は、2025年7月4日（金）15時です。
㊟電話がつながらない場合、ホームページからご連絡ください。折り返しご連絡いたします。

効果を設定する文字を選択します。

①**「◆講座「デジタル情報の管理方法」◆」**の行を選択します。

※行内のすべての文字に設定するので、行を選択すると効率的です。

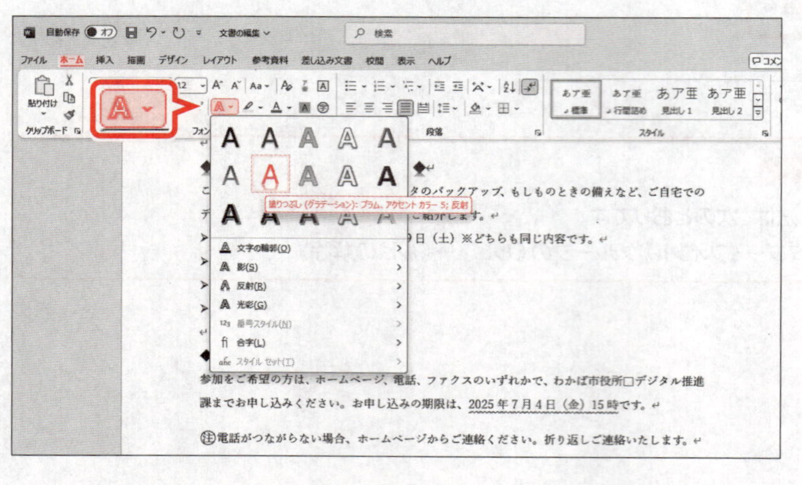

②**《ホーム》**タブを選択します。

③**《フォント》**グループの**《文字の効果と体裁》**をクリックします。

④**《塗りつぶし（グラデーション）：プラム、アクセントカラー5；反射》**をクリックします。

※一覧をポイントすると、設定後のイメージを画面で確認できます。

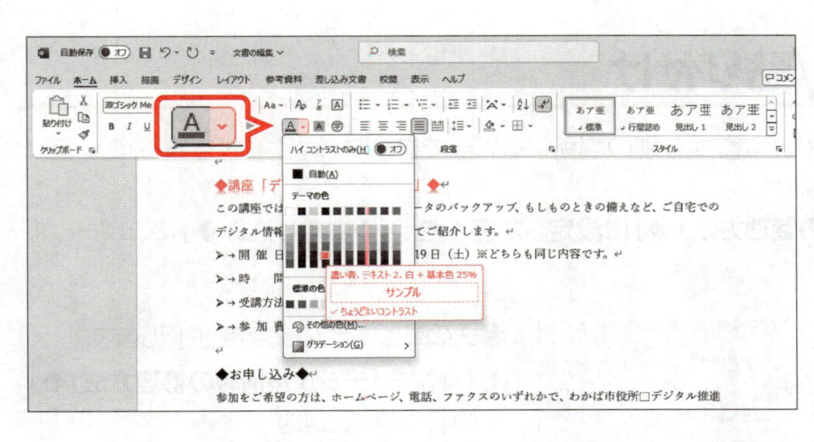

文字の効果が設定されます。

⑤《フォント》グループの《フォントの色》の▼をクリックします。

⑥《テーマの色》の《濃い青、テキスト2、白+基本色25%》をクリックします。

※一覧をポイントすると、設定後のイメージを画面で確認できます。

◆講座「デジタル情報の管理方法」◆

この講座では、パスワードの管理やデータのバックアップ、もしものときの備えなど、ご自宅でのデジタル情報の安全な管理方法についてご紹介します。

➤→開 催 日2025年7月5日（土）、19日（土）※どちらも同じ内容です。

➤→時　　間13時～14時

➤→受講方法オンライン

➤→参 加 費無料

◆お申し込み◆

参加をご希望の方は、ホームページ、電話、ファクスのいずれかで、わかば市役所□デジタル推進課までお申し込みください。お申し込みの期限は、2025年7月4日（金）15時です。

フォントの色が変更されます。

※選択を解除しておきましょう。

2 文字の効果の編集

文字の輪郭や影、光彩、反射などの効果を個別に設定できます。

「◆講座「デジタル情報の管理方法」◆」に、光彩**「光彩：8pt；濃い青緑、アクセントカラー1」**を設定しましょう。

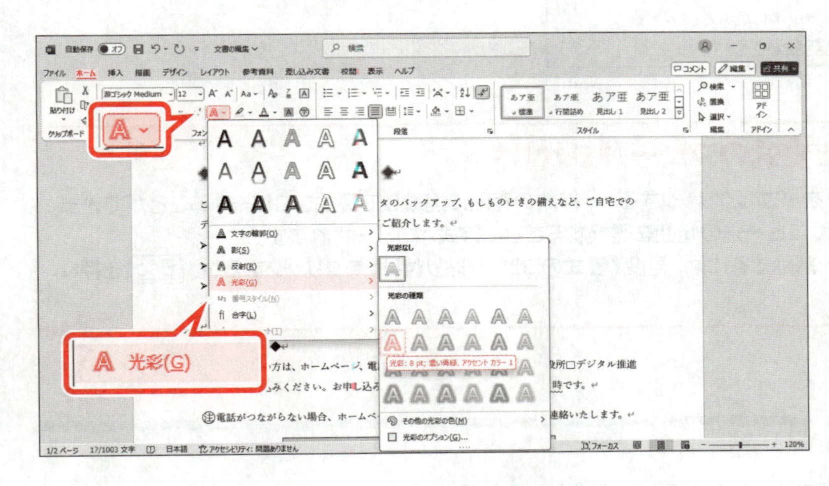

光彩を設定する文字を選択します。

①**「◆講座「デジタル情報の管理方法」◆」**の行を選択します。

②**《ホーム》**タブを選択します。

③**《フォント》**グループの**《文字の効果と体裁》**をクリックします。

④**《光彩》**をポイントします。

⑤**《光彩の種類》**の**《光彩：8pt；濃い青緑、アクセントカラー1》**をクリックします。

※一覧をポイントすると、設定後のイメージを画面で確認できます。

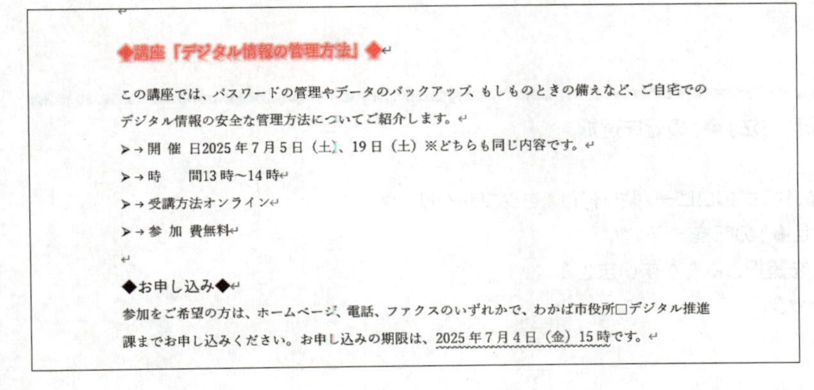

◆講座「デジタル情報の管理方法」◆

この講座では、パスワードの管理やデータのバックアップ、もしものときの備えなど、ご自宅でのデジタル情報の安全な管理方法についてご紹介します。

➤→開 催 日2025年7月5日（土）、19日（土）※どちらも同じ内容です。

➤→時　　間13時～14時

➤→受講方法オンライン

➤→参 加 費無料

◆お申し込み◆

参加をご希望の方は、ホームページ、電話、ファクスのいずれかで、わかば市役所□デジタル推進課までお申し込みください。お申し込みの期限は、2025年7月4日（金）15時です。

光彩が設定されます。

※選択を解除しておきましょう。

5 書式のコピー/貼り付け

文字や段落に設定されている書式を別の場所にコピーできます。同じ書式を複数の文字に設定するときに便利です。

「◆講座「デジタル情報の管理方法」◆」に設定した書式を、**「◆お申し込み◆」**にコピーしましょう。

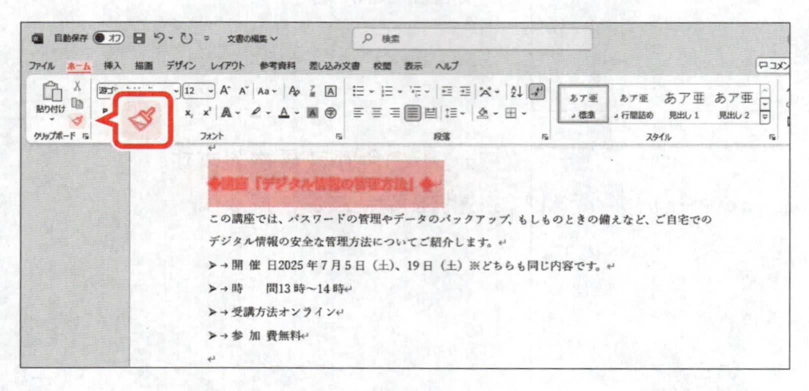

書式のコピー元の文字を選択します。

①**「◆講座「デジタル情報の管理方法」◆」**の行を選択します。

②**《ホーム》**タブを選択します。

③**《クリップボード》**グループの**《書式のコピー/貼り付け》**をクリックします。

◆講座「デジタル情報の管理方法」◆

この講座では、パスワードの管理やデータのバックアップ、もしものときの備えなど、ご自宅でのデジタル情報の安全な管理方法についてご紹介します。

➤→開 催 日2025年7月5日（土）、19日（土）※どちらも同じ内容です。

➤→時　　間13時～14時

➤→受講方法オンライン

➤→参 加 費無料

◆お申し込み◆

参加をご希望の方は、ホームページ、電話、ファクスのいずれかで、わかば市役所□デジタル推進課までお申し込みください。お申し込みの期限は、2025年7月4日（金）15時です。

マウスポインターの形が🖌Iに変わります。

書式の貼り付け先を指定します。

④**「◆お申し込み◆」**の行をドラッグします。

※「◆お申し込み◆」の行の左側をクリックして、行を選択してもかまいません。

書式がコピーされます。

※選択を解除しておきましょう。

POINT 連続した書式のコピー/貼り付け

《書式のコピー/貼り付け》をダブルクリックすると、複数の範囲に連続して書式をコピーすることができます。ダブルクリックしたあと、コピー先の範囲を選択するごとに書式がコピーされます。

書式をコピーできる状態を解除するには、再度《書式のコピー/貼り付け》をクリックするか、Escを押します。

Let's Try ためしてみよう

「◆講座「デジタル情報の管理方法」◆」に設定した書式を、「◆接続方法のお問い合わせ◆」と「◆講座内容◆」にコピーしましょう。

①「◆講座「デジタル情報の管理方法」◆」の行を選択

②《ホーム》タブを選択

③《クリップボード》グループの《書式のコピー/貼り付け》をダブルクリック

④「◆接続方法のお問い合わせ◆」の行をドラッグ

※行の左側をクリックして、行を選択してもかまいません。

⑤「◆講座内容◆」の行をドラッグ

⑥ Escを押す

6 行間の設定

行の下側から次の行の下側までの間隔を**「行間」**といいます。文書内の段落や箇条書きの行間を部分的に変更すると、文書の文字のバランスを調整できます。
箇条書きの段落の行間を現在の1.5倍に変更しましょう。

◆講座「デジタル情報の管理方法」◆
この講座では、パスワードの管理やデータのバックアップ、もしものときの備えなど、ご自宅でのデジタル情報の安全な管理方法についてご紹介します。
➤開 催 日2025年7月5日（土）、19日（土）※どちらも同じ内容です。
➤時 間13時～14時
➤受講方法オンライン
➤参 加 費無料
◆お申し込み◆
参加をご希望の方は、ホームページ、電話、ファクスのいずれかで、わかば市役所□デジタル推進

行間を変更する範囲を選択します。

①**「開催日…」**で始まる行から**「参加費…」**で始まる行までを選択します。

※行の左側をドラッグします。

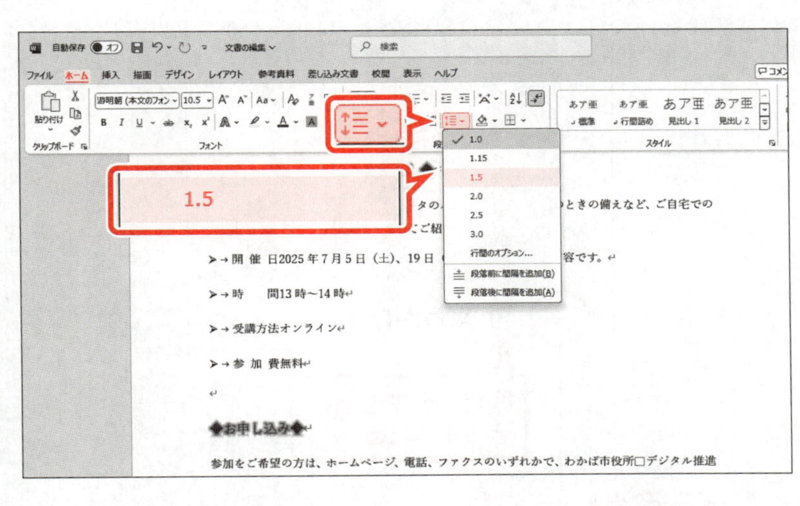

②**《ホーム》**タブを選択します。

③**《段落》**グループの**《行と段落の間隔》**をクリックします。

④**《1.5》**をクリックします。

※一覧をポイントすると、設定後のイメージを画面で確認できます。

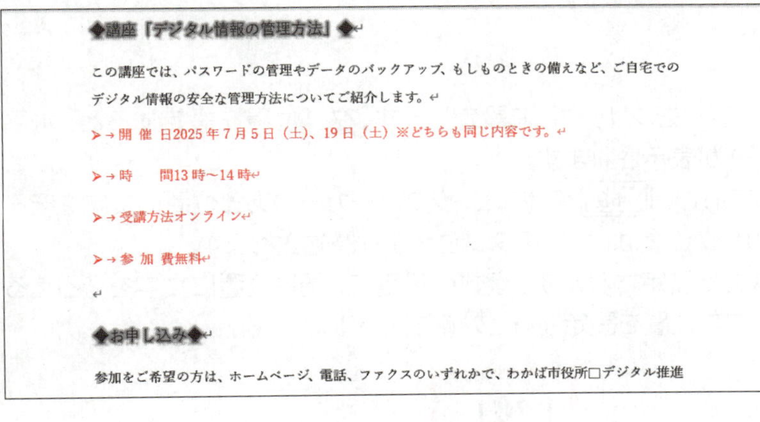
◆講座「デジタル情報の管理方法」◆
この講座では、パスワードの管理やデータのバックアップ、もしものときの備えなど、ご自宅でのデジタル情報の安全な管理方法についてご紹介します。
➤開 催 日2025年7月5日（土）、19日（土）※どちらも同じ内容です。
➤時 間13時～14時
➤受講方法オンライン
➤参 加 費無料
◆お申し込み◆
参加をご希望の方は、ホームページ、電話、ファクスのいずれかで、わかば市役所□デジタル推進

行間が変更されます。

※選択を解除しておきましょう。

POINT 段落の前後の間隔の変更

段落内の行間だけでなく段落の前後の間隔を設定できます。
段落の前後の間隔を変更する方法は、次のとおりです。

◆段落内にカーソルを移動→《レイアウト》タブ→《段落》グループの《前の間隔》／《後の間隔》を設定

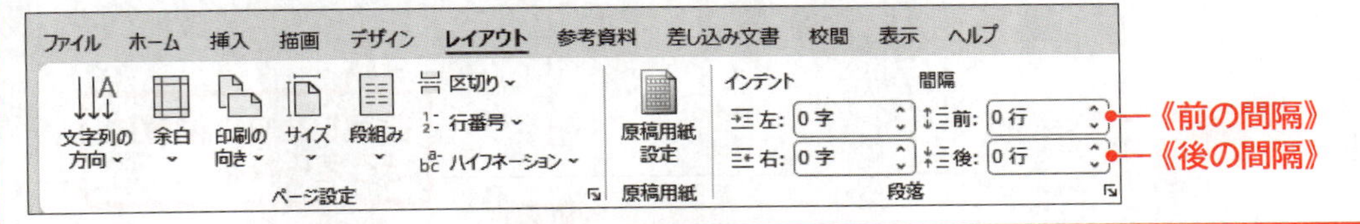

7 タブとリーダーの設定

「タブ」を使うと、行内の特定の位置で文字をそろえることができます。文字をそろえるための基準となる位置を**「タブ位置」**といいます。そろえる文字の前にカーソルを移動して［Tab］を押すと、→（タブ）が挿入され、文字をタブ位置にそろえることができます。→（タブ）は編集記号なので、印刷されません。
タブ位置には、次のような種類があります。

●既定のタブ位置

既定のタブ位置は、初期の設定では左インデントから4文字間隔に設定されています。
［Tab］を押すと、4文字間隔で文字をそろえることができます。

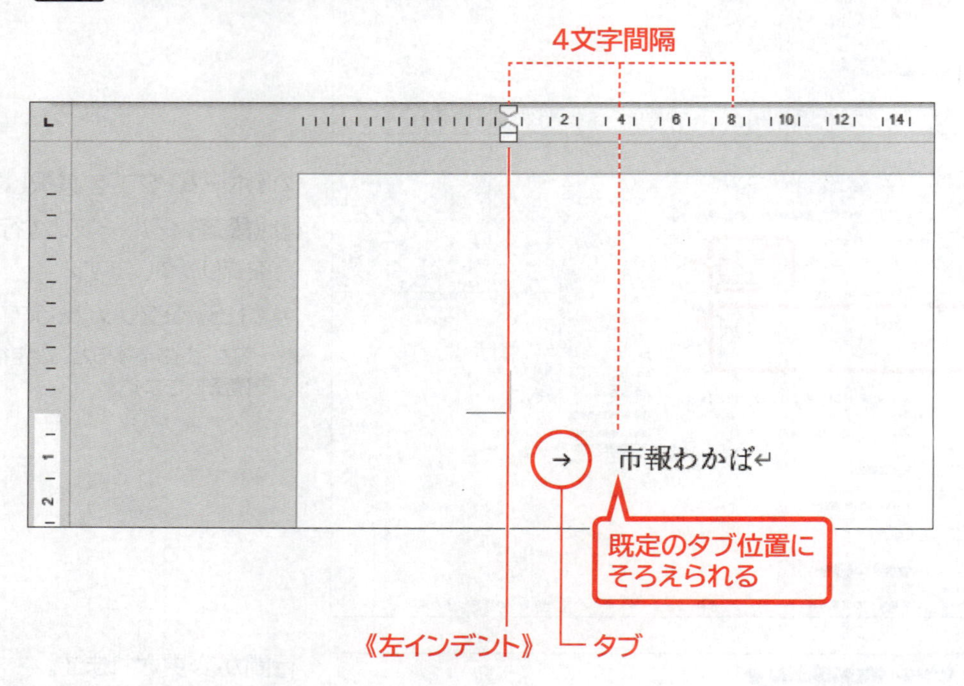

●任意のタブ位置

任意のタブ位置は水平ルーラーをクリックして設定します。タブ位置を設定すると、水平ルーラーに［L］（タブマーカー）が表示されます。
タブの種類と位置を設定しておき、［Tab］を押すと、タブマーカーのある位置に文字をそろえることができます。任意のタブ位置は、既定のタブ位置より優先されます。
任意のタブ位置は、段落単位で設定されます。複数の段落で、同じ位置に文字をそろえる場合は、範囲選択してから、タブ位置を設定すると効率的です。

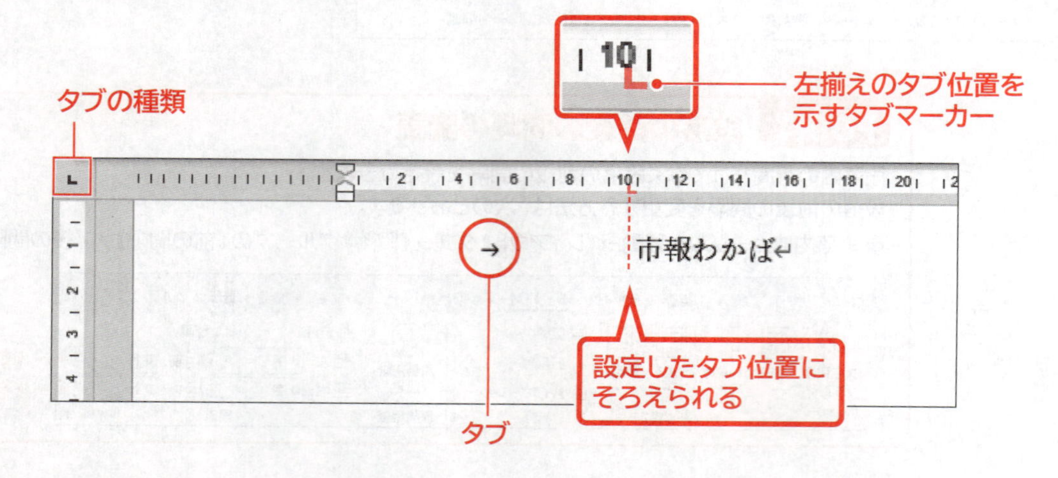

1 ルーラーの表示

タブマーカーを使用してタブ位置を設定するには、水平ルーラーを使います。
ルーラーを表示しましょう。

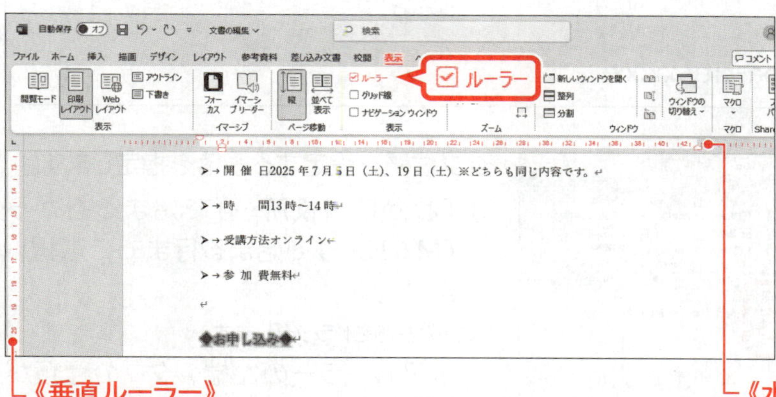

①《表示》タブを選択します。
②《表示》グループの《ルーラー》を☑にします。
水平ルーラーと垂直ルーラーが表示されます。
※お使いの環境によっては、ルーラーの目盛間隔が異なる場合があります。

2 既定のタブ位置

箇条書きの項目名のうしろにタブを挿入して、既定のタブ位置にそろえましょう。

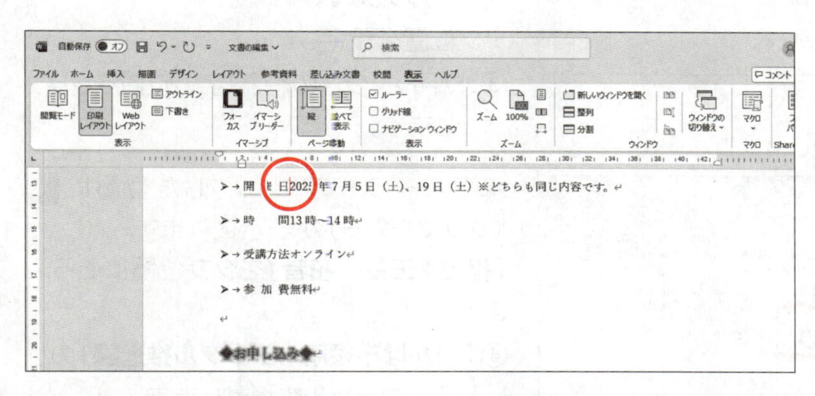

タブを挿入する位置を指定します。
①「**開催日**」のうしろにカーソルを移動します。
②Tabを押します。

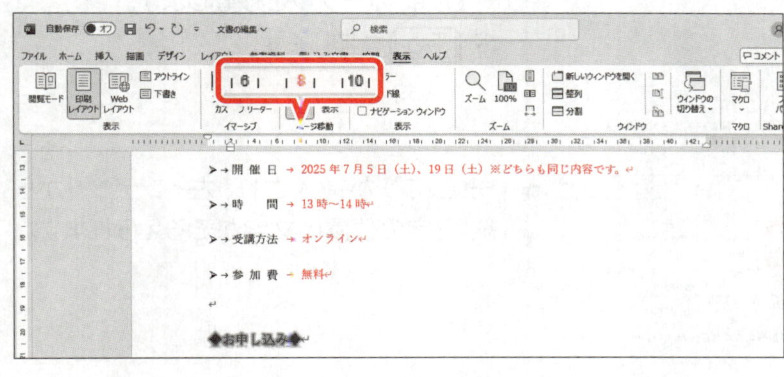

→(タブ)が挿入され、既定のタブ位置(8字の位置)に文字がそろえられます。
③同様に、「**時間**」「**受講方法**」「**参加費**」のうしろにタブを挿入します。

POINT タブの削除

→(タブ)は、文字と同様に削除できます。
挿入した→を削除する方法は、次のとおりです。

◆→の前にカーソルを移動→Delete
◆→のうしろにカーソルを移動→Back Space

3 任意のタブ位置

次の文字を約22字の位置にそろえましょう。

> **担当：王生　花音**
> TEL：XXX-XXX-XXXX
> MAIL：ikurumi@wakaba-city.xx.xx

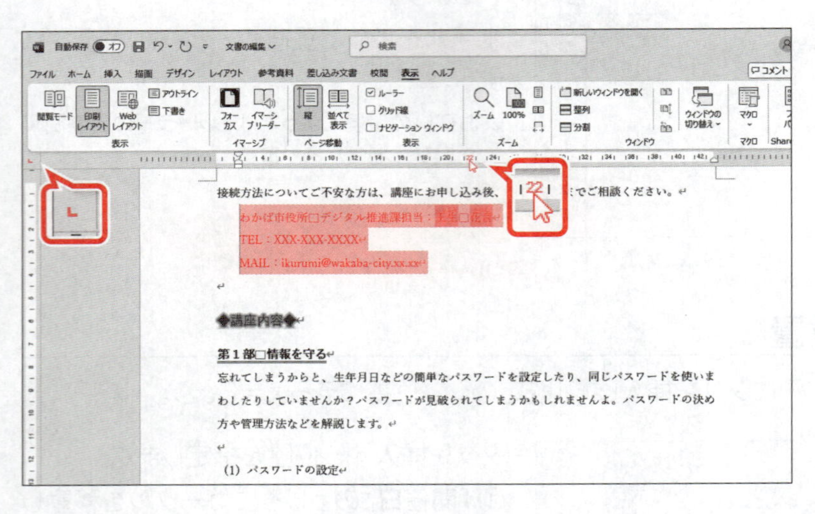

タブ位置を設定する段落を指定します。

①**「わかば市役所…」**で始まる行から**「MAIL…」**で始まる行までを選択します。

※行の左側をドラッグします。

②水平ルーラーの左端のタブの種類が［L］（左揃えタブ）になっていることを確認します。

※［L］（左揃えタブ）になっていない場合は、何回かクリックします。

タブ位置を設定します。

③水平ルーラーの約22字の位置をクリックします。

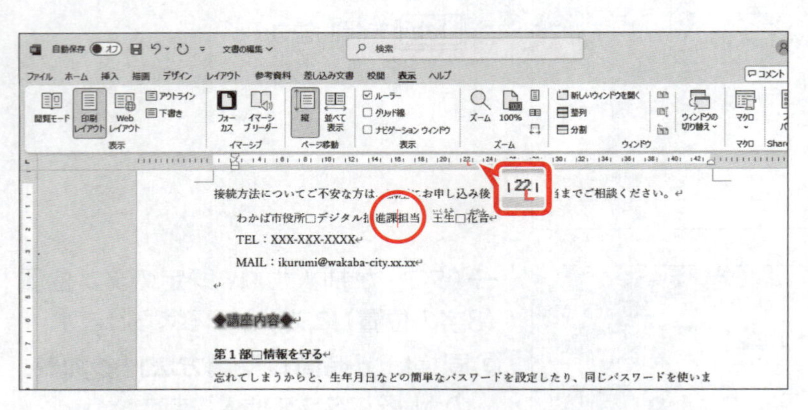

水平ルーラーのクリックした位置に［L］（タブマーカー）が表示されます。

「担当：王生　花音」をタブ位置にそろえます。

④**「わかば市役所　デジタル推進課」**のうしろにカーソルを移動します。

⑤［Tab］を押します。

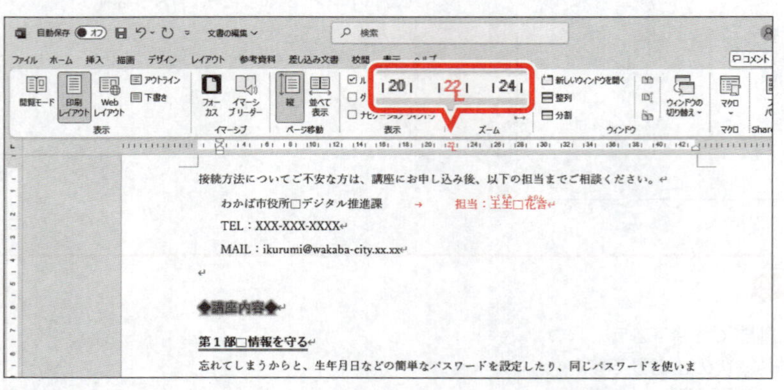

→（タブ）が挿入され、左インデントから約22字の位置に文字がそろえられます。

接続方法についてご不安な方は、講座にお申し込み後、以下の担当までご相談ください。
わかば市役所□デジタル推進課　→　担当：王生□花音
→　TEL：XXX-XXX-XXXX
→　MAIL：ikurumi@wakaba-city.xx.xx

◆講座内容◆

⑥同様に、**「TEL：XXX-XXX-XXXX」「MAIL：ikurumi@wakaba-city.xx.xx」**の行の先頭に→（タブ）を挿入します。

STEP UP その他の方法（任意のタブ位置の設定）

◆段落内にカーソルを移動→《ホーム》タブ→《段落》グループの［⧉］（段落の設定）→《タブ設定》→《タブ位置》に字数を入力→《配置》を選択

STEP UP タブの種類

水平ルーラーの左端にある［L］をクリックすると、タブの種類を変更できます。
タブの種類は、次のとおりです。

種類	説明
［L］（左揃えタブ）	文字の左端をタブ位置にそろえます。
［⊥］（中央揃えタブ）	文字の中央をタブ位置にそろえます。
［┘］（右揃えタブ）	文字の右端をタブ位置にそろえます。
［⊥.］（小数点揃えタブ）	数値の小数点をタブ位置にそろえます。
［ǀ］（縦棒タブ）	縦棒をタブ位置に表示します。

POINT 任意のタブ位置の変更

設定したタブ位置を変更するには、設定した段落を選択し、水平ルーラーの［L］（タブマーカー）をドラッグします。
※［Alt］を押しながらドラッグすると、微調整することができます。

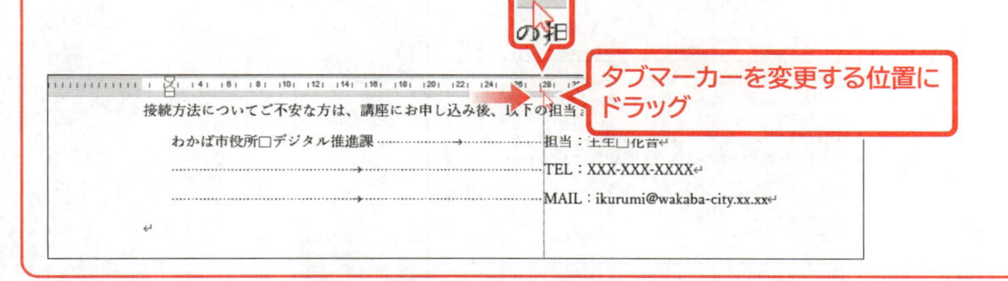

POINT 任意のタブ位置の解除

設定したタブ位置を解除するには、設定した段落を選択し、水平ルーラーの［L］（タブマーカー）を水平ルーラーの外にドラッグします。

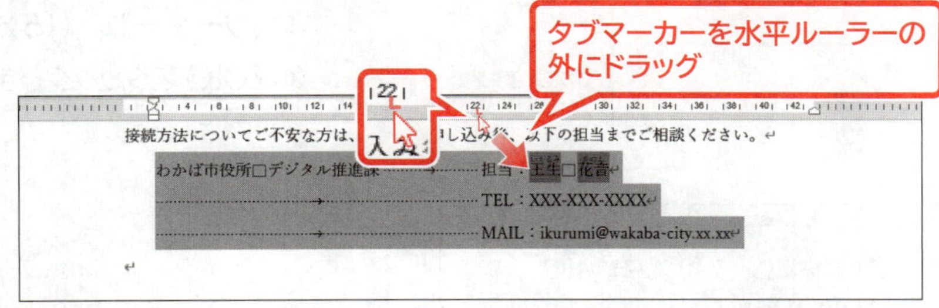

STEP UP タブ位置をすべて解除

段落内に設定した複数のタブ位置をすべて解除する方法は、次のとおりです。
◆段落内にカーソルを移動→《ホーム》タブ→《段落》グループの［⧉］（段落の設定）→《タブ設定》→《すべてクリア》
◆段落内にカーソルを移動→［Ctrl］＋［Shift］＋［N］

4 リーダーの表示

任意のタブ位置にそろえた文字の左側に**「リーダー」**という線を表示できます。
約22字のタブ位置にそろえた**「担当：王生　花音」**の左側に、リーダーを表示しましょう。

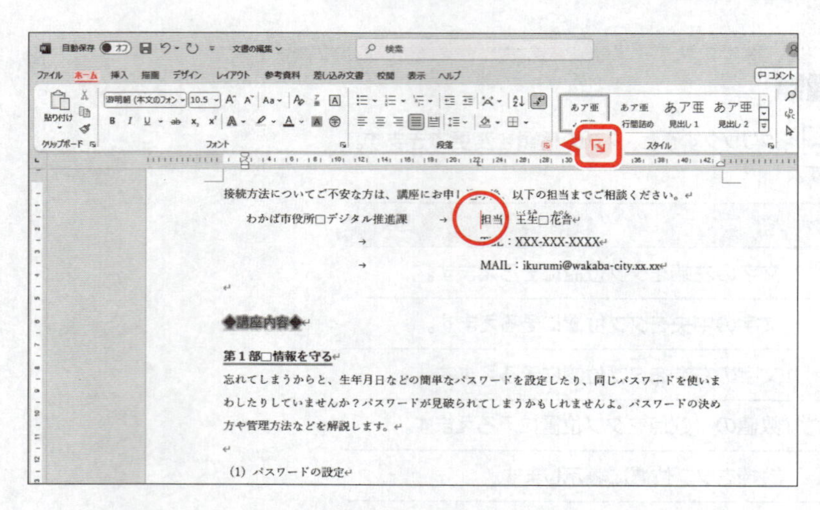

リーダーを表示する段落を指定します。

①**「担当：王生　花音」**の段落にカーソルを移動します。

※段落内であれば、どこでもかまいません。

②**《ホーム》**タブを選択します。

③**《段落》**グループの（段落の設定）をクリックします。

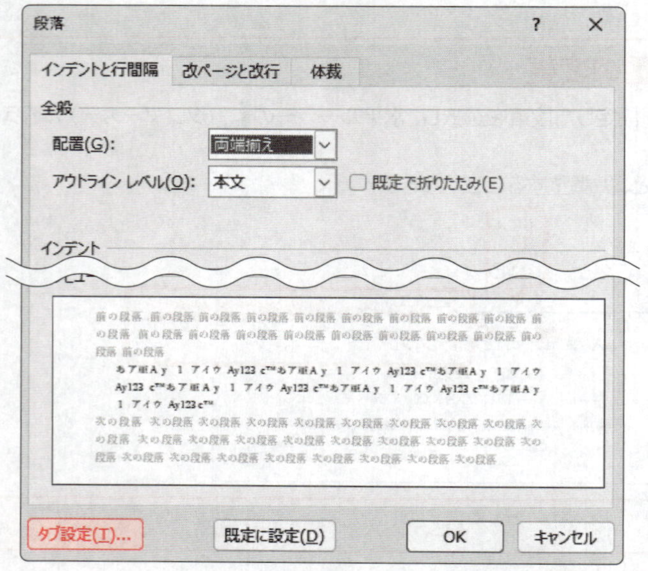

《段落》ダイアログボックスが表示されます。

④**《タブ設定》**をクリックします。

タブとリーダー
タブ位置(T):
22.28 字
既定値(F):
4 字
クリアされるタブ：
配置
左揃え(L)　中央揃え(C)　右揃え(R)
小数点揃え(D)　縦線(B)
リーダー
なし (1)　……………(2)　-------(3)
＿＿＿＿(4)　・・・・・・・・(5)
設定(S)　クリア(E)　すべてクリア(A)
OK　キャンセル

《タブとリーダー》ダイアログボックスが表示されます。

⑤**《リーダー》**の**《(5)》**を◉にします。

⑥**《OK》**をクリックします。

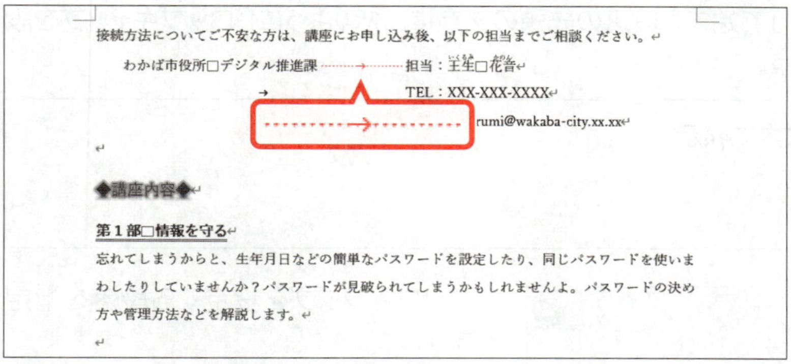

接続方法についてご不安な方は、講座にお申し込み後、以下の担当までご相談ください。↵
わかば市役所□デジタル推進課 →担当：王生□花音↵
→ TEL：XXX-XXX-XXXX↵
→ rumi@wakaba-city.xx.xx↵
↵
◆講座内容◆↵
第１部□情報を守る↵
忘れてしまうからと、生年月日などの簡単なパスワードを設定したり、同じパスワードを使いまわしたりしていませんか？パスワードが見破られてしまうかもしれませんよ。パスワードの決め方や管理方法などを解説します。↵
↵

リーダーが表示されます。

※《表示》タブ→《表示》グループの《ルーラー》を□にして、ルーラーを非表示にしておきましょう。

STEP UP その他の方法（リーダーの表示）

◆段落内にカーソルを移動→水平ルーラーの（タブマーカー）をダブルクリック→《リーダー》を選択

POINT リーダーの解除

設定したリーダーを解除する方法は、次のとおりです。

◆段落内にカーソルを移動→《ホーム》タブ→《段落》グループの（段落の設定）→《タブ設定》→《リーダー》の《◉なし(1)》

8 ドロップキャップの設定

段落の先頭の文字を大きく表示することを**「ドロップキャップ」**といいます。ドロップキャップを設定すると、段落の先頭の文字を強調できます。ドロップキャップは、表示する位置や行数、本文との距離などを設定することができます。

●本文内に表示

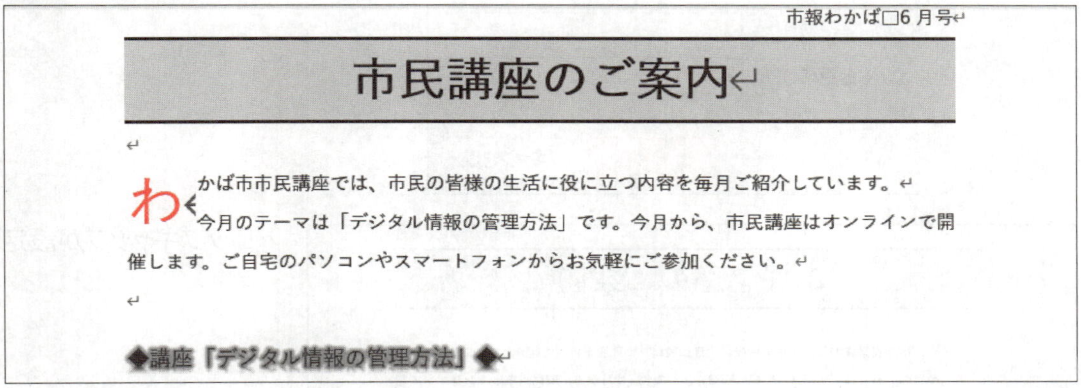

市報わかば□6月号↵
市民講座のご案内↵
↵
わかば市市民講座では、市民の皆様の生活に役に立つ内容を毎月ご紹介しています。↵
今月のテーマは「デジタル情報の管理方法」です。今月から、市民講座はオンラインで開催します。ご自宅のパソコンやスマートフォンからお気軽にご参加ください。↵
↵
◆講座「デジタル情報の管理方法」◆↵

●余白に表示

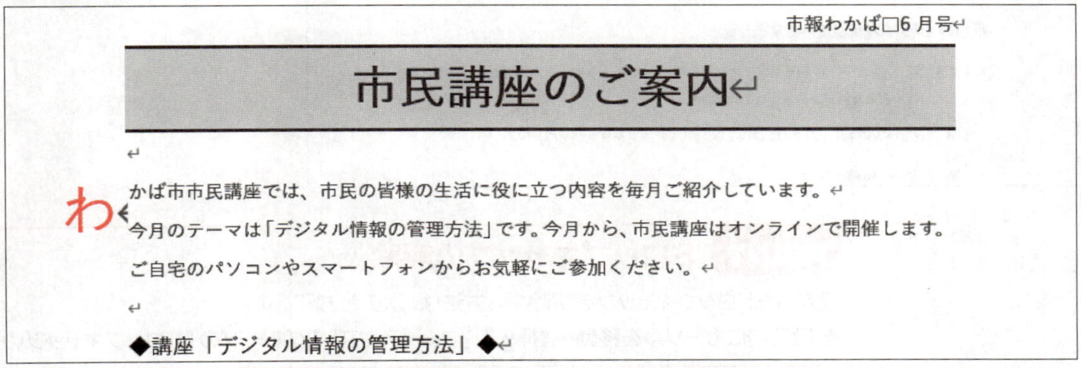

市報わかば□6月号↵
市民講座のご案内↵
↵
わかば市市民講座では、市民の皆様の生活に役に立つ内容を毎月ご紹介しています。↵
今月のテーマは「デジタル情報の管理方法」です。今月から、市民講座はオンラインで開催します。
ご自宅のパソコンやスマートフォンからお気軽にご参加ください。↵
↵
◆講座「デジタル情報の管理方法」◆↵

「わかば市市民講座では…」で始まる段落の先頭の文字に、次のようにドロップキャップを設定し、文字を強調しましょう。

位置	**：本文内に表示**
ドロップする行数	**：2行**
本文からの距離	**：2mm**

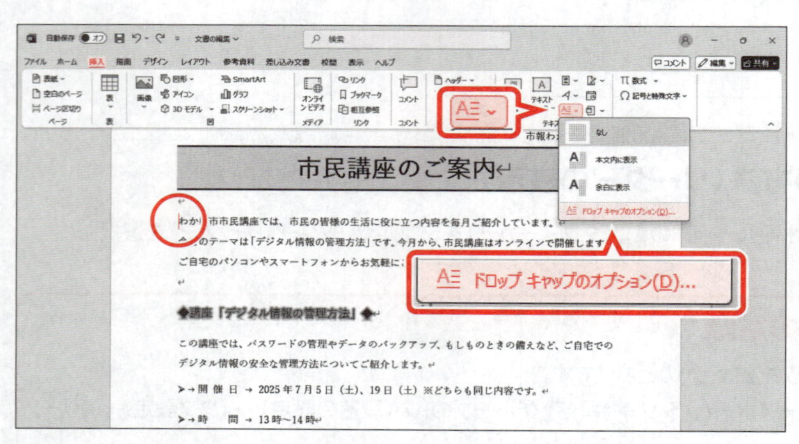

ドロップキャップを設定する段落を指定します。

① **「わかば市市民講座では…」**で始まる段落にカーソルを移動します。
※段落内であれば、どこでもかまいません。
② **《挿入》**タブを選択します。
③ **《テキスト》**グループの**《ドロップキャップの追加》**をクリックします。
④ **《ドロップキャップのオプション》**をクリックします。

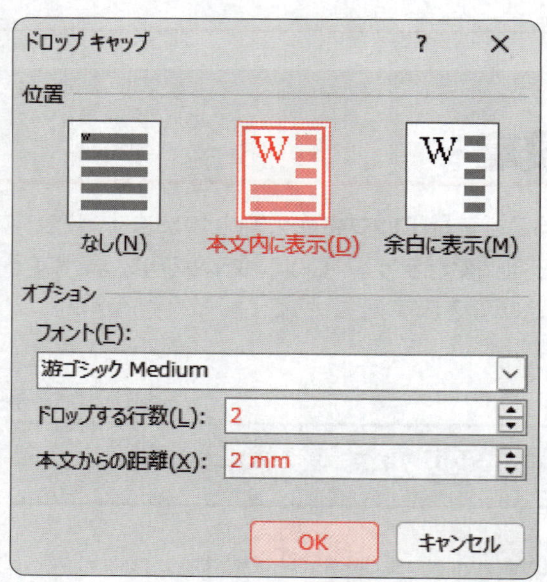

《ドロップキャップ》ダイアログボックスが表示されます。

⑤ **《位置》**の**《本文内に表示》**をクリックします。
⑥ **《ドロップする行数》**を**「2」**に設定します。
⑦ **《本文からの距離》**を**「2mm」**に設定します。
⑧ **《OK》**をクリックします。

市報わかば□6月号

市民講座のご案内

わかば市市民講座では、市民の皆様の生活に役に立つ内容を毎月ご紹介しています。
今月のテーマは「デジタル情報の管理方法」です。今月から、市民講座はオンラインで開催します。ご自宅のパソコンやスマートフォンからお気軽にご参加ください。

◆講座「デジタル情報の管理方法」◆

この講座では、パスワードの管理やデータのバックアップ、もしものときの備えなど、ご自宅でのデジタル情報の安全な管理方法についてご紹介します。

➤→開 催 日 → 2025年7月5日（土）、19日（土）※どちらも同じ内容です。

➤→時　　間 → 13時～14時

ドロップキャップが設定されます。

POINT ドロップキャップの解除

設定したドロップキャップを解除する方法は、次のとおりです。

◆段落内にカーソルを移動→《挿入》タブ→《テキスト》グループの《ドロップキャップの追加》→《なし》

Step 3 段組みを設定する

1 段組みの設定

「段組み」を使うと、文章を複数の段に分けて配置できます。設定できる段数は用紙サイズによって異なります。段組みは、印刷レイアウトの表示モードで確認できます。

1 段組みの設定

2ページ目の**「第1部　情報を守る」**の行から文書の最後までの文章を2段組みにしましょう。

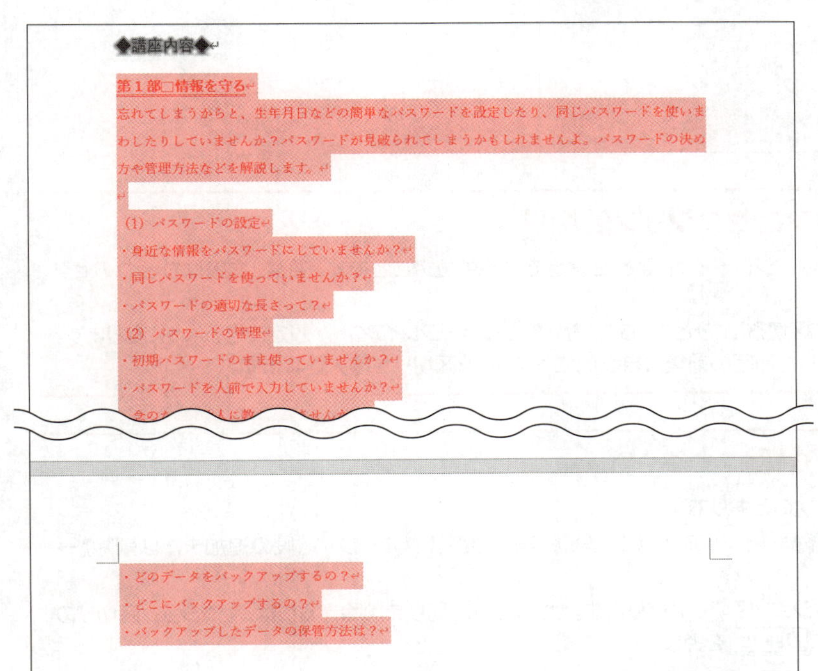

段組みにする文章を選択します。

①**「第1部　情報を守る」**の行から文書の最後まで選択します。

※行の左側をドラッグします。

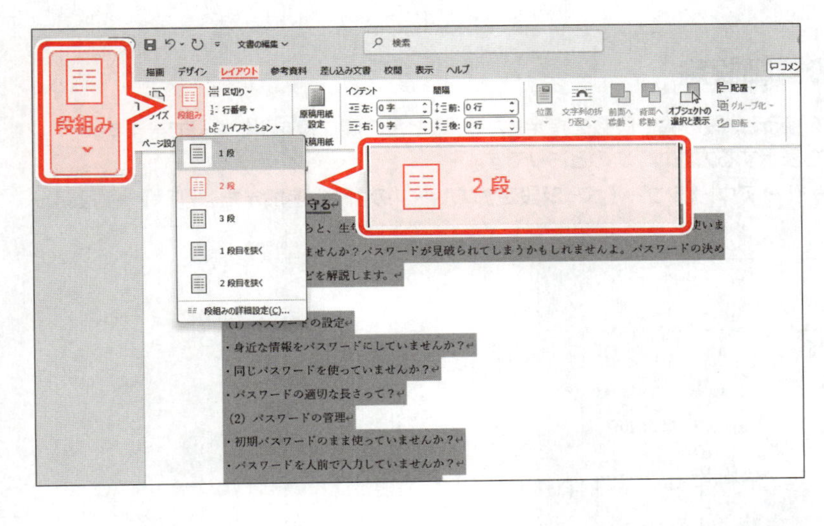

②**《レイアウト》**タブを選択します。

③**《ページ設定》**グループの**《段の追加または削除》**をクリックします。

④**《2段》**をクリックします。

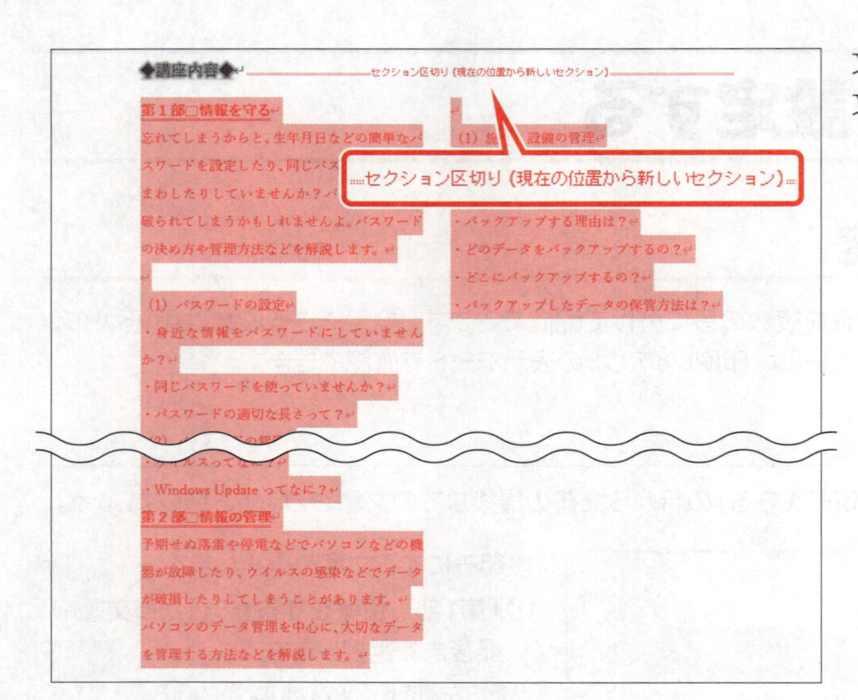

文章の前にセクション区切りが挿入され、文章が2段組みになります。

POINT　セクションとセクション区切り

「セクション」とは、文書のページレイアウトなどを設定できる単位のことです。通常、文書はひとつのセクションで構成されています。
文書を「セクション区切り」で区切ると、ひとつの文書内で異なるページレイアウトが設定できるようになります。
段組みを設定すると、設定した範囲の前後に自動的にセクション区切りが挿入されます。

POINT　段組みの解除

段組みを解除する方法は、次のとおりです。

◆段組み内にカーソルを移動→《レイアウト》タブ→《ページ設定》グループの《段の追加または削除》→《1段》

※段組みを解除してもセクション区切りは残ります。セクション区切りを削除するには、セクション区切りの前にカーソルを移動して Delete を押します。

STEP UP　段組みの詳細設定

《段組み》ダイアログボックスを使うと、段の幅や段数を指定したり、段と段の間に線を引いたりできます。
《段組み》ダイアログボックスを表示する方法は、次のとおりです。

◆段組みにする範囲を選択→《レイアウト》タブ→《ページ設定》グループの《段の追加または削除》→《段組みの詳細設定》

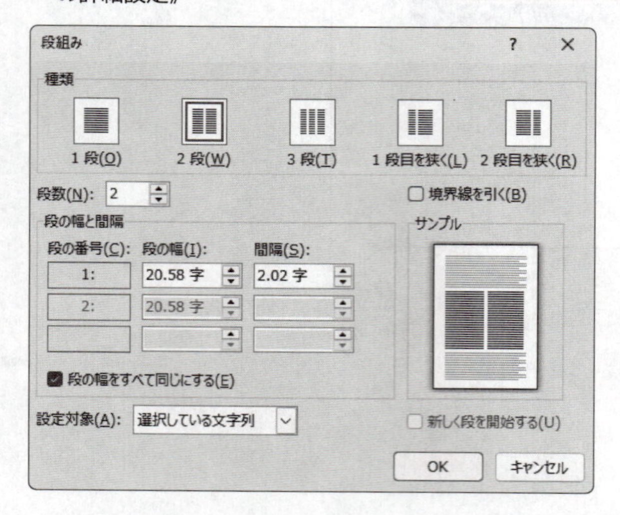

2 段区切りの設定

段組みにした文章の中で、任意の位置から強制的に段を改める場合は、**「段区切り」**を挿入します。

「第2部　情報の管理」の行が2段目の先頭になるように、段区切りを挿入しましょう。

・パスワードの適切な長さって？
(2) パスワードの管理
・初期パスワードのまま使っていませんか？
・パスワードを人前で入力していませんか？
・念のためと他人に教えていませんか？
(3) ウイルス対策
・ウイルスってなに？
・Windows Update ってなに？
第２部□情報の管理
予期せぬ落雷や停電などでパソコンなどの機器が故障したり、ウイルスの感染などでデータが破損したりしてしまうことがあります。

段区切りを挿入する位置を指定します。

①**「第2部　情報の管理」**の行の先頭にカーソルを移動します。

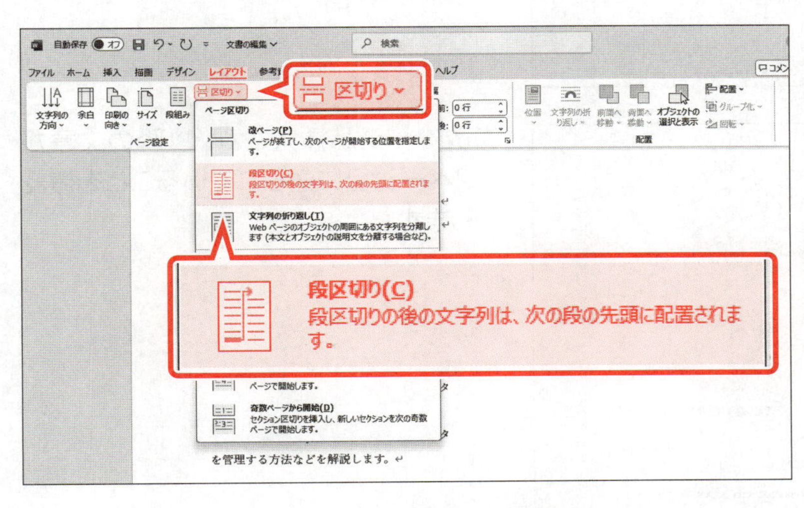

②**《レイアウト》**タブを選択します。

③**《ページ設定》**グループの**《ページ/セクション区切りの挿入》**をクリックします。

④**《ページ区切り》**の**《段区切り》**をクリックします。

第１部□情報を守る
忘れてしまうからと、生年月日などの簡単なパスワードを設定したり、同じパスワードを使いまわしたりしていませんか？パスワードが見破られてしまうかもしれませんよ。パスワードの決め方や管理方法などを解説します。

(1) パスワードの設定
・身近な情報をパスワードにしていませんか？
・同じパスワードを使っていませんか？
・パスワードの適切な長さって？
(2) パスワードの管理
・初期パスワードのまま使っていませんか？
・パスワードを人前で入力していませんか？
・念のためと他人に教えていませんか？
(3) ウイルス対策
・ウイルスってなに？
・Windows Update ってなに？
段区切り

第２部□情報の管理
予期せぬ落雷や停電などでパソコンなどの機器が故障したり、ウイルスの感染などでデータが破損したりしてしまうことがあります。
パソコンのデータ管理を中心に、大切なデータを管理する方法などを解説します。

(1) 施設・設備の管理
・落雷による雷サージを防ぐには？
(2) データのバックアップ
・バックアップする理由は？
・どのデータをバックアップするの？
・どこにバックアップするの？
・バックアップしたデータの保管方法は？

……段区切り……

⑤段区切りが挿入され、以降の文章が2段目に送られていることを確認します。

STEP UP その他の方法（段区切りの挿入）

◆段区切りを挿入する位置にカーソルを移動→ Ctrl ＋ Shift ＋ Enter

2 改ページの挿入

任意の位置から強制的にページを改める場合は、**「改ページ」**を挿入します。
「◆接続方法のお問い合わせ◆」の行が2ページ目の先頭になるように、改ページを挿入しましょう。

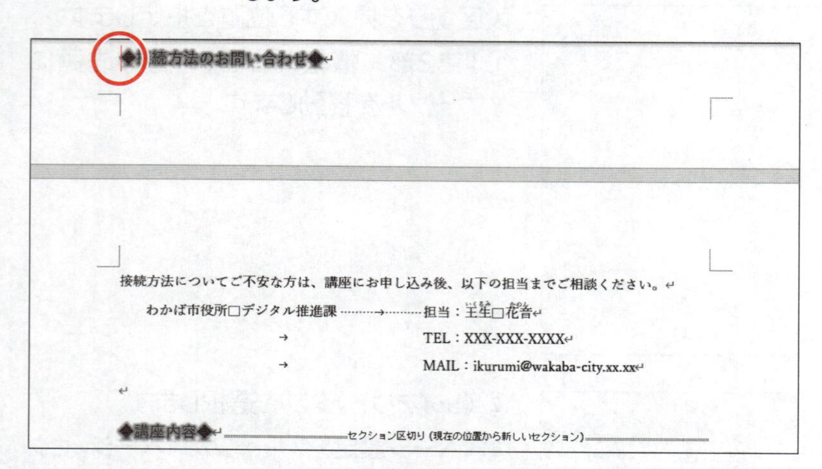

改ページを挿入する位置を指定します。
①**「◆接続方法のお問い合わせ◆」**の行の先頭にカーソルを移動します。
②Ctrl＋Enterを押します。

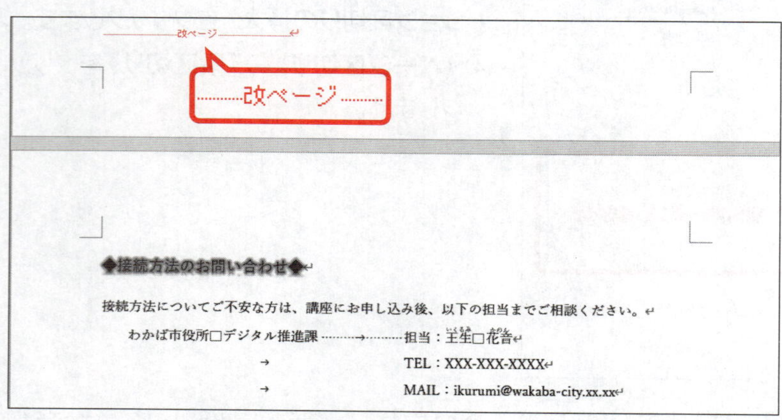

③改ページが挿入され、以降の文章が2ページ目に送られていることを確認します。

STEP UP その他の方法（改ページの挿入）

◆改ページを挿入する位置にカーソルを移動→《レイアウト》タブ→《ページ設定》グループの《ページ/セクション区切りの挿入》→《ページ区切り》の《改ページ》

POINT 改ページの解除

改ページを解除する方法は、次のとおりです。
◆改ページの行を選択→Delete

STEP 4 ページ番号を追加する

1 ページ番号の追加

「ページ番号の追加」を使うと、すべてのページに連続したページ番号を追加できます。ページの増減によって、ページ番号は自動的に振りなおされます。
ページ番号の表示位置は、ページの上部、下部、余白、現在のカーソル位置から選択できます。また、それぞれにデザイン性の高いページ番号が用意されており、選択するだけで簡単に追加できます。
ページの下部右側に、**「2本線2」**というスタイルのページ番号を追加しましょう。

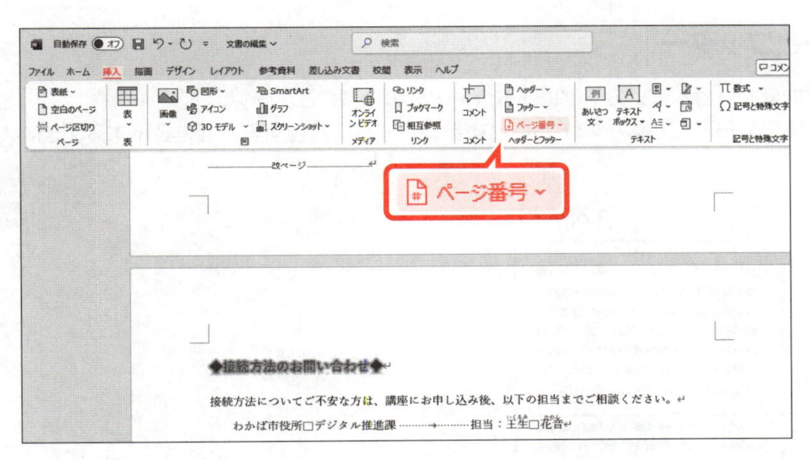

①**《挿入》**タブを選択します。
②**《ヘッダーとフッター》**グループの**《ページ番号の追加》**をクリックします。

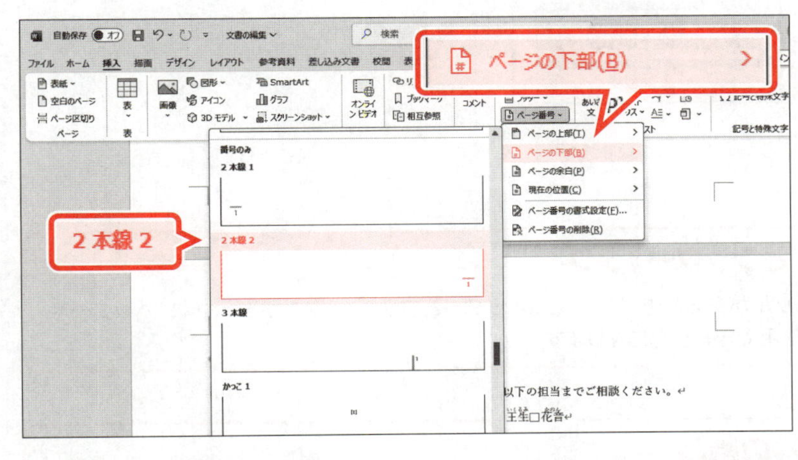

③**《ページの下部》**をポイントします。
④**《番号のみ》**の**《2本線2》**をクリックします。
※一覧に表示されていない場合は、スクロールして調整します。

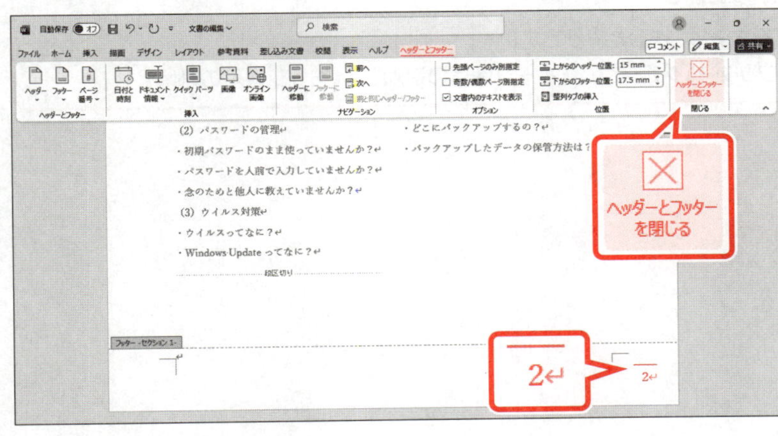

ページの下部右側にページ番号が追加されます。
リボンに**《ヘッダーとフッター》**タブが表示されます。
⑤**《ヘッダーとフッター》**タブを選択します。
⑥**《閉じる》**グループの**《ヘッダーとフッターを閉じる》**をクリックします。

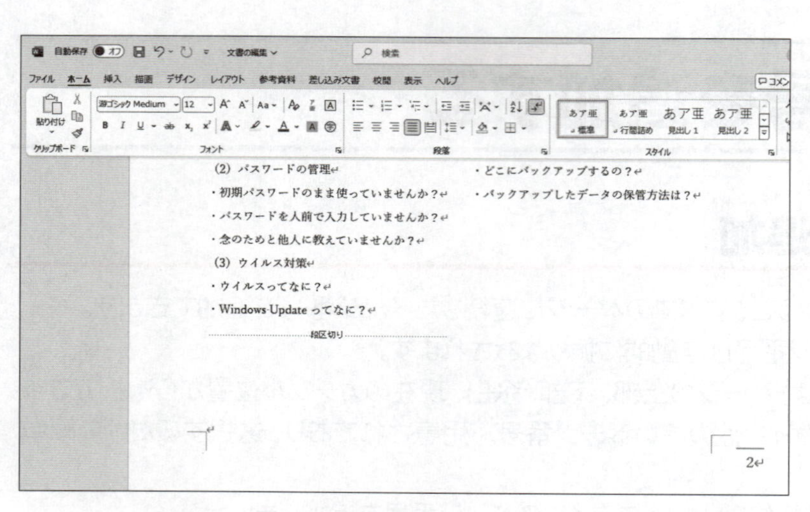

ヘッダーとフッターの編集状態が終了します。

※スクロールして、すべてのページの下部右側にページ番号が追加されていることを確認しておきましょう。

※文書に「文書の編集完成」と名前を付けて、フォルダー「第5章」に保存し、閉じておきましょう。

STEP UP ヘッダーとフッター

「ヘッダー」はページの上部、「フッター」はページの下部にある余白部分の領域のことです。
ヘッダーやフッターは、ページ番号や日付、文書のタイトルなど複数のページに共通する内容を表示するときに利用します。

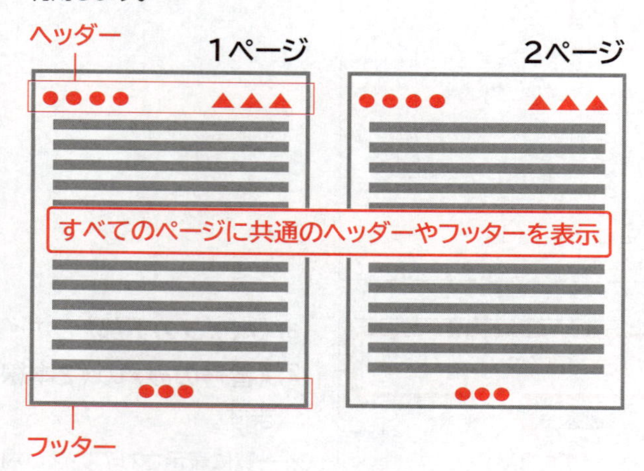

POINT 《ヘッダーとフッター》タブ

ヘッダーやフッター内にカーソルがあるとき、リボンに《ヘッダーとフッター》タブが表示され、ヘッダーやフッターに関するコマンドが使用できる状態になります。

POINT ページ番号の削除

追加したページ番号を削除する方法は、次のとおりです。

◆《挿入》タブ→《ヘッダーとフッター》グループの《ページ番号の追加》→《ページ番号の削除》

練習問題

PDF 標準解答 ▶ P.5

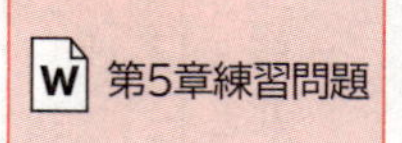

あなたは、銀行の経営企画部に勤務しており、新しく始めるサービスの配布用チラシを作成することになりました。
完成図のような文書を作成しましょう。

●完成図

2025年4月1日

「FOMライフデビット」のご案内

平素はFOMライフバンクをご利用いただき、誠にありがとうございます。

このたび、新しくデビット付キャッシュカード「FOMライフデビット」を発行すること

になりました。現金のお引き出しだけでなく、お買

クレジットカードが苦手なあなたも、毎日の暮らし

◆◇◆「FOMライフデビット」ってどんな

現金と同じ感覚で使えて便利！
「FOMライフデビット」でのお支払いは、同時
口座の預金以上に使いすぎる心配がありません。さらに、
理も楽になります。

ポイント還元率1.5%断然オトク！
「FOMライフデビット」を使ってショッピングを
金を使う感覚で、現金より断然オトクです。ポイントは、
ポイントに交換したりなど、使い方が選べます。

補償も付いているから安心！
「FOMライフデビット」には、紛失や盗難にあ
利用などの被害にあったときは慌てずにご相談ください。
※状況によって補償できない場合もございます。詳しくは

◆◇◆「FOMライフデビット」の豊富な加盟店◆◇◆

「FOMライフデビット」は、コンビニやスーパーなど、国内のほとんどのお店でご利用いただけます。
2025年6月（予定）からは、海外でのご利用も可能になります。
※ご利用いただける加盟店は随時増加中です。詳しくは、弊社ホームページでご確認ください。

◆◇◆「FOMライフデビット」のポイントUPサービス◆◇◆

日頃の感謝の気持ちを込めて、「FOMライフデビット」の更新月とお客様の誕生月は、通常のポイント＋3%還元のポイントUPサービスを実施しています。

◆◇◆「FOMライフデビット」のオトクな使い方◆◇◆

「FOMライフデビット」をオトクに使う方法は、とってもカンタン！
ショッピングのお支払いにご利用いただくだけで、どんどんオトクがたまっていきます。

レストランでオトク♪	インターネットでオトク♪	海外でオトク♪
お友達と楽しい食事がおわったら、お支払いも「FOMライフデビット」でスマートに済ませましょう！現金が足りない場合は、コンビニで気軽にお引き出しができます。	インターネットでも「FOMライフデビット」が便利に使えます。ショッピングのお支払いだけでなく、ホテルや美容院の予約、交通機関の指定席の予約などにも使えます。	海外で現金を持ち歩きたくないという場合は、「FOMライフデビット」が安心です。加盟店のある国では、海外でも現金を引き出すことができます。（2025年6月サービス開始予定）

詳しくは、ホームページをご覧ください。

https://www.fom-lifebank.xx.xx/

FOMライフデビットで検索！！

本資料についてのお問い合わせ先＿＿＿＿＿＿＿ FOMライフバンク新宿支店
電 話：03-6451-XXXX
メール：fomniijyuku@xx.xx

① **「「FOMライフデビット」のご案内」**に、文字の効果**「塗りつぶし：黒、文字色1；輪郭：白、背景色1；影（ぼかしなし）：白、背景色1」**を設定しましょう。

② **「◆◇◆「FOMライフデビット」ってどんなカード？◆◇◆」**に次の書式を設定しましょう。

文字の効果	**：塗りつぶし：水色、アクセントカラー4；面取り（ソフト）**
光彩	**：光彩：5pt；濃い青緑、アクセントカラー1**

③ ②で設定した書式を、次の文字列にコピーしましょう。

◆◇◆「FOMライフデビット」の豊富な加盟店◆◇◆
◆◇◆「FOMライフデビット」のポイントUPサービス◆◇◆
◆◇◆「FOMライフデビット」のオトクな使い方◆◇◆

HINT 書式を続けてコピーするには、《書式のコピー/貼り付け》をダブルクリックします。

④ **「平素はFOMライフバンクを…」**で始まる行から**「…スマートに生まれ変わります。」**までの行の行間を現在の1.5倍に変更しましょう。

⑤ **「現金と同じ感覚で…」「ポイント還元率…」「補償も付いているから…」**で始まる段落の先頭の文字に、次のようにドロップキャップを設定しましょう。

位置	**：本文内に表示**
ドロップする行数	**：2行**
本文からの距離	**：2mm**

⑥ **「◆◇◆「FOMライフデビット」の豊富な加盟店◆◇◆」**が2ページ目の先頭になるように、改ページを挿入しましょう。

⑦ **「レストランでオトク♪」**の行から**「（2025年6月サービス開始予定）」**の行までの文章を3段組みにしましょう。段の間には、境界線を設定します。

HINT 段の間に境界線を設定するには、《レイアウト》タブ→《ページ設定》グループの《段の追加または削除》→《段組みの詳細設定》を使います。

⑧ **「FOMライフデビットで検索！！」**の行の**「FOMライフデビット」**の文字を枠で囲みましょう。

HINT 文字を枠で囲むには、《ホーム》タブ→《フォント》グループの《囲み線》を使います。

⑨ お問い合わせ先の支店名の**「新宿」**に**「にいじゅく」**とルビを付けましょう。

⑩ **「電話」**と**「メール」**を2.5文字分の幅に均等に割り付けましょう。

⑪ **「FOMライフバンク新宿支店」「電話：03-6451-XXXX」「メール：fomniijyuku@xx.xx」**を約30字の位置にそろえましょう。次に、**「FOMライフバンク新宿支店」**の左側に、完成図を参考にリーダーを表示しましょう。

※文書に「第5章練習問題完成」と名前を付けて、フォルダー「第5章」に保存し、閉じておきましょう。

第6章

表現力をアップする機能

この章で学ぶこと

学習前に習得すべきポイントを理解しておき、
学習後には確実に習得できたかどうかを振り返りましょう。

■ 文書にテーマを適用して、文書全体のイメージを変更できる。	→ P.162	☑☑☑
■ 文書に適用したテーマのフォントを変更できる。	→ P.163	☑☑☑
■ 文書にワードアートを挿入できる。	→ P.164	☑☑☑
■ ワードアートのフォントやフォントサイズを変更できる。	→ P.166	☑☑☑
■ ワードアートの形状、影、枠線の太さなどのスタイルを変更できる。	→ P.168	☑☑☑
■ ワードアートのサイズや位置を調整できる。	→ P.170	☑☑☑
■ 文書に画像を挿入できる。	→ P.172	☑☑☑
■ 画像に文字列の折り返しを設定できる。	→ P.174	☑☑☑
■ 画像のサイズや位置を調整できる。	→ P.176	☑☑☑
■ 画像にスタイルを適用して、画像のデザインを変更できる。	→ P.178	☑☑☑
■ 画像の枠線の太さを変更できる。	→ P.179	☑☑☑
■ 文書に図形を作成できる。	→ P.181	☑☑☑
■ 図形にスタイルを適用して、図形全体のデザインを変更できる。	→ P.182	☑☑☑
■ 文書にアイコンを挿入できる。	→ P.184	☑☑☑
■ ページの周りに絵柄の付いた罫線を設定できる。	→ P.187	☑☑☑

STEP 1 作成する文書を確認する

1 作成する文書の確認

次のような文書を作成しましょう。

第2回　親子料理教室

いちごジャム作り

こんにちは！ニコニコ SUN キッチンです。
今回の親子料理教室は、簡単でおいしい「いちごジャム作り」です。

■家族で COOKING！

お子さんと一緒にご参加いただくのは、お父さん、お母さん、おじいちゃん、おばあちゃん、15 歳以上の方となら、どなたとでも OK です。ジャムの味は、「甘め」「ふつう」「甘さ控えめ」からお好みでお選びいただけます。オリジナルのいちごジャムを作りましょう。

■作りたてのジャムで LUNCH！

併設のカフェスペースで、食パンやヨーグルト、チーズケーキなどをご用意しています。
作りたてのジャムでランチにしませんか？

■詳細

- 開催日時：2025 年 3 月 22 日（土）10 時～12 時
- 対　象：小学生～中学生とその保護者（定員：6 組 12 名）
- 参加費：1 人 1,000 円（カフェご利用の場合はプラス 1,000 円）
- 場　所：ニコニコ SUN キッチンスタジオ
- 持ち物：エプロン、三角巾、布巾 2 枚、マスク、筆記用具

ニコニコ SUN キッチン
住所：横浜市港北区 X-X-X　営業時間：9 時 30 分～18 時
TEL：045-XXX-XXXX　URL：https://www.2525sunk.xx.xx/

テーマの適用
テーマのフォントの変更

ワードアートの挿入
スタイルの変更
サイズ変更と移動
フォント・フォントサイズの変更

画像の挿入
文字列の折り返し
サイズ変更と移動
スタイルの適用

アイコンの挿入
スタイルの適用

図形の作成
スタイルの適用

ページ罫線の設定

STEP 2 テーマを適用する

1 テーマ

「テーマ」とは、文書全体の配色やフォント、段落の間隔、効果などを組み合わせて登録したものです。テーマには、**「シャボン」「オーガニック」「メッシュ」**などの名前が付けられており、テーマごとに配色やフォント、行間、効果が設定されています。
また、テーマのうち、フォントだけを適用したり、色だけを適用したりすることもできます。
初期の設定では、**「Office」**というテーマが適用されています。

2 テーマの適用

OPEN
表現力をアップする機能

作成する文書のイメージに合わせて、テーマ**「ファセット」**を適用しましょう。

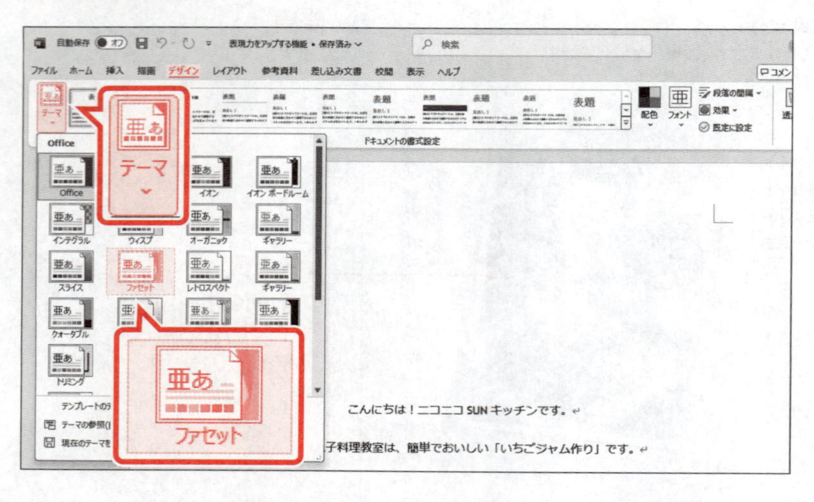

①**《デザイン》**タブを選択します。
②**《ドキュメントの書式設定》**グループの**《テーマ》**をクリックします。
③**《ファセット》**をクリックします。
※一覧をポイントすると、設定後のイメージを画面で確認できます。

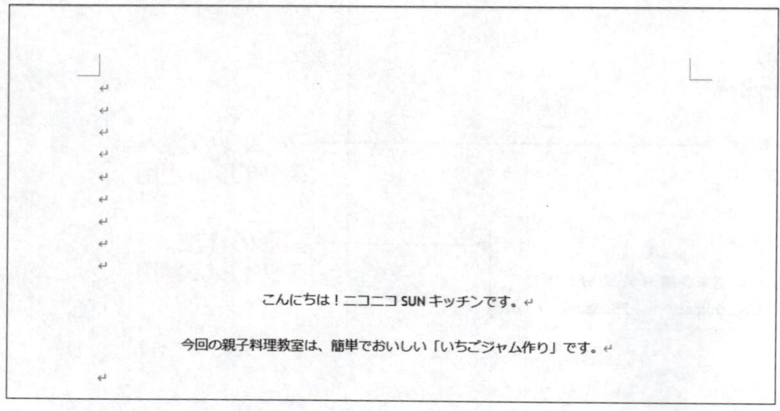

テーマが適用されます。
※スクロールして、文字のフォントや色が変わっていることを確認しておきましょう。

POINT テーマの解除

テーマを解除するには、初期の設定のテーマ「Office」を適用します。

STEP UP テーマのフォント・テーマの色

テーマを適用すると、設定したテーマに応じてリボンのボタンに表示されるフォントや配色などの一覧が変更されます。
例えば、テーマを「ファセット」に設定している場合、《ホーム》タブ→《フォント》グループの《フォント》や《フォントの色》の一覧は、次のようになります。

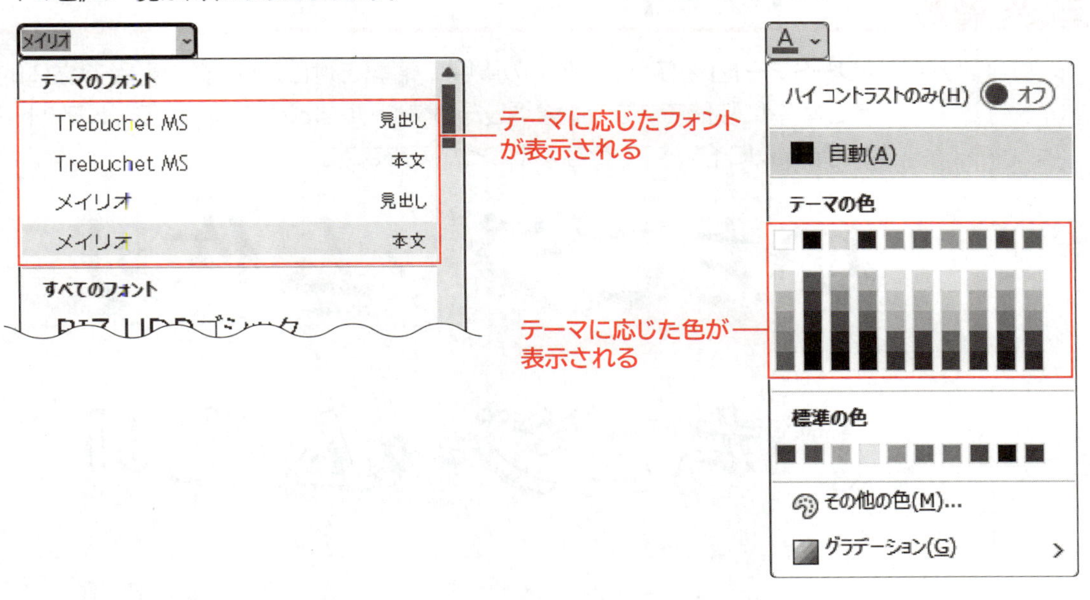

3 テーマのカスタマイズ

テーマの配色、フォント、段落の間隔、効果は、それぞれ個別に設定することもできます。
テーマのフォントを「Arial MSPゴシック MSPゴシック」に変更しましょう。

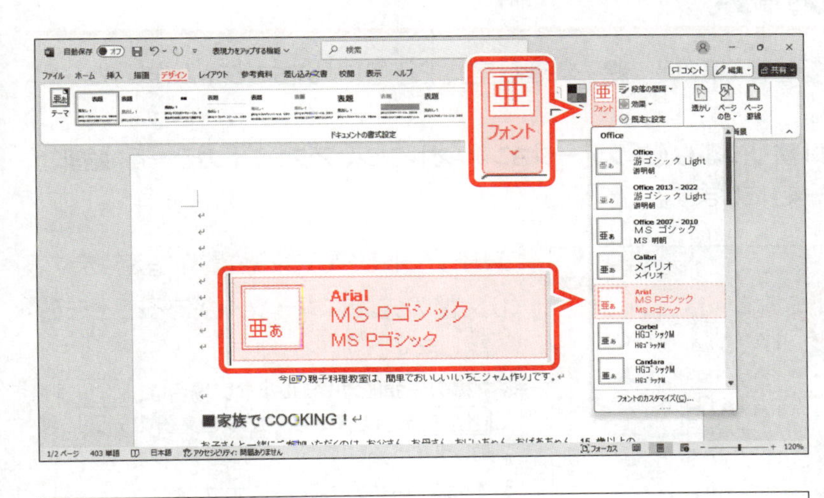

①《デザイン》タブを選択します。
②《ドキュメントの書式設定》グループの《テーマのフォント》をクリックします。
③《Arial MSPゴシック MSPゴシック》をクリックします。

※一覧をポイントすると、設定後のイメージを画面で確認できます。

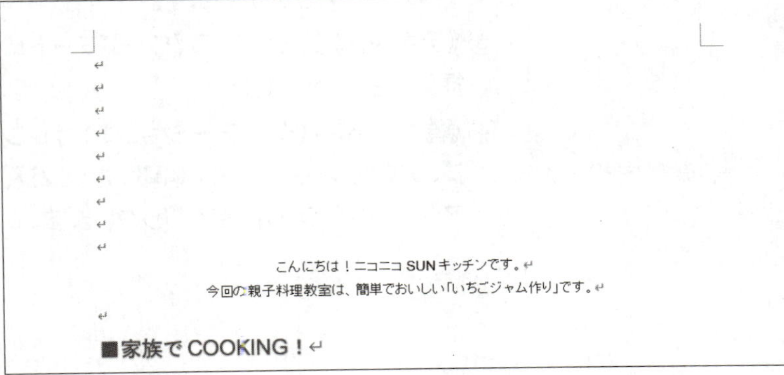

テーマのフォントが変更されます。

STEP UP テーマの配色の変更

テーマの配色を変更する方法は、次のとおりです。

◆《デザイン》タブ→《ドキュメントの書式設定》グループの《テーマの色》

STEP 3 ワードアートを挿入する

1 ワードアート

「ワードアート」を使うと、文字の周囲に輪郭を付けたり、影や光彩で立体的にしたりして、文字を簡単に装飾できます。強調したいタイトルなどの文字は、ワードアートを使って表現すると、見る人にインパクトを与えることができます。

いちごジャム作り

いちごジャム作り

いちごジャム作り

2 ワードアートの挿入

ワードアートを使って、1行目に**「第2回　親子料理教室」**、2行目に**「いちごジャム作り」**というタイトルを挿入しましょう。
ワードアートのスタイルは**「塗りつぶし（グラデーション）：オレンジ、アクセントカラー4；輪郭：オレンジ、アクセントカラー4」**にします。

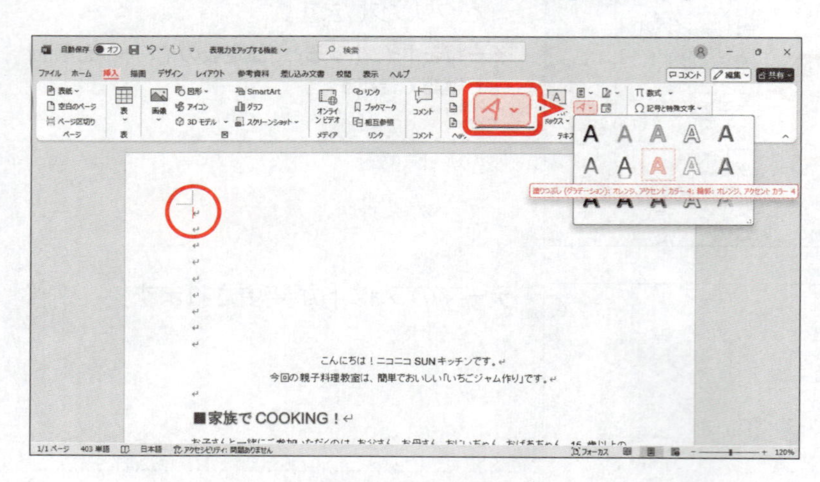

ワードアートを挿入する位置を指定します。

①文書の先頭にカーソルがあることを確認します。

※文書の先頭にカーソルがない場合は、Ctrl＋Homeを押して、カーソルを文書の先頭に移動します。

②**《挿入》**タブを選択します。

③**《テキスト》**グループの**《ワードアートの挿入》**をクリックします。

④**《塗りつぶし（グラデーション）：オレンジ、アクセントカラー4；輪郭：オレンジ、アクセントカラー4》**をクリックします。

⑤**《ここに文字を入力》**が選択されていることを確認します。

ワードアートの右側に**《レイアウトオプション》**が表示され、リボンに**《図形の書式》**タブが表示されます。

《レイアウトオプション》

⑥**「第2回□親子料理教室」**と入力します。

※□は全角空白を表します。

⑦ Enter を押して、改行します。

⑧**「いちごジャム作り」**と入力します。

ワードアートの文字を確定します。

⑨ワードアート以外の場所をクリックします。

ワードアートの文字が確定されます。

POINT レイアウトオプション

ワードアートを選択すると、ワードアートの右側に《レイアウトオプション》が表示されます。
《レイアウトオプション》では、ワードアートの周囲にどのように文字を配置するかを設定できます。

POINT 《図形の書式》タブ

ワードアートが選択されているとき、リボンに《図形の書式》タブが表示され、ワードアートの書式に関するコマンドが使用できる状態になります。

POINT ワードアートの削除

ワードアートを削除する方法は、次のとおりです。

◆ワードアートを選択→ Delete

3　ワードアートのフォント・フォントサイズの変更

挿入したワードアートのフォントを**「メイリオ」**に変更しましょう。
次に、**「第2回　親子料理教室」**のフォントサイズを**「24」**に変更しましょう。

ワードアートを選択します。
①ワードアートの文字上をクリックします。

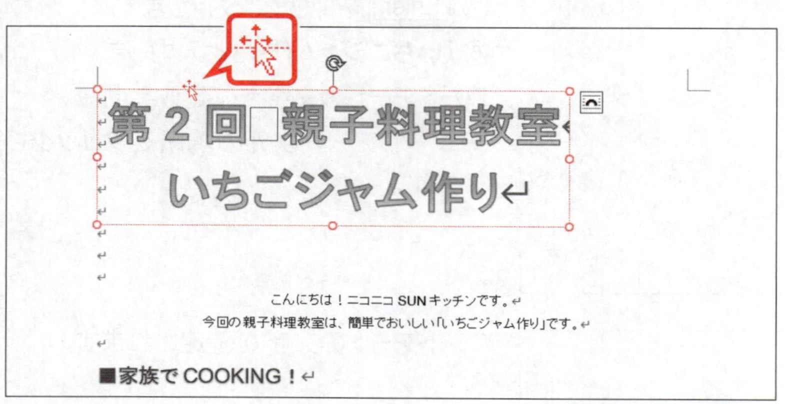

ワードアートが点線で囲まれ、○（ハンドル）が表示されます。
②ワードアートの枠線をポイントします。
マウスポインターの形が に変わります。
③点線上をクリックします。

ワードアートが選択されます。
ワードアートの周囲の枠線が、点線から実線に変わります。

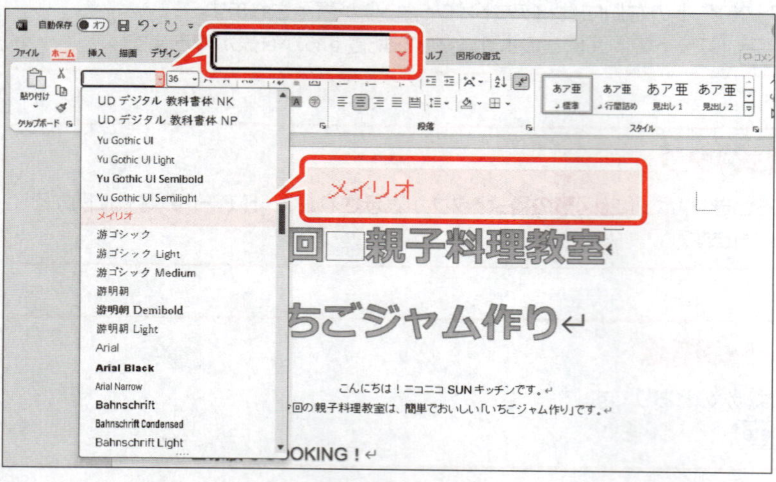

④**《ホーム》**タブを選択します。
⑤**《フォント》**グループの**《フォント》**の▼をクリックします。
⑥**《メイリオ》**をクリックします。
※一覧に表示されていない場合は、スクロールして調整します。
※一覧をポイントすると、設定後のイメージを画面で確認できます。

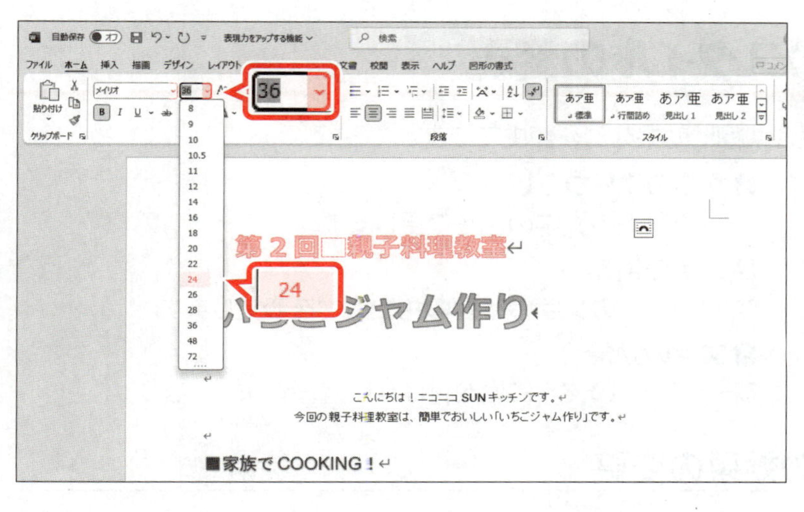

ワードアートのフォントが変更されます。

⑦**「第2回　親子料理教室」**を選択します。

⑧**《フォント》**グループの**《フォントサイズ》**の▼をクリックします。

⑨**《24》**をクリックします。

※一覧をポイントすると、設定後のイメージを画面で確認できます。

ワードアートのフォントサイズが変更されます。

POINT ワードアートの枠線

ワードアート上をクリックすると、カーソルが表示され、ワードアートが点線(-----------)で囲まれます。この状態のとき、文字を編集したり文字の一部の書式を設定したりできます。
ワードアートの枠線上をクリックすると、ワードアート全体が選択され、ワードアートが実線(――――)で囲まれます。この状態のとき、ワードアート内のすべての文字に書式を設定できます。

●ワードアート内にカーソルがある状態

第２回□親子料理教室
いちごジャム作り

●ワードアート全体が選択されている状態

4 ワードアートのスタイルの変更

ワードアートは、文字の色や輪郭、効果などを変更できます。

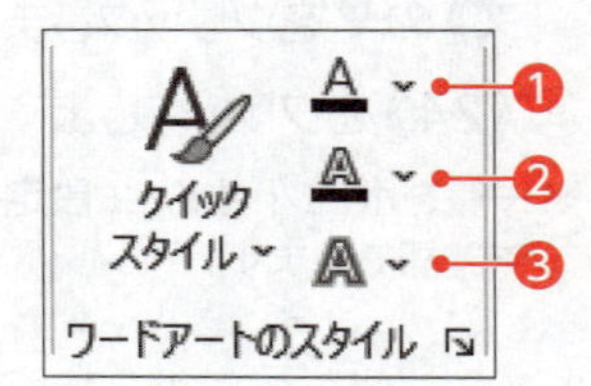

❶文字の塗りつぶし
ワードアートの文字の色を変更します。

❷文字の輪郭
ワードアートの文字の輪郭の色や太さを変更します。

❸文字の効果
ワードアートの文字に影を付けたり、変形したりします。

1 ワードアートの効果の変更

次のようにワードアートの効果を変更しましょう。

変形　：凹レンズ：上、凸レンズ：下
影　　：オフセット：下

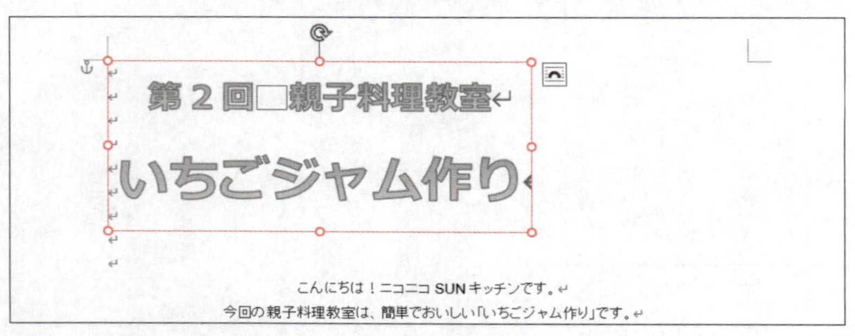

ワードアートを選択します。
①点線上をクリックします。
ワードアートが選択されます。
ワードアートの周囲の枠線が、点線から実線に変わります。

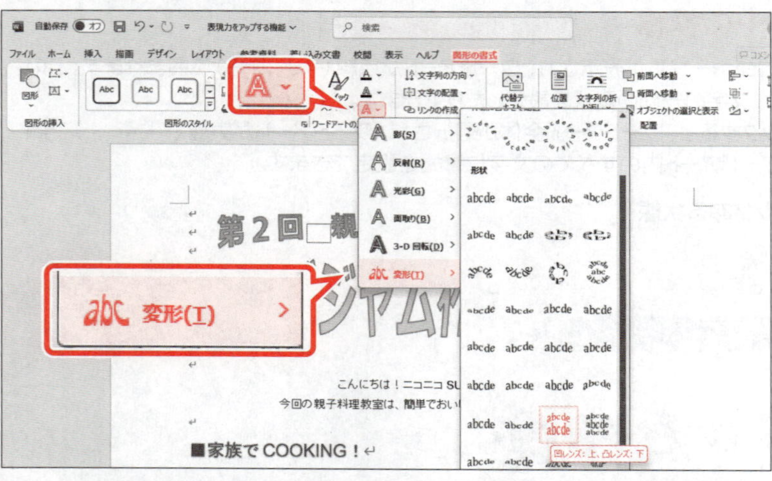

②《**図形の書式**》タブを選択します。
③《**ワードアートのスタイル**》グループの《**文字の効果**》をクリックします。
④《**変形**》をポイントします。
⑤《**形状**》の《**凹レンズ：上、凸レンズ：下**》をクリックします。
※一覧に表示されていない場合は、スクロールして調整します。
※一覧をポイントすると、設定後のイメージを画面で確認できます。

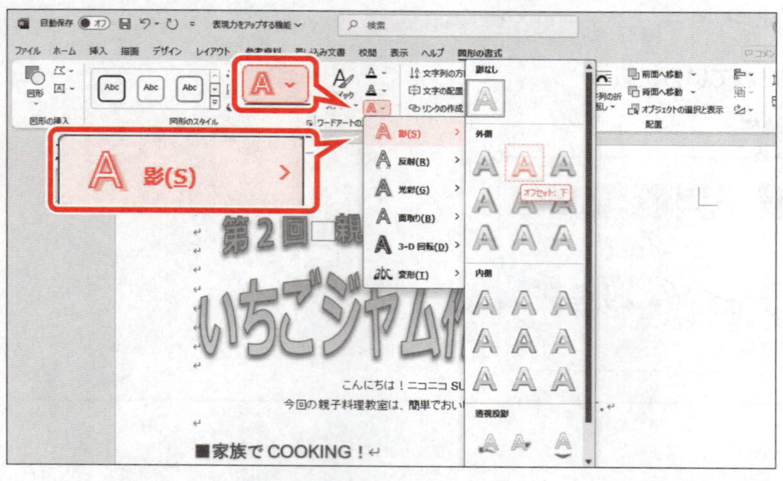

ワードアートの形状が変更されます。
⑥《**ワードアートのスタイル**》グループの《**文字の効果**》をクリックします。
⑦《**影**》をポイントします。
⑧《**外側**》の《**オフセット：下**》をクリックします。
※一覧をポイントすると、設定後のイメージを画面で確認できます。

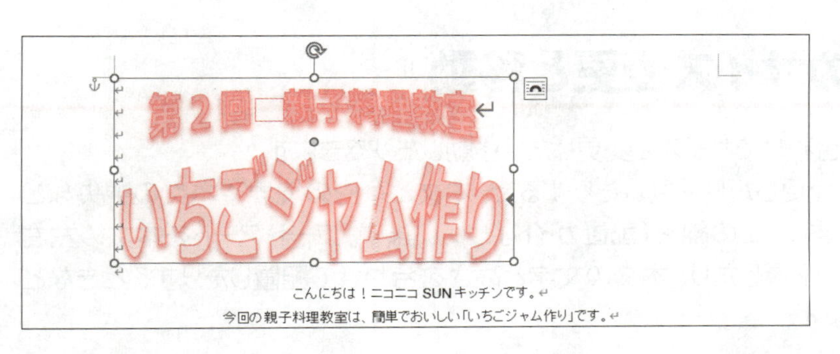

ワードアートに影が付きます。

2 ワードアートの輪郭の変更

ワードアートの輪郭の太さを**「1.5pt」**に変更しましょう。

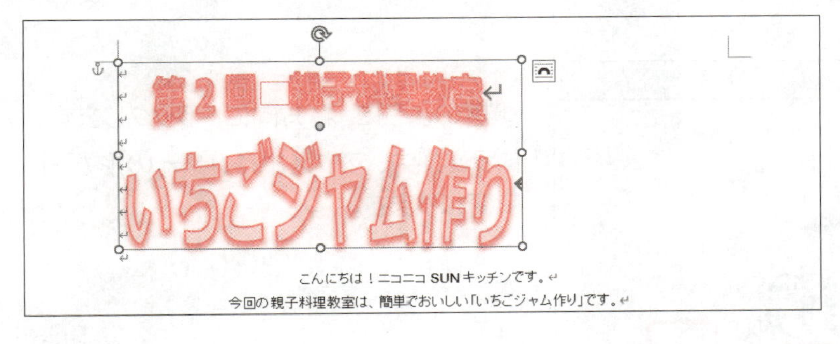

①ワードアートが選択されていることを確認します。

②**《図形の書式》**タブを選択します。

③**《ワードアートのスタイル》**グループの**《文字の輪郭》**の▼をクリックします。

④**《太さ》**をポイントします。

⑤**《1.5pt》**をクリックします。

※一覧をポイントすると、設定後のイメージを画面で確認できます。

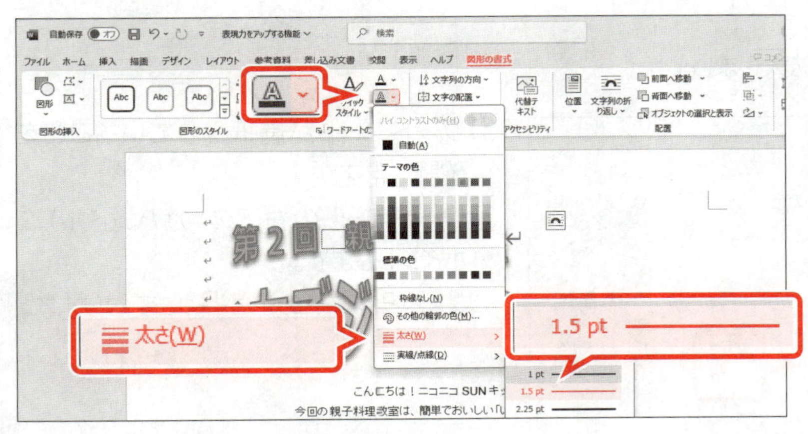

ワードアートの輪郭の太さが変更されます。

STEP UP ワードアートクイックスタイル

「ワードアートクイックスタイル」とは、ワードアートの文字を装飾するための書式の組み合わせのことです。文字の塗りつぶしや輪郭、効果などが設定されています。
ワードアートクイックスタイルを使うと、ワードアートを挿入したあとに、ワードアートの見栄えを瞬時に変えることができます。
ワードアートのスタイルを変更する方法は、次のとおりです。

◆ワードアートを選択→《図形の書式》タブ→《ワードアートのスタイル》グループの《ワードアートクイックスタイル》

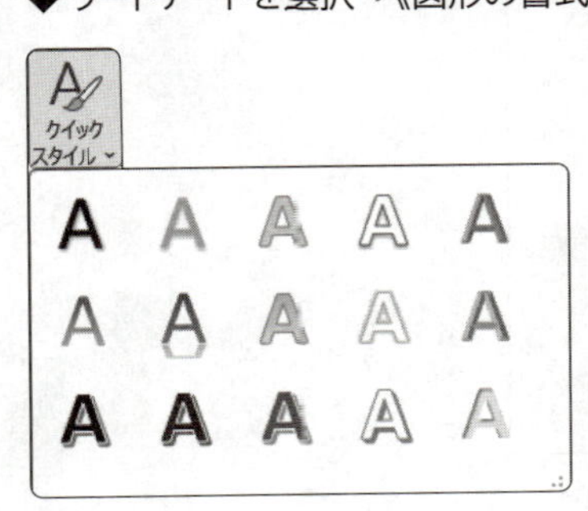

1
2
3
4
5
6
7
総合問題
実践問題
索引

5 ワードアートのサイズ変更と移動

ワードアートは、文書に合わせてサイズを変更したり移動したりできます。
ワードアートのサイズを変更したり移動したりすると、本文と余白の境界や本文の中央などに緑色の線が表示されます。この線を**「配置ガイド」**といいます。ワードアートを本文の左右や本文の中央にそろえて配置したり、本文の文字と高さを合わせて配置したりするときなどの目安として利用できます。

1 ワードアートのサイズ変更

ワードアートのサイズを変更するには、ワードアートを選択し、周囲に表示される○（ハンドル）をドラッグします。
ワードアートのサイズを拡大しましょう。

①ワードアートが選択されていることを確認します。
②ワードアートの右下の○（ハンドル）をポイントします。
マウスポインターの形が⤡に変わります。

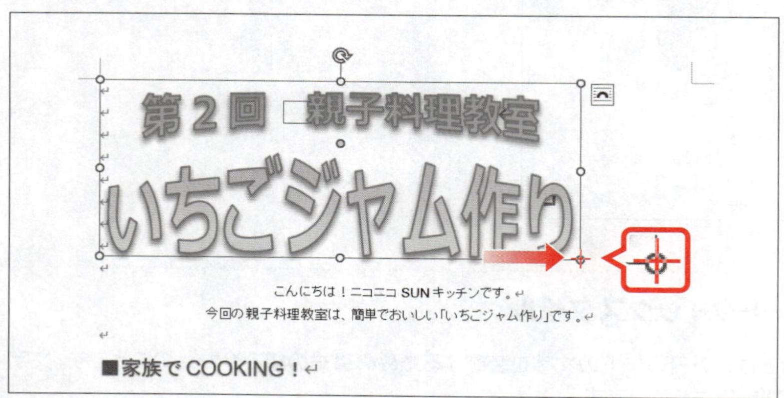

③図のように、右方向にドラッグします。
ドラッグ中、マウスポインターの形が＋に変わります。

ワードアートのサイズが変更されます。

2 ワードアートの移動

ワードアートを移動するには、ワードアートの周囲の枠線をドラッグします。
ワードアートを移動し、配置ガイドを使って本文の中央に配置しましょう。

①ワードアートが選択されていることを確認します。
②ワードアートの枠線をポイントします。
マウスポインターの形が に変わります。

③図のように、移動先までドラッグします。
ドラッグ中、マウスポインターの形が に変わり、ドラッグしている位置によって配置ガイドが表示されます。

ワードアートが移動します。
※選択を解除しておきましょう。

POINT 配置ガイドの表示・非表示

ワードアートや画像、図形などのオブジェクトのサイズを変更したり移動したりすると、初期の設定では配置ガイドが表示されます。《図形の書式》タブ→《配置》グループの《オブジェクトの配置》→《配置ガイドの使用》にチェックが付いていると配置ガイドが表示され、チェックが付いていないと配置ガイドは表示されません。
《配置ガイドの使用》にチェックが付いていない場合は、《配置ガイドの使用》をクリックすると、チェックが表示され、配置ガイドが使用できるようになります。

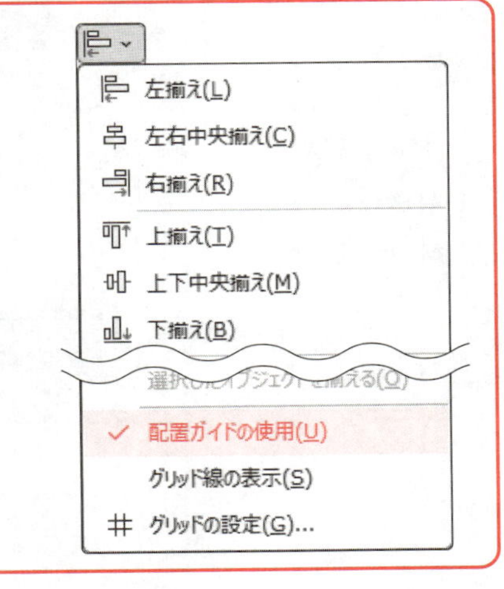

STEP 4 画像を挿入する

1 画像

「画像」とは、写真やイラストをデジタル化したデータのことです。デジタルカメラやスマートフォンで撮影した画像をWordの文書に挿入できます。Wordでは画像のことを**「図」**ともいいます。
写真には、文書にリアリティを持たせるという効果があります。また、イラストには、文書のアクセントになったり、文書全体の雰囲気を作ったりする効果があります。

2 画像の挿入

「■家族でCOOKING！」で始まる行に、フォルダー**「第6章」**の画像**「ジャム」**を挿入しましょう。

画像を挿入する位置を指定します。
①**「■家族でCOOKING！」**の行の先頭にカーソルを移動します。
②**《挿入》**タブを選択します。
③**《図》**グループの**《画像を挿入します》**をクリックします。
④**《このデバイス》**をクリックします。

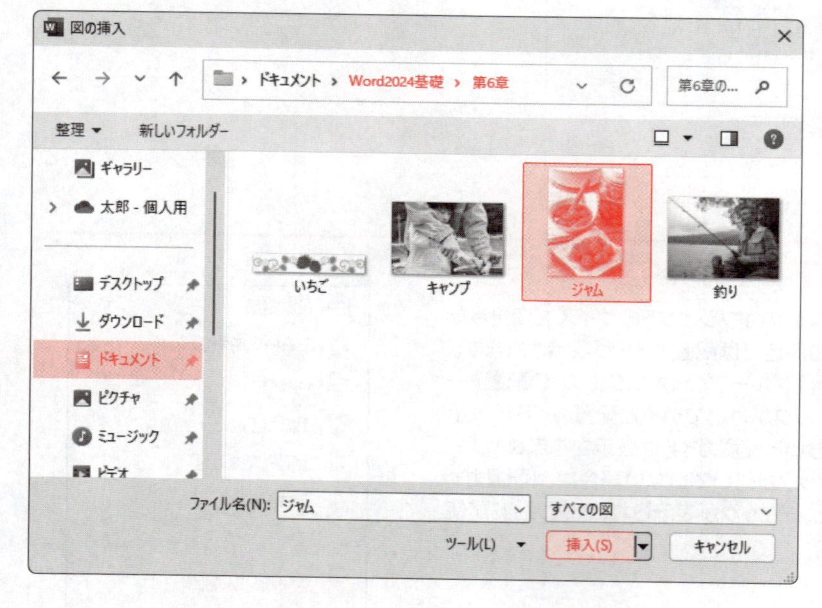

《図の挿入》ダイアログボックスが表示されます。
画像が保存されている場所を選択します。
⑤左側の一覧から**《ドキュメント》**を選択します。
⑥一覧から**「Word2024基礎」**を選択します。
⑦**《挿入》**をクリックします。
⑧一覧から**「第6章」**を選択します。
⑨**《挿入》**をクリックします。
挿入する画像を選択します。
⑩一覧から**「ジャム」**を選択します。
⑪**《挿入》**をクリックします。

画像が挿入されます。

画像の右側に**《レイアウトオプション》**が表示され、リボンに**《図の形式》**タブが表示されます。

※画像の下側に《代替テキスト…》が表示される場合があります。

⑫画像の周囲に○（ハンドル）が表示され、画像が選択されていることを確認します。

画像の選択を解除します。

⑬画像以外の場所をクリックします。

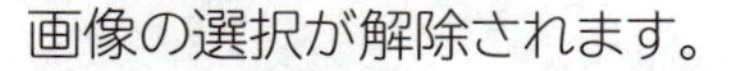

画像の選択が解除されます。

POINT 《図の形式》タブ

画像が選択されているとき、リボンに《図の形式》タブが表示され、画像の書式に関するコマンドが使用できる状態になります。

POINT 代替テキストの自動生成

「代替テキスト」は、音声読み上げソフトで画像の代わりに読み上げられる文字のことで、視覚に障がいのある方などが画像を判別しやすくなるように設定します。
お使いの環境によっては、画像を挿入すると、画像の下側に《代替テキスト…》が表示される場合があります。《承認》をクリックして自動生成された代替テキストを設定したり、《編集》をクリックして代替テキストを編集したりすることもできます。

3　文字列の折り返し

画像を挿入した直後は、画像を自由な位置に移動できません。画像を自由な位置に移動するには、**「文字列の折り返し」**を設定します。
初期の設定では、文字列の折り返しは**「行内」**になっています。画像の周囲に沿って本文を周り込ませるには、文字列の折り返しを**「四角形」**に設定します。
文字列の折り返しを**「四角形」**に設定しましょう。

①画像をクリックします。
画像が選択されます。
※画像の周囲に○（ハンドル）が表示されます。
②**《レイアウトオプション》**をクリックします。

《レイアウトオプション》が表示されます。
③**《文字列の折り返し》**の**《四角形》**をクリックします。

④**《レイアウトオプション》**の**《閉じる》**をクリックします。

《レイアウトオプション》が閉じられます。
文字列の折り返しが四角形に変更され、画像の周囲に本文が周り込みます。

STEP UP　**その他の方法（文字列の折り返し）**

◆画像を選択→《図の形式》タブ→《配置》グループの《文字列の折り返し》

STEP UP 文字列の折り返し

文字列の折り返しには、次のようなものがあります。

●行内

文字と同じ扱いで画像が挿入されます。
1行の中に文字と画像が配置されます。

●四角形

●狭く

●内部

文字が画像の周囲に周り込んで配置されます。

●上下

文字が行単位で画像を避けて配置されます。

●背面

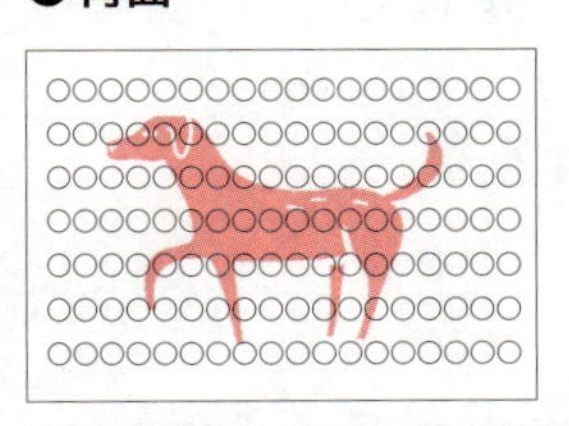

●前面

文字と画像が重なって配置されます。

STEP UP ストック画像とオンライン画像

パソコンに保存されている画像以外に、インターネットから画像を挿入することもできます。

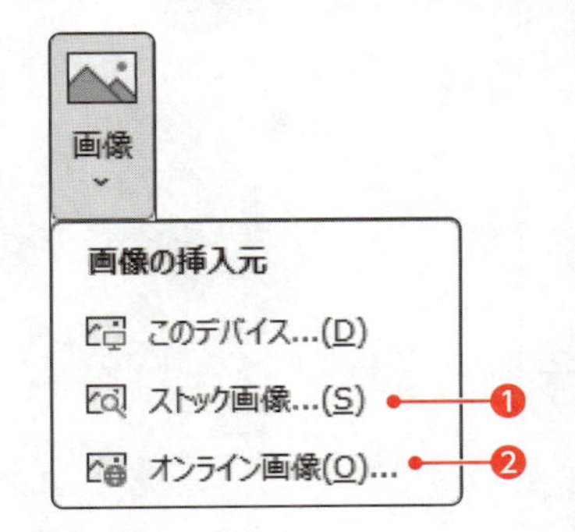

❶ストック画像

著作権がフリーの画像を挿入できます。ストック画像は自由に使えるため、出典元や著作権を確認する手間を省くことができます。

❷オンライン画像

インターネット上にあるイラストや写真などの画像を挿入できます。キーワードを入力すると、インターネット上から目的に合った画像を検索し、ダウンロードできます。
ただし、ほとんどの画像には著作権が存在するので、安易に文書に転用するのは禁物です。画像を転用する際には、画像を提供しているWebサイトで利用可否を確認する必要があります。

4 画像のサイズ変更と移動

画像を挿入したあと、文書に合わせてサイズを変更したり移動したりできます。
画像をサイズ変更したり移動したりするときも配置ガイドを利用できます。

1 画像のサイズ変更

画像のサイズを変更するには、画像を選択し、周囲に表示される○（ハンドル）をドラッグします。
画像のサイズを縮小しましょう。

①画像が選択されていることを確認します。
②右下の○（ハンドル）をポイントします。
マウスポインターの形が⤡に変わります。

③図のように、左上にドラッグします。
ドラッグ中、マウスポインターの形が＋に変わります。
※画像のサイズ変更に合わせて、文字が周り込みます。

画像のサイズが変更されます。

STEP UP 画像の回転

画像は自由な角度に回転できます。
画像の上側に表示される をポイントし、マウスポインターの形が に変わったらドラッグします。

2 画像の移動

文字列の折り返しを**「行内」**から**「四角形」**に変更すると、画像を自由な位置に移動できるようになります。画像を移動するには、画像をドラッグします。
画像を移動し、本文の右側に配置しましょう。

①画像が選択されていることを確認します。
②画像をポイントします。
マウスポインターの形が に変わります。

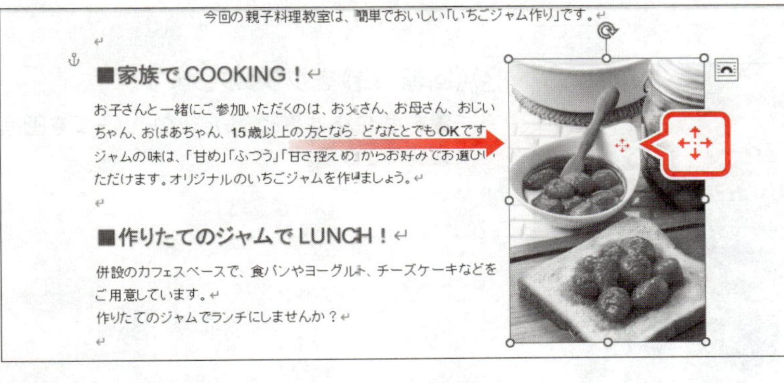

③図のように、移動先までドラッグします。
ドラッグ中、マウスポインターの形が に変わります。
※画像の移動に合わせて、文字が周り込みます。

画像が移動します。

5 図のスタイルの適用

「図のスタイル」は、画像の枠線や効果などをまとめて設定した書式の組み合わせのことです。一覧から選択するだけで、簡単に画像の見栄えを整えることができます。影や光彩を付けて立体的に表示したり、画像にフレームを付けて装飾したりできます。

挿入した画像にスタイル**「回転、白」**を適用しましょう。

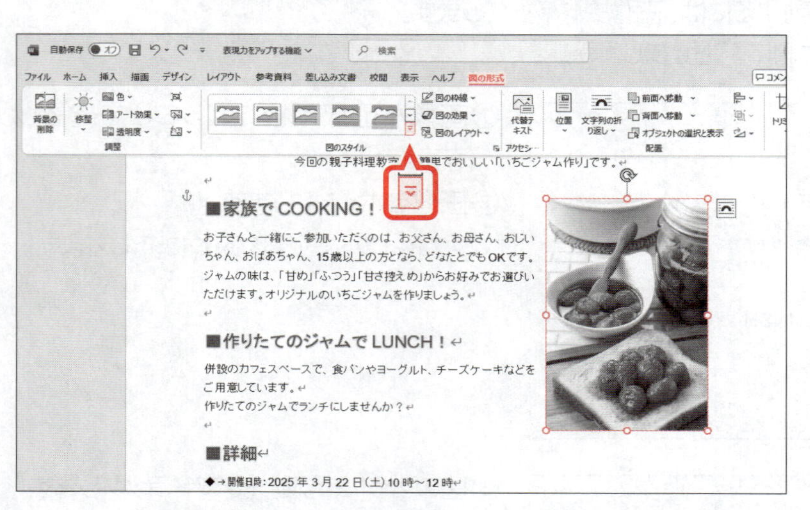

①画像が選択されていることを確認します。

②**《図の形式》**タブを選択します。

③**《図のスタイル》**グループの ![] をクリックします。

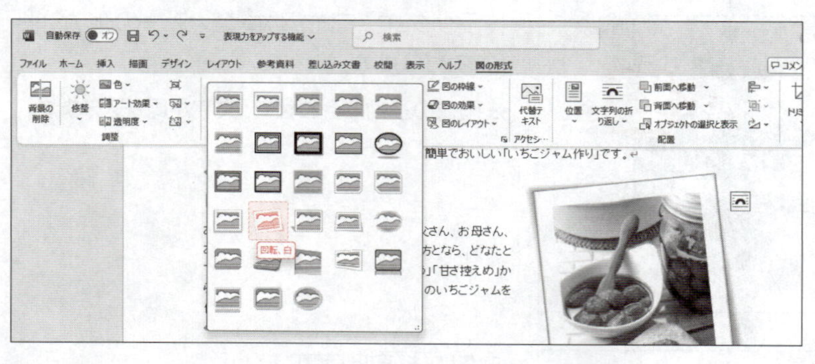

④**《回転、白》**をクリックします。

※一覧をポイントすると、設定後のイメージを画面で確認できます。

図のスタイルが適用されます。

6 画像の枠線の変更

画像に付けた枠線の色や太さを変更することができます。
画像の枠線の太さを「6pt」に変更しましょう。

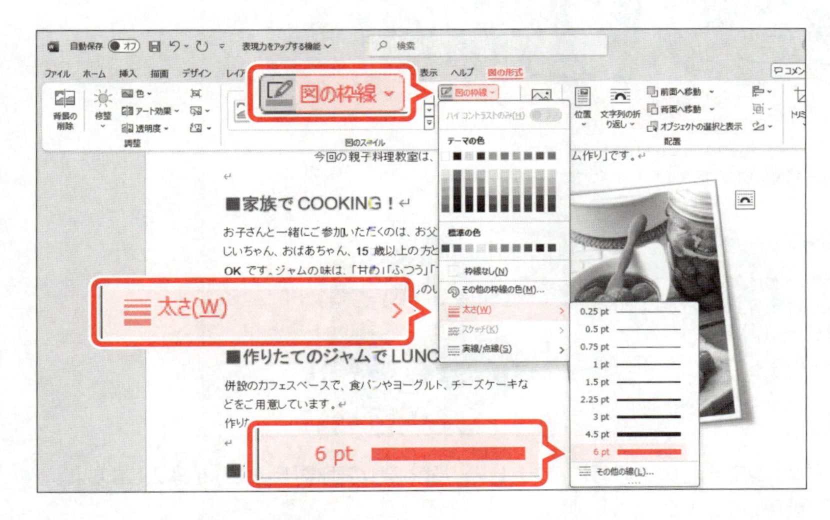

①画像が選択されていることを確認します。
②《図の形式》タブを選択します。
③《図のスタイル》グループの《図の枠線》の▼をクリックします。
④《太さ》をポイントします。
⑤《6pt》をクリックします。
※一覧をポイントすると、設定後のイメージを画面で確認できます。

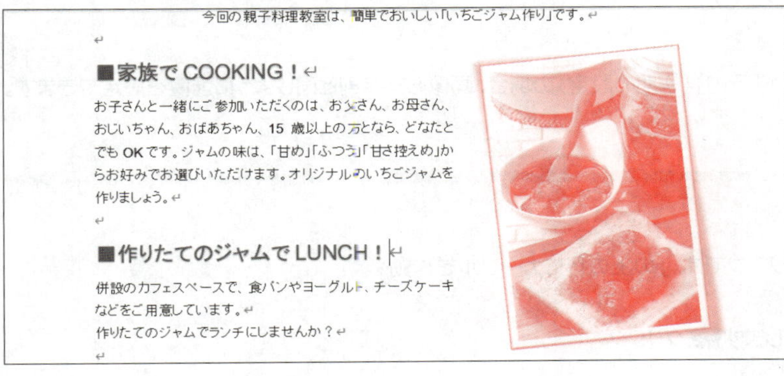

枠線の太さが変更されます。
※図のように、画像のサイズと位置を調整しておきましょう。
※選択を解除しておきましょう。

STEP UP 図のリセット

「図のリセット」を使うと、画像の枠線や効果などの設定を解除し、挿入した直後の状態に戻すことができます。
図をリセットする方法は、次のとおりです。
◆画像を選択→《図の形式》タブ→《調整》グループの《図のリセット》

STEP UP 図の効果の変更

画像に図のスタイルを適用したあと、影やぼかしなどの効果を変更できます。
影やぼかしの効果を変更する方法は、次のとおりです。
◆画像を選択→《図の形式》タブ→《図のスタイル》グループの《図の効果》

STEP UP 画像の明るさやコントラストの調整

《図の形式》タブ→《調整グループ》の《修整》を使うと、画像の明るさやコントラストなどを調整できます。

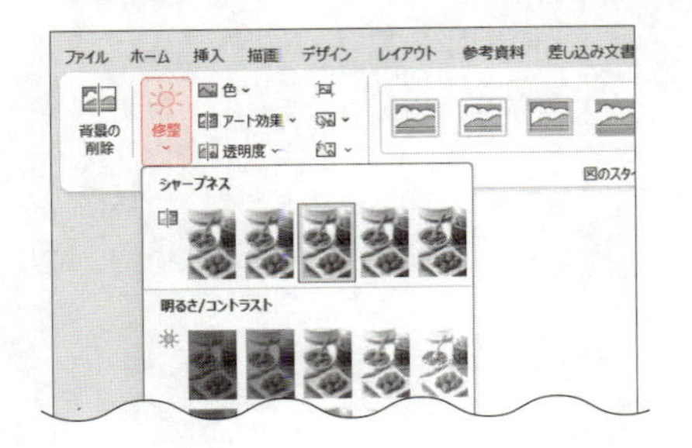

ためしてみよう

図のように画像を挿入し、編集しましょう。

①「こんにちは！ニコニコSUNキッチンです。」の上の行に、フォルダー「第6章」の画像「いちご」を挿入しましょう。
② 図を参考に、画像のサイズを調整しましょう。
③ 画像を行の中央に配置しましょう。

 文字列の折り返しが「行内」(初期の設定)の場合、画像も文字列と同じように配置を設定できます。

①

①「こんにちは！ニコニコSUNキッチンです。」の上の行にカーソルを移動
②《挿入》タブを選択
③《図》グループの《画像を挿入します》をクリック
④《このデバイス》をクリック
⑤ フォルダー「第6章」を開く
※《ドキュメント》→「Word2024基礎」→「第6章」を選択します。
⑥ 一覧から「いちご」を選択
⑦《挿入》をクリック

②

① 画像を選択
② 画像の○(ハンドル)をドラッグして、サイズ変更

③

① 画像を選択
②《ホーム》タブを選択
③《段落》グループの《中央揃え》をクリック

STEP 5 図形を作成する

1 図形

「図形」を使うと、線、基本図形、ブロック矢印、フローチャートなどの様々な図形を簡単に作成できます。図形は、文書を装飾するだけでなく、文字を入力したり、複数の図形を組み合わせて複雑な図形を作成したりすることもできます。

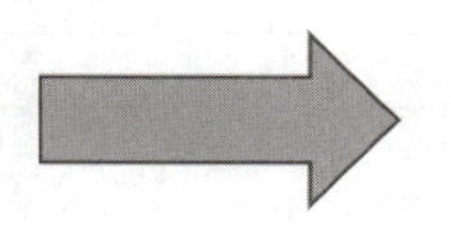

2 図形の作成

図形**「四角形：対角を丸める」**を作成し、ページの下側の**「ニコニコSUNキッチン」**の住所やTELを囲んで目立つようにしましょう。

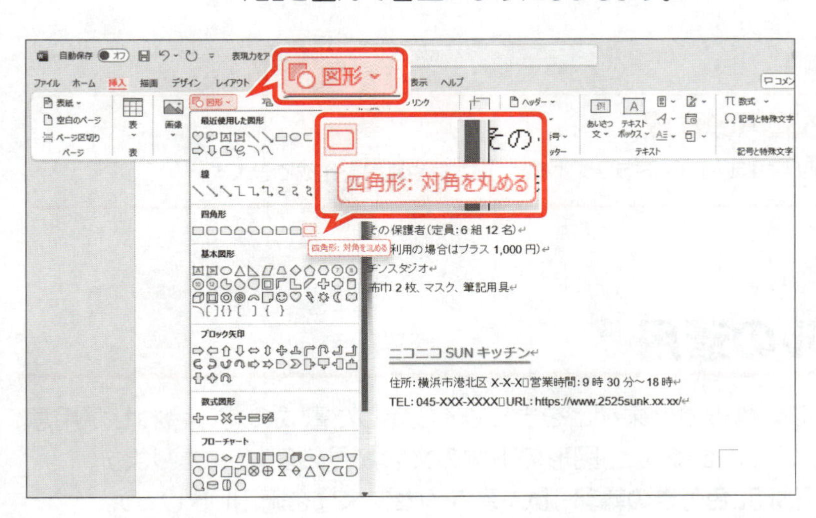

図形を作成する位置を表示します。

①文書の最後を表示します。

②**《挿入》**タブを選択します。

③**《図》**グループの**《図形の作成》**をクリックします。

④**《四角形》**の**《四角形：対角を丸める》**をクリックします。

■詳細

◆→開催日時: 2025 年 3 月 22 日(土) 10 時～12 時

◆→対　象: 小学生～中学生とその保護者(定員: 6 組 12 名)

◆→参加費: 1 人 1,000 円(カフェご利用の場合はプラス 1,000 円)

◆→場　所: ニコニコ SUN キッチンスタジオ

◆→持ち物: エプロン、三角巾、布巾 2 枚、マスク、筆記用具

マウスポインターの形が┼に変わります。

⑤図のようにドラッグします。

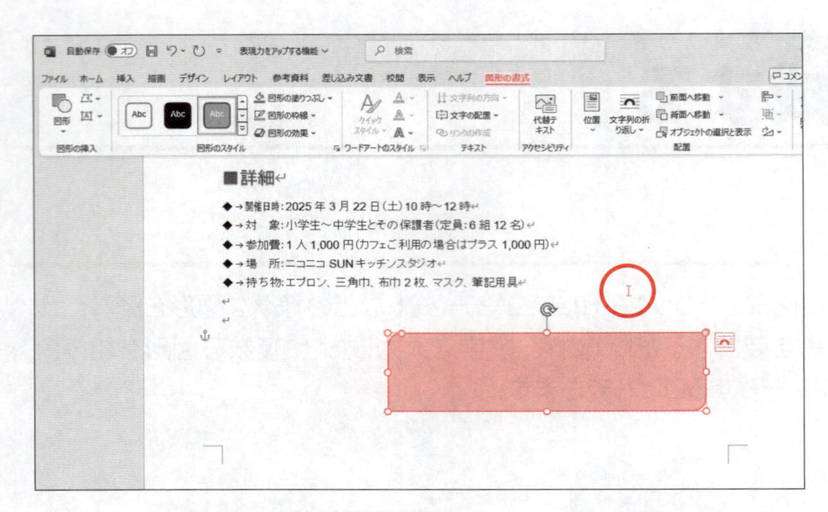

図形が作成されます。

図形の右側に**《レイアウトオプション》**が表示され、リボンに**《図形の書式》**タブが表示されます。

⑥図形の周囲に○(ハンドル)が表示され、図形が選択されていることを確認します。

図形の選択を解除します。

⑦図形以外の場所をクリックします。

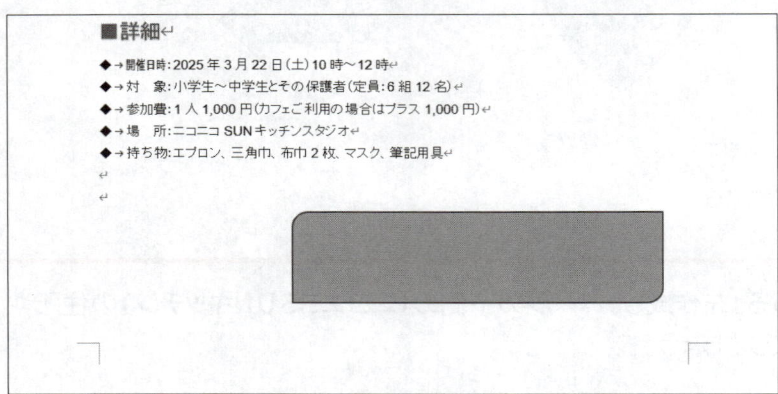

図形の選択が解除されます。

POINT 正方形／真円の作成

四角形や円の図形は、Shift を押しながらドラッグすると、正方形や真円を作成できます。

3 図形のスタイルの適用

図形のスタイルには、図形の枠線や効果などをまとめて設定した書式の組み合わせが用意されています。**「透明」**のスタイルを使うと、図形の下側の文字が見えるようになります。

作成した図形にスタイル**「透明、色付きの輪郭-濃い緑、アクセント2」**を適用しましょう。

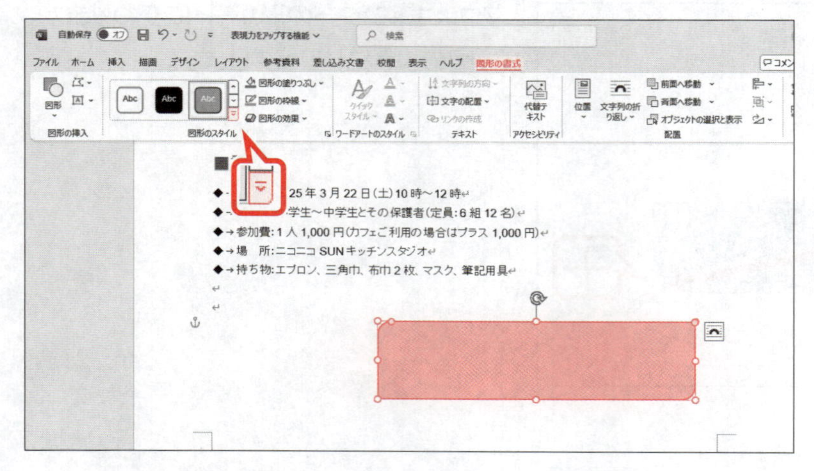

①図形をクリックします。

図形が選択されます。

※図形の周囲に○(ハンドル)が表示されます。

②**《図形の書式》**タブを選択します。

③**《図形のスタイル》**グループの ▽ をクリックします。

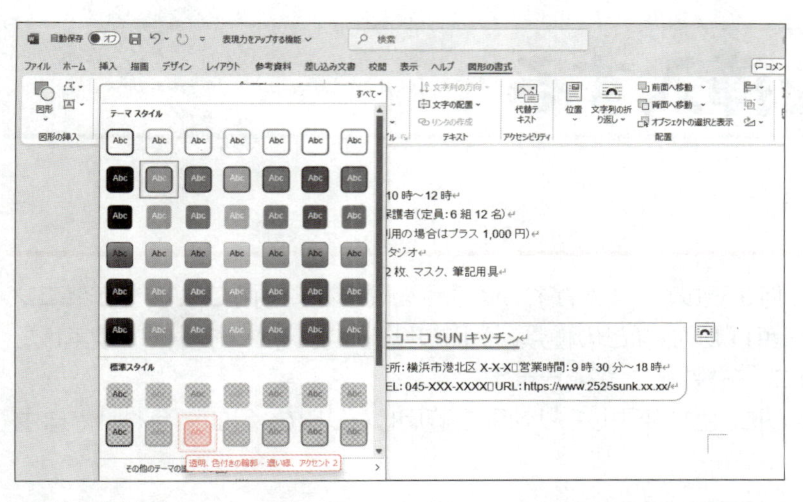

④《**標準スタイル**》の《**透明、色付きの輪郭-濃い緑、アクセント2**》をクリックします。

※一覧をポイントすると、設定後のイメージを画面で確認できます。

■詳細
◆→開催日時:2025年3月22日(土)10時～12時
◆→対　象:小学生～中学生とその保護者(定員:6組12名)
◆→参加費:1人1,000円(カフェご利用の場合はプラス1,000円)
◆→場　所:ニコニコSUNキッチンスタジオ
◆→持ち物:エプロン、三角巾、布巾2枚、マスク、筆記用具

ニコニコSUNキッチン
住所:横浜市港北区X-X-X　営業時間:9時30分～18時
TEL:045-XXX-XXXX　URL:https://www.2525sunk.xx.xx/

図形のスタイルが適用されます。

※選択を解除しておきましょう。

POINT　図形に文字を追加

「透明」や「半透明」の図形のスタイルを適用すると、背面の文字が見えるようになりますが、図形を移動しても背面の文字は一緒に移動されません。図形と一緒に文字を移動したい場合は、図形に文字を入力します。
図形に文字を入力する方法は、次のとおりです。

◆図形を選択→文字を入力

POINT　図形のサイズ変更・移動・角度の調整

ワードアートや画像と同じように、図形も作成したあとで、サイズを変更したり移動したりすることができます。
図形のサイズを変更するには、図形を選択し、周囲に表示される○(ハンドル)をドラッグします。
図形を移動するには、図形の枠線をドラッグします。
また、図形の周囲に表示される黄色の○(ハンドル)を「調整ハンドル」といいます。黄色の○(調整ハンドル)をドラッグすると、図形の角度を調整できます。

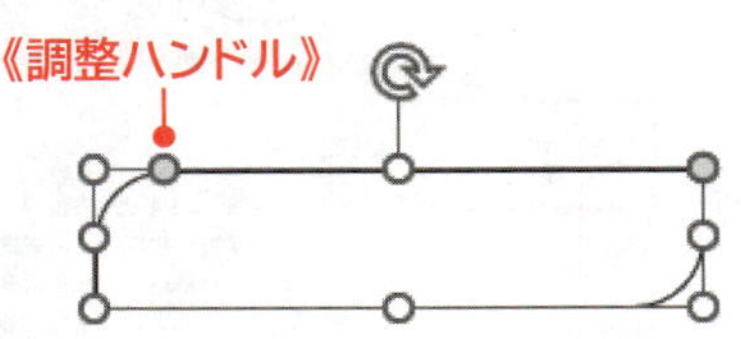

STEP UP　スケッチスタイル

「スケッチスタイル」を使うと、図形の枠線を手書き風にアレンジできます。やわらかい印象を出したい場合や、下書きの図形であることを表したい場合など、使い方が広がります。
図形の枠線にスケッチスタイルを適用する方法は、次のとおりです。

◆図形を選択→《図形の書式》タブ→《図形のスタイル》グループの《図形の枠線》の▼→《スケッチ》の▶→一覧から選択

Step 6 アイコンを挿入する

1 アイコン

「アイコン」とは、ひと目で何を表しているかがわかるような簡単な絵柄のことです。アイコンは、**「人物」**や**「ビジネス」「顔」「動物」**などの種類ごとに絞り込んだり、キーワードで検索したりして、用途に応じたアイコンを探すことができます。
アイコンは、図形と同じように、色を変更したり効果を適用したりして、目的に合わせて自由に編集できます。

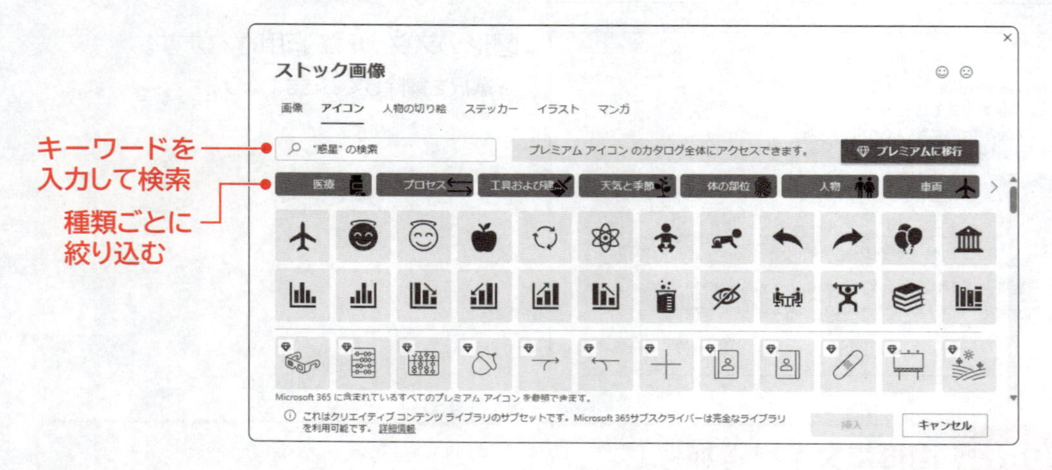

2 アイコンの挿入

「筆記用具」の文字の右側に、鉛筆のアイコンを挿入しましょう。
※インターネットに接続している状態で操作します。

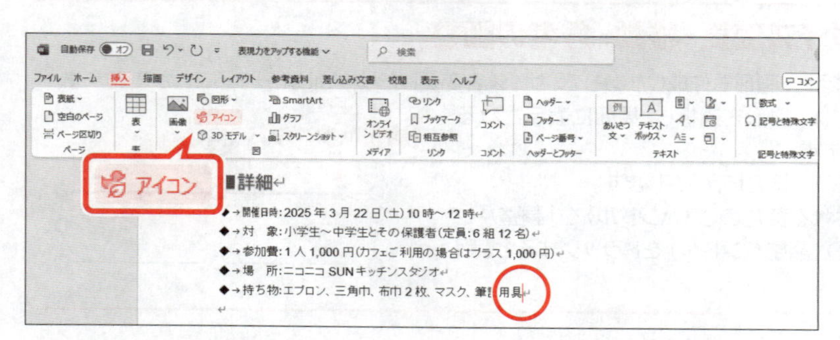

アイコンを挿入する位置を指定します。
①**「筆記用具」**の右側にカーソルを移動します。
②**《挿入》**タブを選択します。
③**《図》**グループの**《アイコンの挿入》**をクリックします。

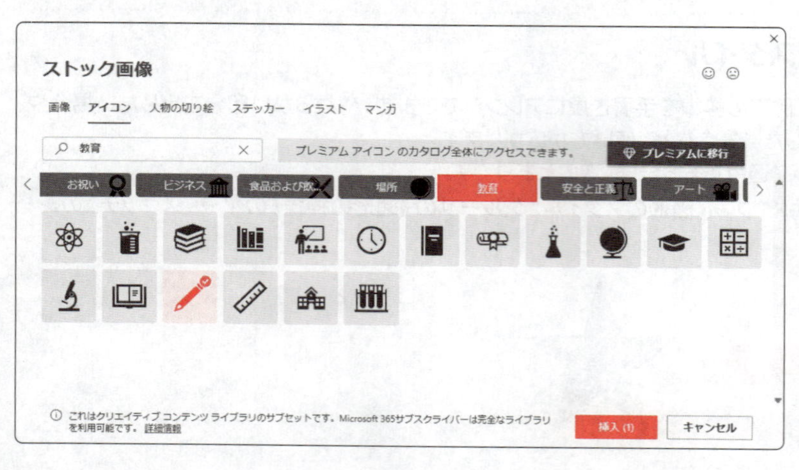

《アイコン》が表示されます。
④**《教育》**をクリックします。
※表示されていない場合は、スクロールして調整します。
⑤図のアイコンをクリックします。
※アイコンは定期的に更新されているため、図と同じアイコンが表示されない場合があります。その場合は、任意のアイコンを選択しましょう。
アイコンに✓が表示されます。
⑥**《挿入》**をクリックします。

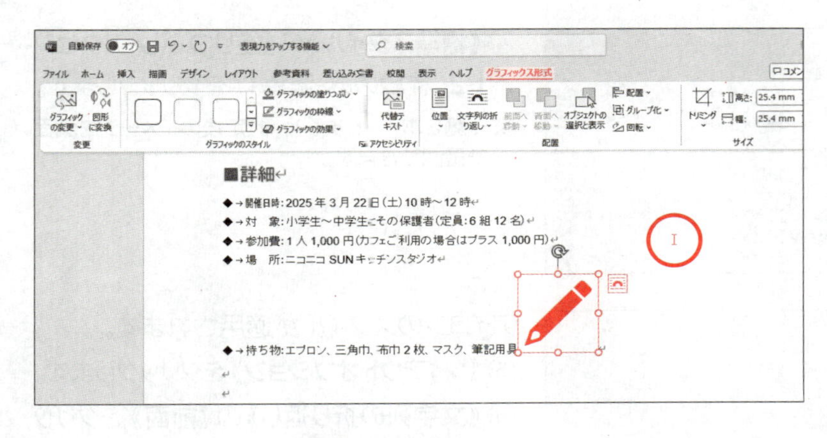

アイコンが挿入されます。

アイコンの右側に**《レイアウトオプション》**が表示され、リボンに**《グラフィックス形式》**タブが表示されます。

⑦アイコンの周囲に○（ハンドル）が表示され、アイコンが選択されていることを確認します。

アイコンの選択を解除します。

⑧アイコン以外の場所をクリックします。

POINT 《グラフィックス形式》タブ

アイコンが選択されているとき、リボンに《グラフィックス形式》タブが表示され、アイコンの書式に関するコマンドが使用できる状態になります。

POINT アイコンの削除

アイコンを削除する方法は、次のとおりです。

◆アイコンを選択→ Delete

STEP UP 複数のアイコンの挿入

複数のアイコンを一度に挿入するには、挿入するアイコンを続けてクリックします。挿入したいアイコンすべてに ✔ が表示されたことを確認してから《挿入》をクリックします。

3 アイコンの書式設定

アイコンは図形と同じように、文字列の折り返しや、色、効果などの書式を設定できます。
挿入したアイコンに、次の書式を設定しましょう。

グラフィックのスタイル	**：塗りつぶし-アクセント2、枠線のみ-濃色1**
文字列の折り返し	**：前面**

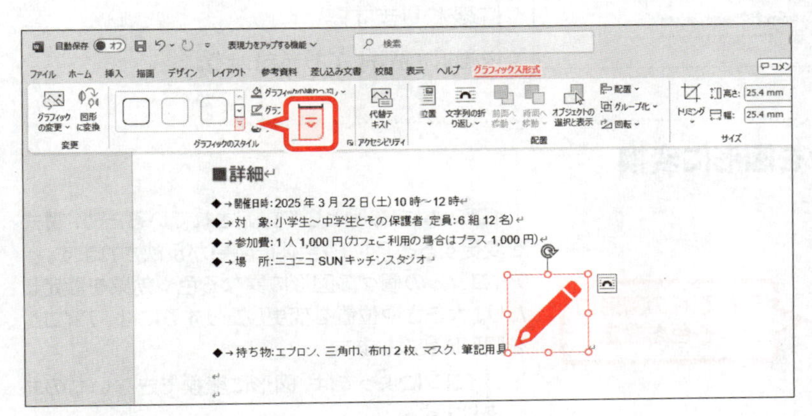

①アイコンをクリックします。

アイコンが選択されます。

※アイコンの周囲に○（ハンドル）が表示されます。

②**《グラフィックス形式》**タブを選択します。

③**《グラフィックのスタイル》**グループの ▽ をクリックします。

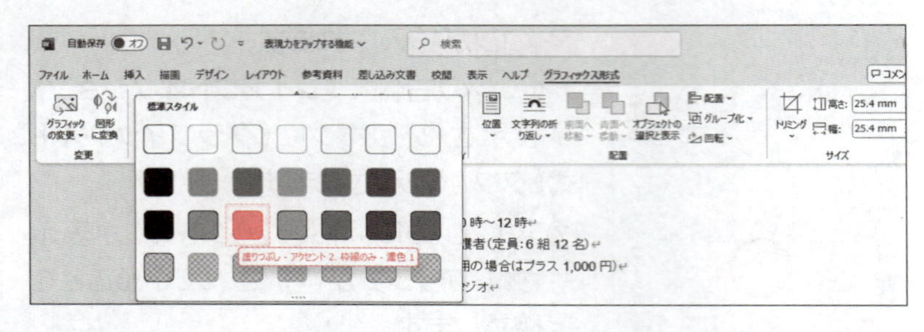

④《標準スタイル》の《塗りつぶし-アクセント2、枠線のみ-濃色1》をクリックします。

※一覧をポイントすると、設定後のイメージを画面で確認できます。

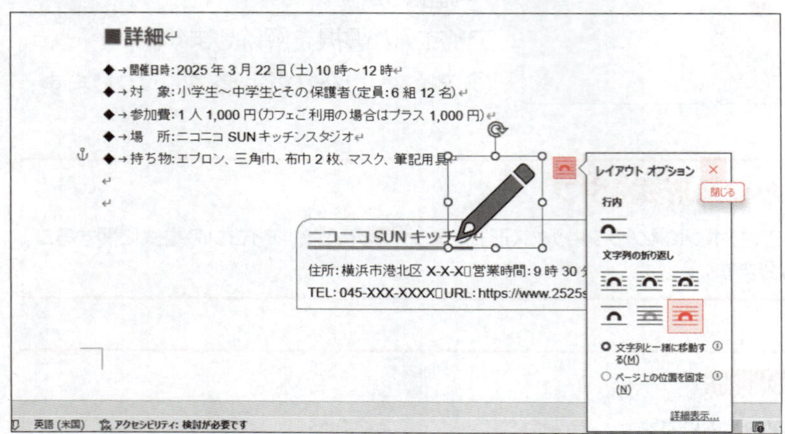

アイコンのスタイルが適用されます。

⑤《レイアウトオプション》をクリックします。

⑥《文字列の折り返し》の《前面》をクリックします。

⑦《レイアウトオプション》の《閉じる》をクリックします。

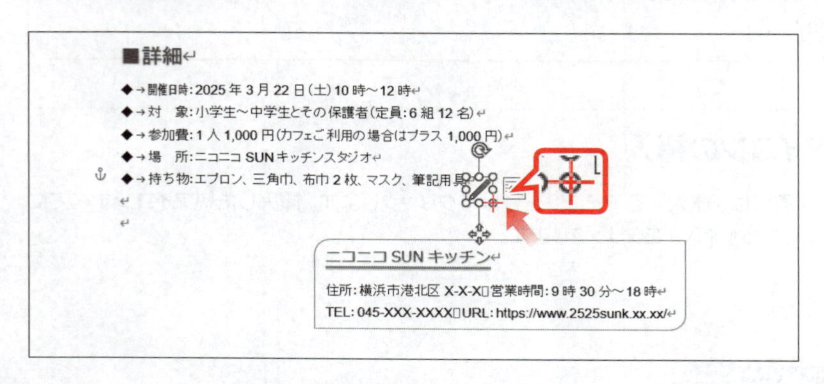

《レイアウトオプション》が閉じられます。

文字列の折り返しが前面に変更されます。

アイコンのサイズを変更します。

⑧右下の○（ハンドル）をポイントします。

マウスポインターの形が⤡に変わります。

⑨図のように、左上にドラッグします。

ドラッグ中、マウスポインターの形が＋に変わります。

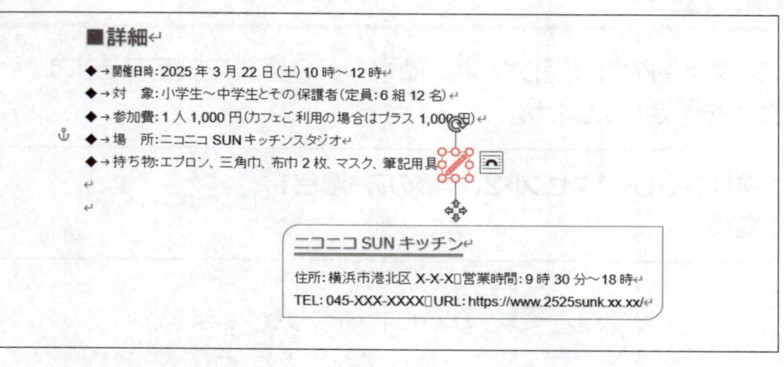

アイコンのサイズが変更されます。

アイコンを移動します。

⑩アイコンをポイントします。

マウスポインターの形が✥に変わります。

⑪図のように、移動先までドラッグします。

ドラッグ中、マウスポインターの形が✥に変わります。

※選択を解除しておきましょう。

STEP UP アイコンを図形に変換

アイコンは1つの図として認識されているため、書式を変更するとアイコン全体に変更が反映されます。アイコン内の個々の図形に異なる色や効果を設定したり、大きさや位置を変更したりするには、アイコンを図形に変換します。

※アイコンによっては、図形に変換できないものもあります。

アイコンを図形に変換する方法は、次のとおりです。

◆アイコンを選択→《グラフィックス形式》タブ→《変更》グループの《図形に変換》

STEP 7 ページ罫線を設定する

1 ページ罫線

「ページ罫線」を使うと、ページの周りに罫線を引いて、ページを飾ることができます。ページ罫線には、線の種類や絵柄が豊富に用意されています。

2 ページ罫線の設定

次のようなページ罫線を設定しましょう。

絵柄	：❋❋❋❋❋
色	：赤、アクセント5、白+基本色60%
線の太さ	：15pt

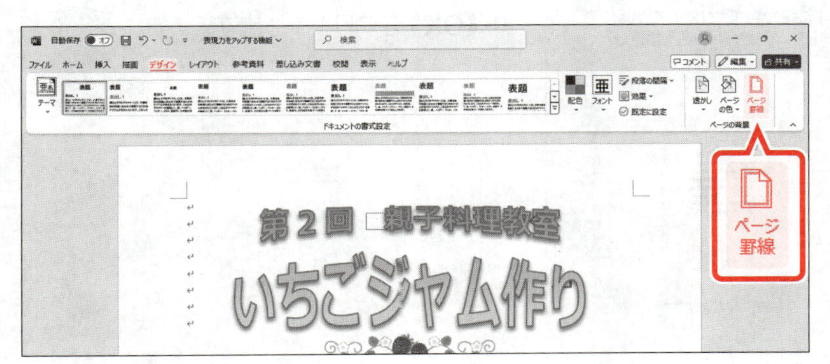

①《デザイン》タブを選択します。

②《ページの背景》グループの《罫線と網掛け》をクリックします。

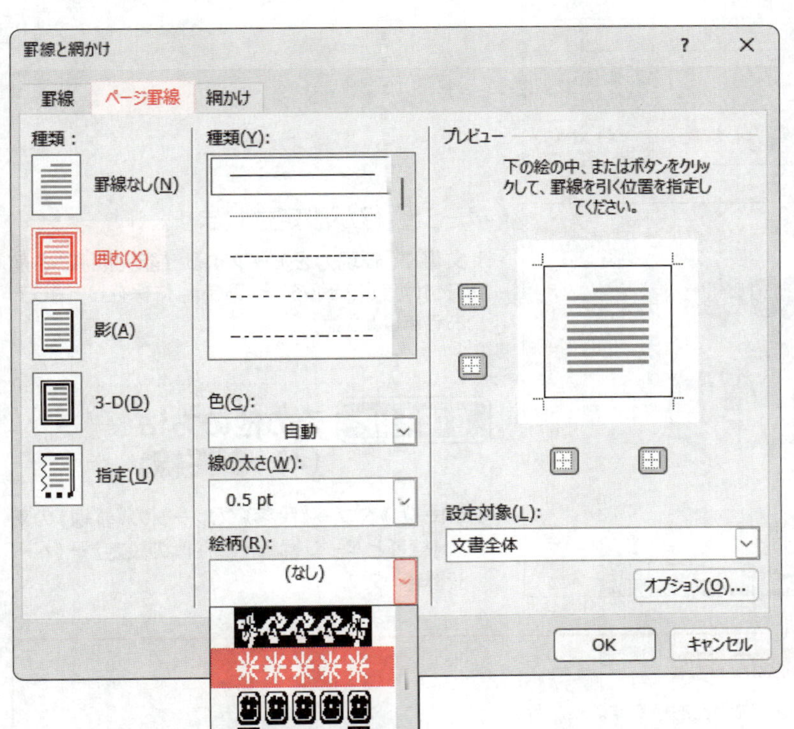

《罫線と網かけ》ダイアログボックスが表示されます。

ページ罫線の種類や絵柄を設定します。

③《ページ罫線》タブを選択します。

④左側の《種類》の《囲む》をクリックします。

⑤《絵柄》の▼をクリックします。

⑥《 ❋❋❋❋❋ 》をクリックします。

※一覧に表示されていない場合は、スクロールして調整します。

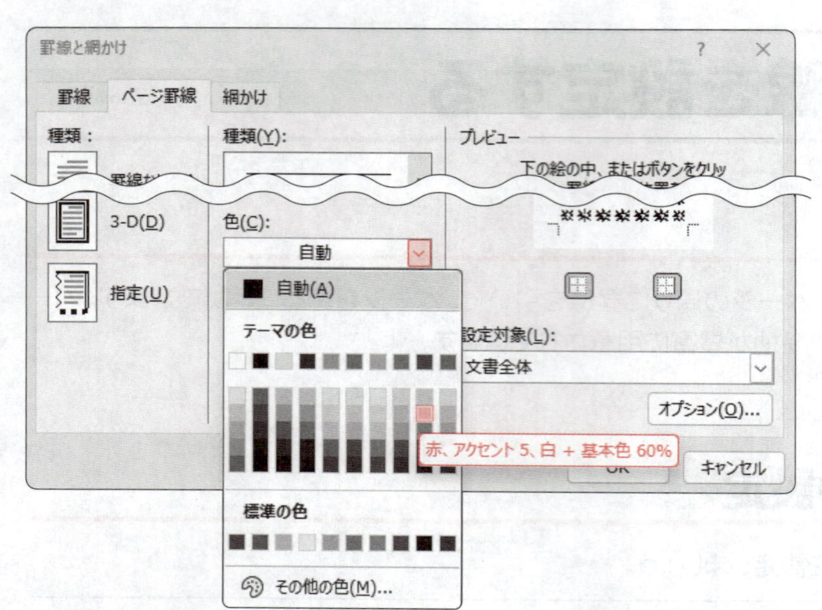

⑦《色》の▼をクリックします。
⑧《テーマの色》の《赤、アクセント5、白+基本色60%》をクリックします。

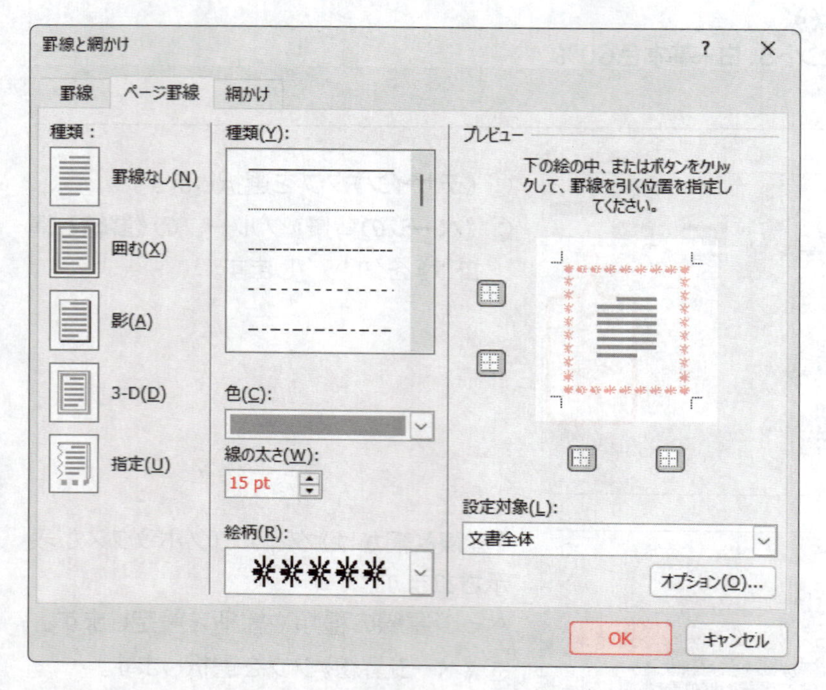

⑨《線の太さ》を「15pt」に設定します。
⑩設定した内容を《プレビュー》で確認します。
⑪《OK》をクリックします。

ページ罫線が設定されます。

※文書に「表現力をアップする機能完成」と名前を付けて、フォルダー「第6章」に保存し、閉じておきましょう。

STEP UP　その他の方法（ページ罫線）

◆《ホーム》タブ→《段落》グループの《罫線》の▼→《線種とページ罫線と網かけの設定》→《ページ罫線》タブ

POINT　ページ罫線の解除

ページ罫線を解除する方法は、次のとおりです。

◆《デザイン》タブ→《ページの背景》グループの《罫線と網掛け》→《ページ罫線》タブ→左側の《種類》の《罫線なし》

練習問題

PDF 標準解答 ▶ P.7

OPEN
第6章練習問題

あなたは、出版社の広報部に所属しており、新刊のチラシを作成することになりました。
完成図のような文書を作成しましょう。

●完成図

秋の
おすすめの新刊

雑誌「GREEN」の人気連載から単行本が発売されます。
秋に向けてアウトドア生活を楽しみたいあなたに最適です！！

家族でキャンプを楽しもう

家族で安全にキャンプを楽しむためのポイントをイラスト付きで解説しています。キャンプ初心者のお父さんもこの１冊でキャンプの達人に大変身！キャンプ場の選び方から、テントの設営・撤収の方法、楽しい遊び、美味しいアウトドア料理までご紹介しています。

価格：1,800 円（税込）
ページ数：206 ページ
発売予定：9 月 10 日

気軽に始めるフィッシング

人気上昇中の魚釣り。これから始める方のために、魚の生態はもちろん、釣り場のマナー、釣り方、道具のそろえ方など、初心者がすぐに楽しめる方法をやさしく解説しています。魚釣りの世界に飛び込む第一歩に最適な１冊です。

価格：1,600 円（税込）
ページ数：176 ページ
発売予定：9 月 23 日

GREEN EARTH 出版

ご購入はこちら ▶ https://www.g.e-pub.online.xx.xx/

① テーマ「**ウィスプ**」を適用しましょう。次に、テーマのフォントを「**Arial MSPゴシック MSPゴシック**」に変更しましょう。

② ワードアートを使って、1行目に「**おすすめの新刊**」というタイトルを挿入しましょう。ワードアートのスタイルは「**塗りつぶし（グラデーション）：オリーブ、アクセントカラー4；輪郭：オリーブ、アクセントカラー4**」にします。

③ ワードアートに次の書式を設定し、完成図を参考に位置とサイズを変更しましょう。

文字の輪郭の太さ ：1.5pt
変形 ：凹レンズ

④ 完成図を参考に、「**おすすめの新刊**」の左上に、図形「**吹き出し：円形**」を作成し、図形の中に「**秋の**」と入力しましょう。次に、図形に次の書式を設定しましょう。

図形のスタイル ：光沢-緑、アクセント6
フォントサイズ ：14

HINT 吹き出しの先端を移動するには、黄色の○（調整ハンドル）をドラッグします。

⑤ 「**家族でキャンプを楽しもう**」と「**気軽に始めるフィッシング**」の行に、フォルダー「**第6章**」の画像「**キャンプ**」と「**釣り**」を挿入しましょう。次に、それぞれの画像に次の書式を設定し、完成図を参考に位置とサイズを変更しましょう。

文字列の折り返し ：四角形
図のスタイル ：対角を切り取った四角形、白

⑥ 「**家族でキャンプを楽しもう**」の行の先頭に「**キャンプ**」で検索できるアイコン、「**気軽に始めるフィッシング**」の行の先頭に「**魚**」で検索できるアイコンを挿入しましょう。
次に、アイコンに次の書式を設定し、完成図を参考に位置とサイズを変更しましょう。

文字列の折り返し ：四角形
グラフィックの塗りつぶし ：オリーブ、アクセント5、黒+基本色25%

※インターネットに接続している状態で操作します。

⑦ 「**…アウトドア料理までご紹介しています。**」の下に長方形の図形を作成しましょう。
次に、完成図を参考に図形内に文字を入力し、図形にスタイル「**パステル-オリーブ、アクセント5**」を適用しましょう。

⑧ ⑦で作成した図形を「**…最適な1冊です。**」の下にコピーしましょう。
次に、完成図を参考に図形内の文字を変更しましょう。

HINT 図形をコピーするには、Ctrl を押しながら図形の枠線をドラッグします。

⑨ 次のページ罫線を設定しましょう。

絵柄 ：
色 ：オリーブ、アクセント5
線の太さ ：30pt

※文書に「第6章練習問題完成」と名前を付けて、フォルダー「第6章」に保存し、閉じておきましょう。

第7章

便利な機能

この章で学ぶこと

学習前に習得すべきポイントを理解しておき、
学習後には確実に習得できたかどうかを振り返りましょう。

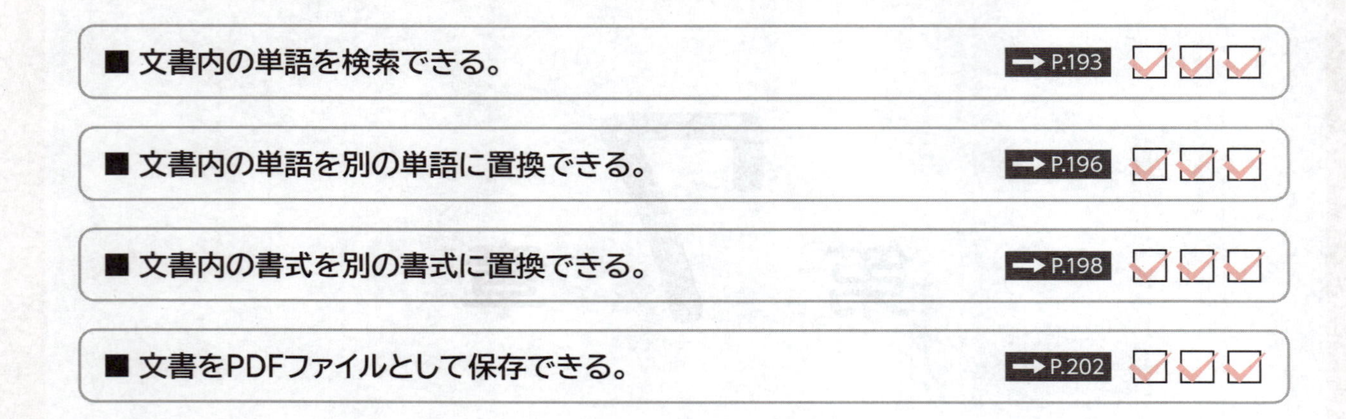

- ■ 文書内の単語を検索できる。 →P.193
- ■ 文書内の単語を別の単語に置換できる。 →P.196
- ■ 文書内の書式を別の書式に置換できる。 →P.198
- ■ 文書をPDFファイルとして保存できる。 →P.202

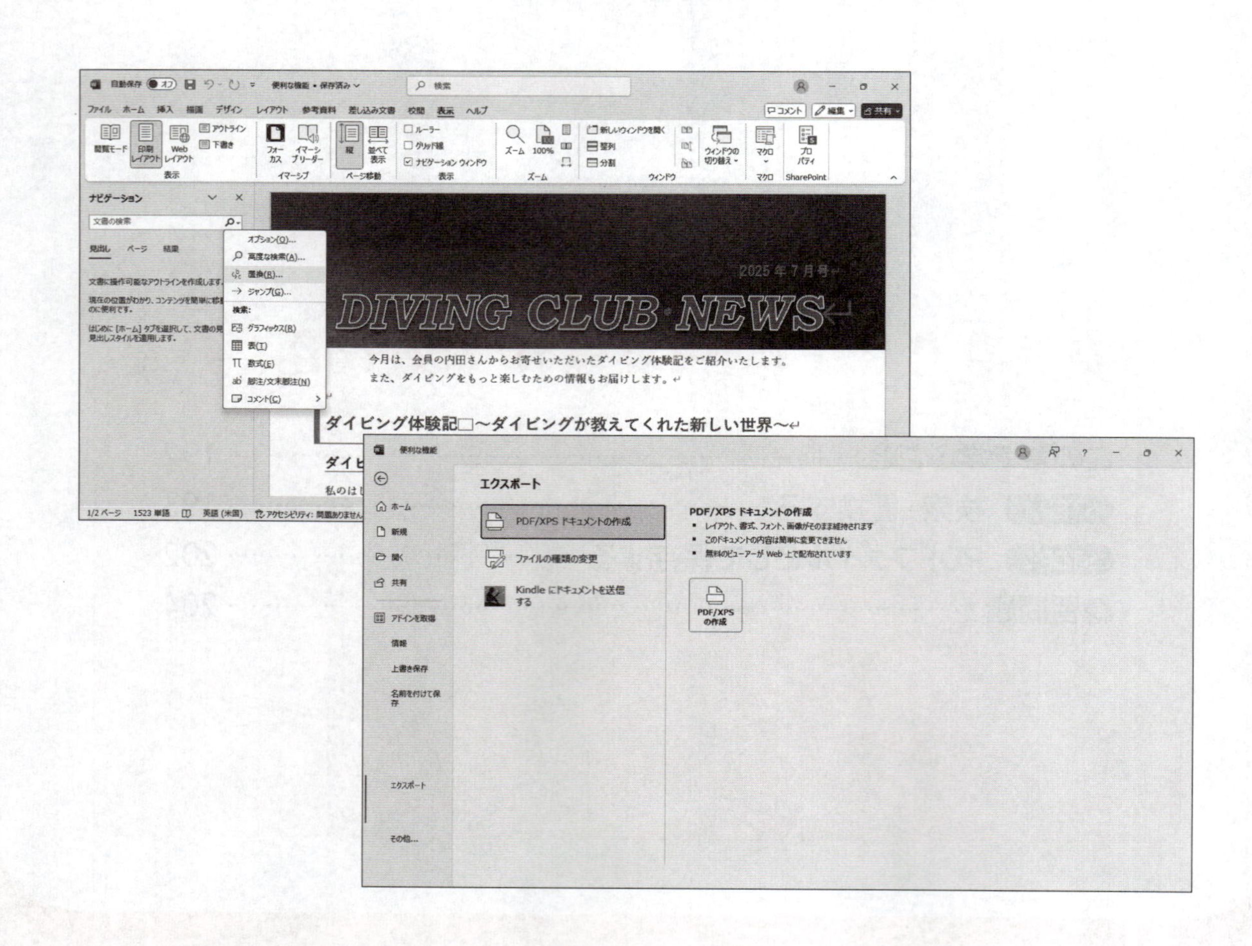

STEP 1 検索・置換する

1 検索

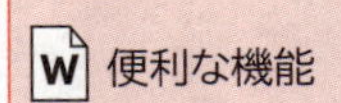

「検索」を使うと、文書内にある特定の単語や表、図形や画像などを検索できます。特に長文の場合、文書内から特定の単語を探し出すのは手間がかかるため、検索を使って効率よく正確に作業を進めることができます。
検索は、**「ナビゲーションウィンドウ」**を使って行います。ナビゲーションウィンドウを使って検索すると、検索した単語の位置を簡単に把握できます。
文書内の**「ダイビングスポット」**という単語を検索しましょう。

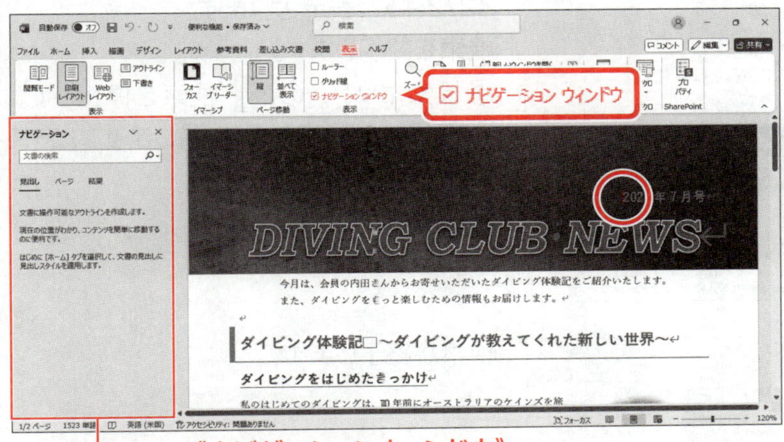

文書の先頭から検索します。

①文書の先頭にカーソルがあることを確認します。

※文書の先頭にカーソルがない場合は、Ctrl + Home を押して、カーソルを文書の先頭に移動します。

②**《表示》**タブを選択します。

③**《表示》**グループの**《ナビゲーションウィンドウ》**を☑にします。

ナビゲーションウィンドウが表示されます。

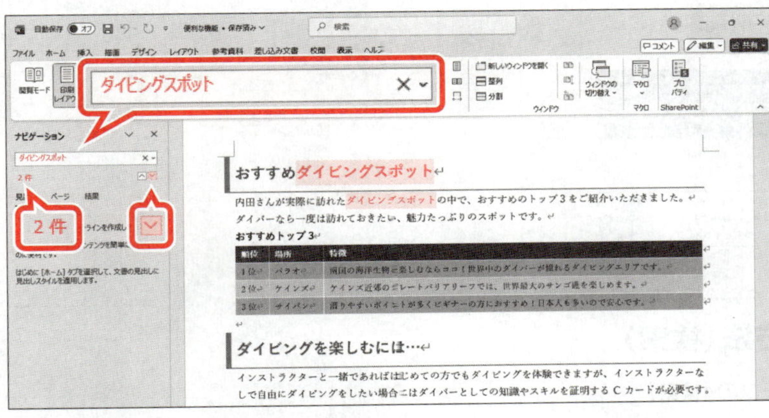

④検索ボックスに**「ダイビングスポット」**と入力します。

自動的に検索が実行され、文書内の該当する単語に色が付きます。

ナビゲーションウィンドウに、検索結果が**《2件》**と表示されます。

⑤▼をクリックします。

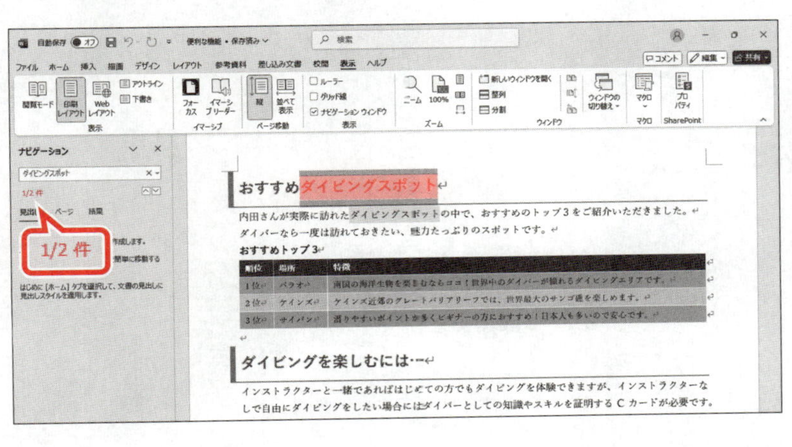

1件目の検索結果が選択されます。

ナビゲーションウィンドウに、検索結果が**《1/2件》**と表示され、1件目の検索結果の文字列が強調して表示されます。

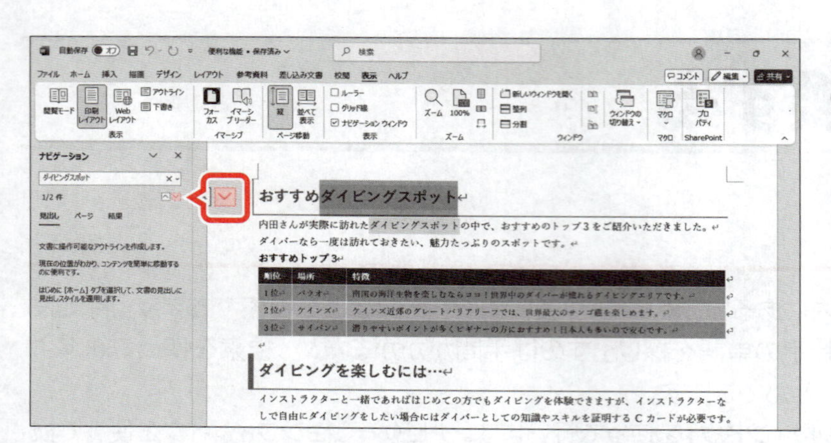

2件目の検索結果を確認します。

⑥▼をクリックします。

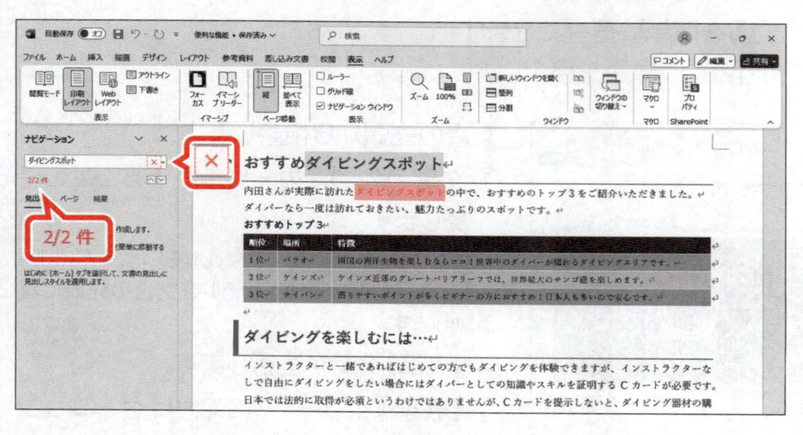

2件目の検索結果が選択されます。

ナビゲーションウィンドウに、検索結果が**《2/2件》**と表示されます。

検索を終了します。

⑦検索ボックスの × （検索を停止して、選択した検索結果を残します。）をクリックします。

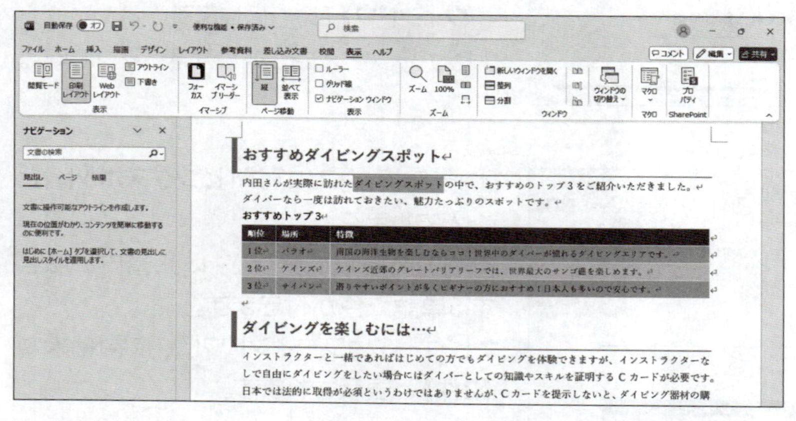

検索が終了します。

STEP UP その他の方法（検索）

◆《ホーム》タブ→《編集》グループの《検索》

◆ Ctrl + F

STEP UP ナビゲーションウィンドウの検索結果

単語を検索すると、ナビゲーションウィンドウでは、次のように検索結果を切り替えて確認できます。
初期の設定で、単語を検索した直後は《見出し》が表示されます。

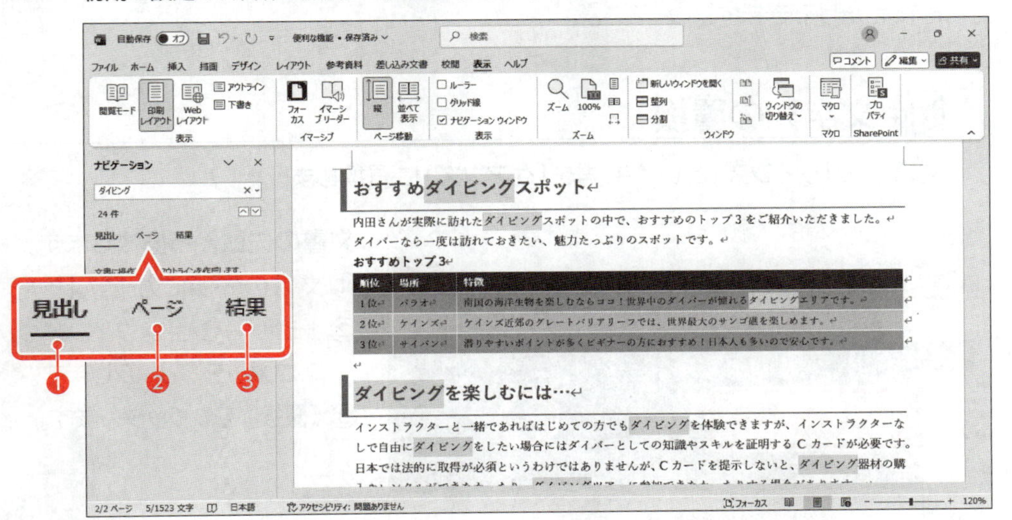

❶見出し
見出しが設定されている文書の場合、検索した単語が含まれる見出しに色が付きます。
※フォルダー「第7章」の文書「便利な機能」には見出しが設定されていないため、ナビゲーションウィンドウに検索結果は表示されません。

❷ページ
検索した単語が含まれるページだけが表示されます。

❸結果
検索した単語を含む周辺の文章が表示されます。

POINT その他の検索

単語だけでなく、表や図形、画像なども検索できます。
表や図形、画像などを検索する方法は、次のとおりです。
◆ナビゲーションウィンドウの🔍(さらに検索)をクリック
※ナビゲーションウィンドウの検索ボックスにすでに単語が入力されている場合は、▾(さらに検索)をクリックします。

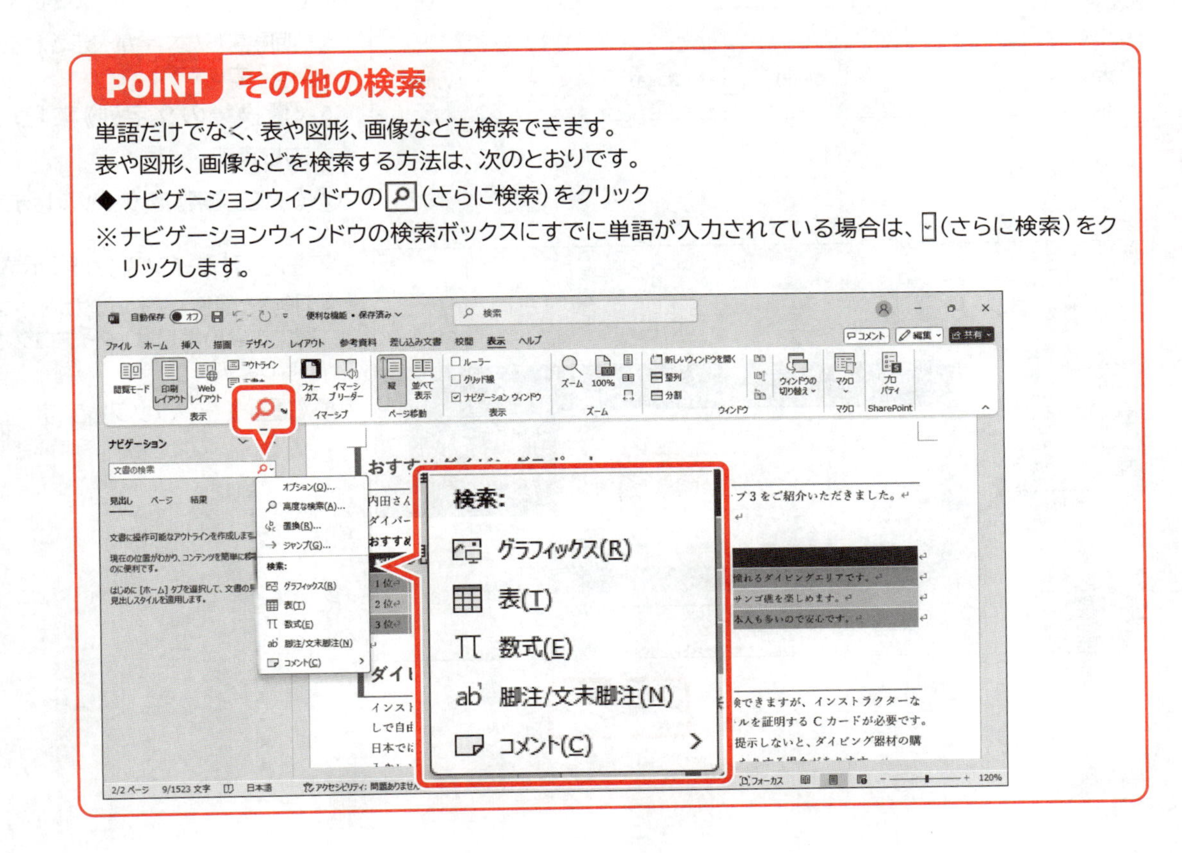

2 置換

「置換」を使うと、文書内の単語を別の単語に置き換えたり、文書内の書式を別の書式に置き換えたりできます。

1 文字列の置換

文書内の**「ケインズ」**という単語を**「ケアンズ」**に置換しましょう。

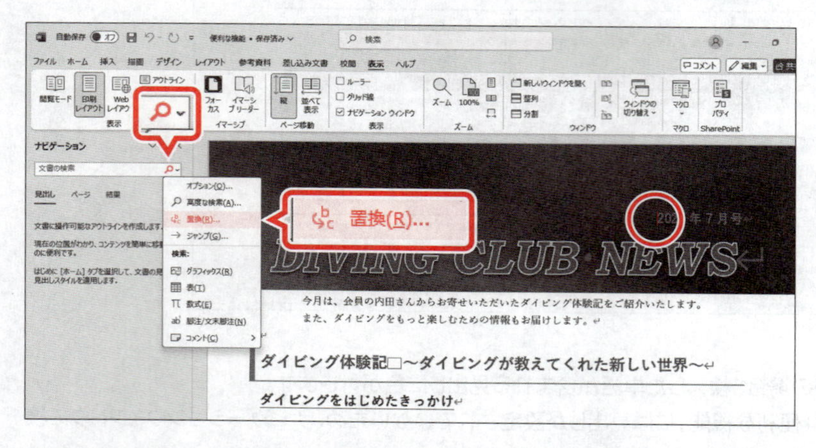

文書の先頭から置換します。

①文書の先頭にカーソルを移動します。

②ナビゲーションウィンドウの 🔍（さらに検索）をクリックします。

③**《置換》**をクリックします。

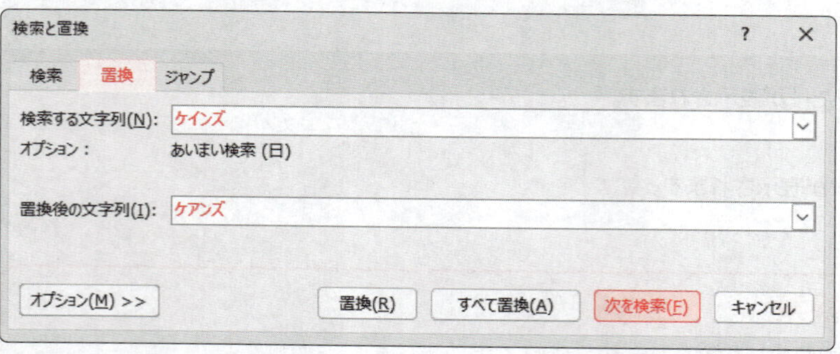

《検索と置換》ダイアログボックスが表示されます。

④**《置換》**タブを選択します。

⑤**《検索する文字列》**に**「ケインズ」**と入力します。

※前回検索した文字が表示されるので、削除してから入力します。

⑥**《置換後の文字列》**に**「ケアンズ」**と入力します。

⑦**《次を検索》**をクリックします。

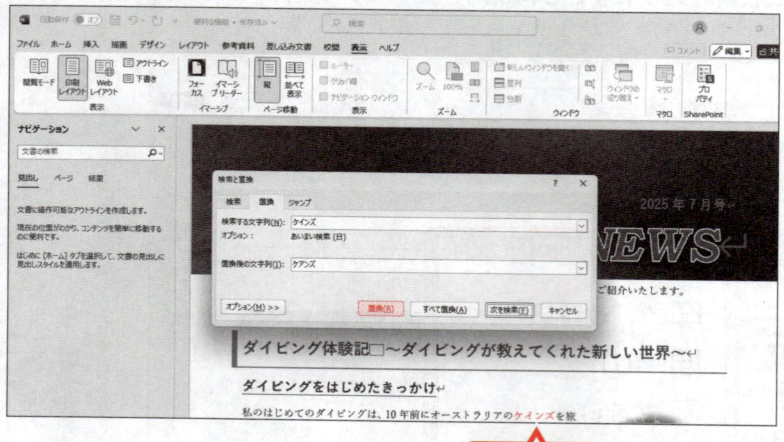

文書内の**「ケインズ」**が表示されます。

※《検索と置換》ダイアログボックスが重なって確認できない場合は、ダイアログボックスを移動しましょう。

⑧**《置換》**をクリックします。

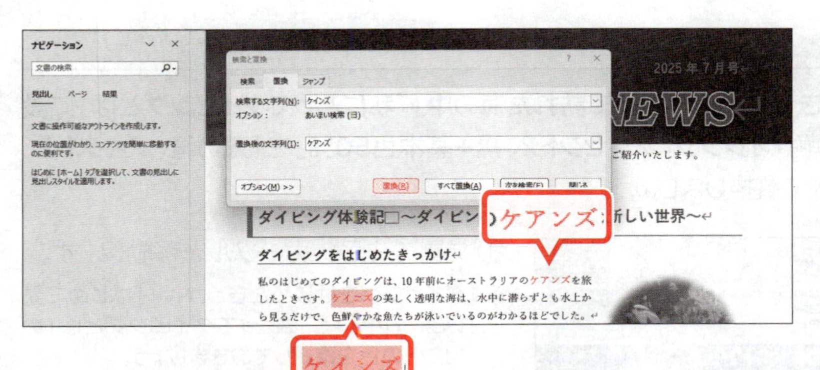

「**ケインズ**」が「**ケアンズ**」に置換され、次の検索結果が表示されます。

⑨《**置換**》をクリックします。

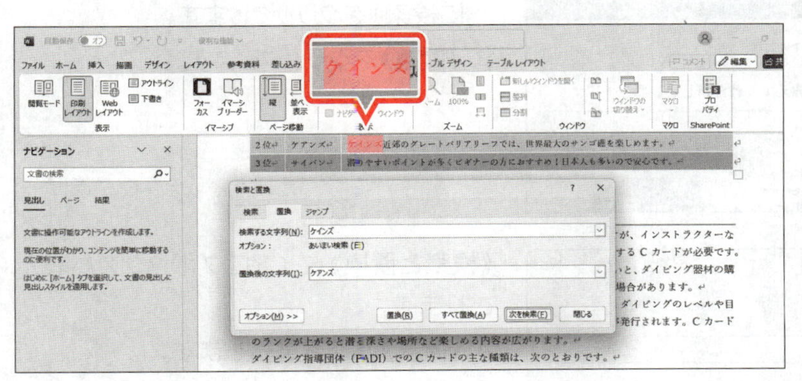

2件目の「**ケインズ**」が「**ケアンズ**」に置換され、次の検索結果が表示されます。

⑩同様に、すべての「**ケインズ**」を「**ケアンズ**」に置換します。

※4個の項目が置換されます。

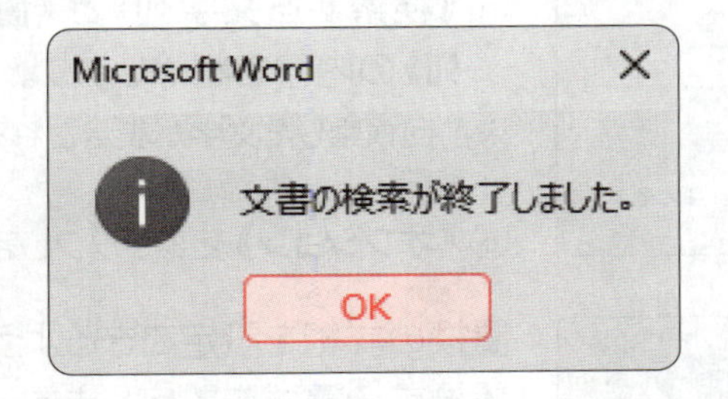

図のようなメッセージが表示されます。

⑪《**OK**》をクリックします。

置換が終了します。

《**検索と置換**》ダイアログボックスを閉じます。

⑫《**閉じる**》をクリックします。

STEP UP　その他の方法（置換）

◆《ホーム》タブ→《編集》グループの《置換》

◆ Ctrl + H

POINT　すべて置換

《検索と置換》ダイアログボックスの《すべて置換》をクリックすると、文書内の該当する単語がすべて置き換わります。一度の操作で置換できるので便利ですが、事前によく確認してから置換するようにしましょう。

2 書式の置換

「ダイビングをはじめたきっかけ」「はじめて訪れた海の中」「私にとってダイビングとは」に設定されているフォントの色**「オレンジ、アクセント2、黒+基本色50%」**を**「濃い青、テキスト2、白+基本色25%」**にすべて置換しましょう。

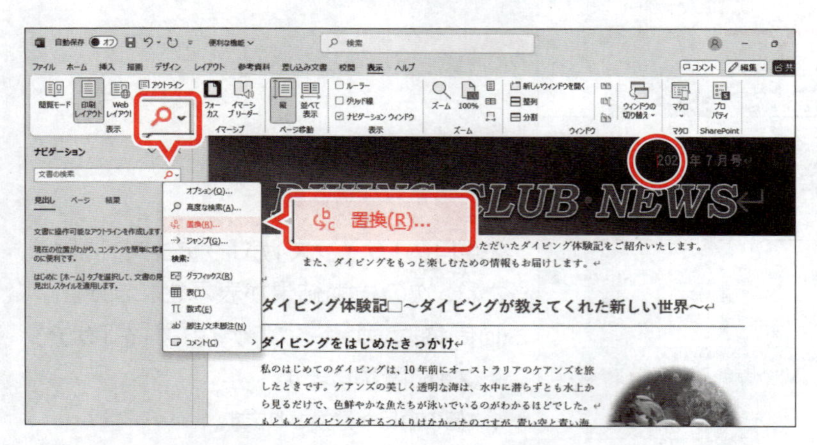

①文書の先頭にカーソルを移動します。

※「ダイビングをはじめたきっかけ」「はじめて訪れた海の中」「私にとってダイビングとは」のフォントの色を確認しておきましょう。

②ナビゲーションウィンドウの🔍(さらに検索)をクリックします。

③**《置換》**をクリックします。

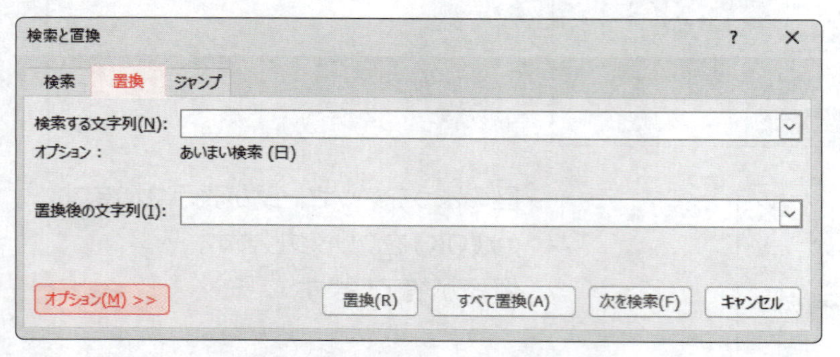

《検索と置換》ダイアログボックスが表示されます。

④**《置換》**タブを選択します。

⑤**《検索する文字列》**と**《置換後の文字列》**の内容を削除します。

※前回検索した文字が表示されるので、削除します。

⑥**《オプション》**をクリックします。

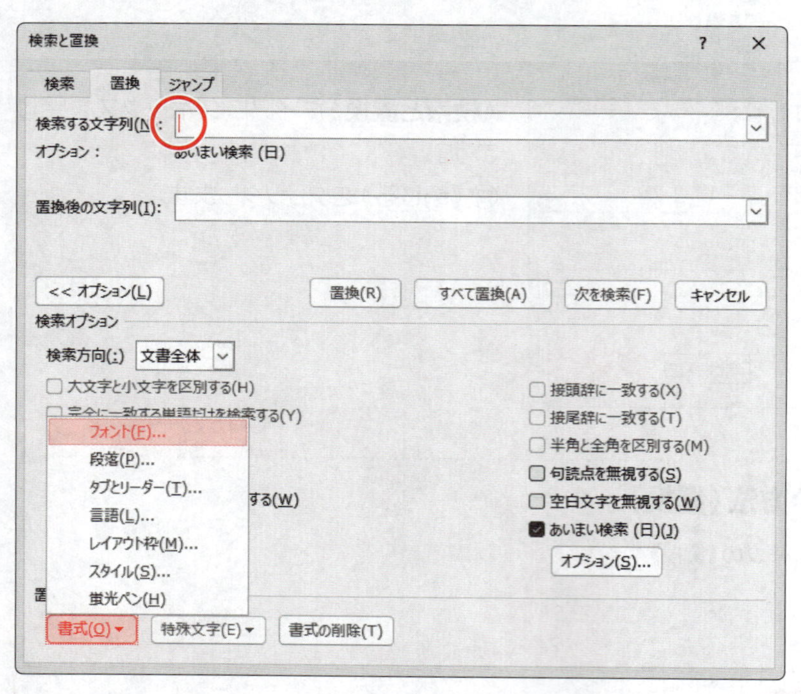

置換の詳細を設定できるようになります。置換前の書式を設定します。

⑦**《検索する文字列》**にカーソルを移動します。

⑧**《書式》**をクリックします。

⑨**《フォント》**をクリックします。

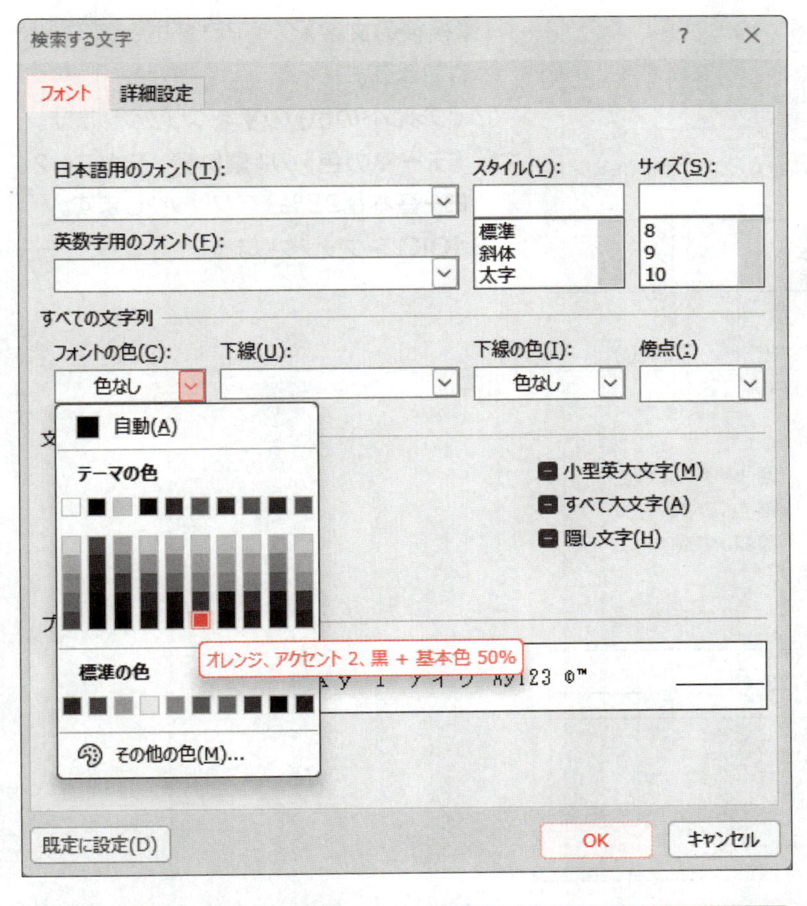

《検索する文字》ダイアログボックスが表示されます。

⑩ **《フォント》**タブを選択します。

⑪ **《フォントの色》**の▼をクリックします。

⑫ **《テーマの色》**の**《オレンジ、アクセント2、黒+基本色50%》**をクリックします。

⑬ **《OK》**をクリックします。

《検索と置換》ダイアログボックスに戻り、**《検索する文字列》**の下に**《書式》**が表示されます。

置換後の書式を設定します。

⑭ **《置換後の文字列》**にカーソルを移動します。

⑮ **《書式》**をクリックします。

⑯ **《フォント》**をクリックします。

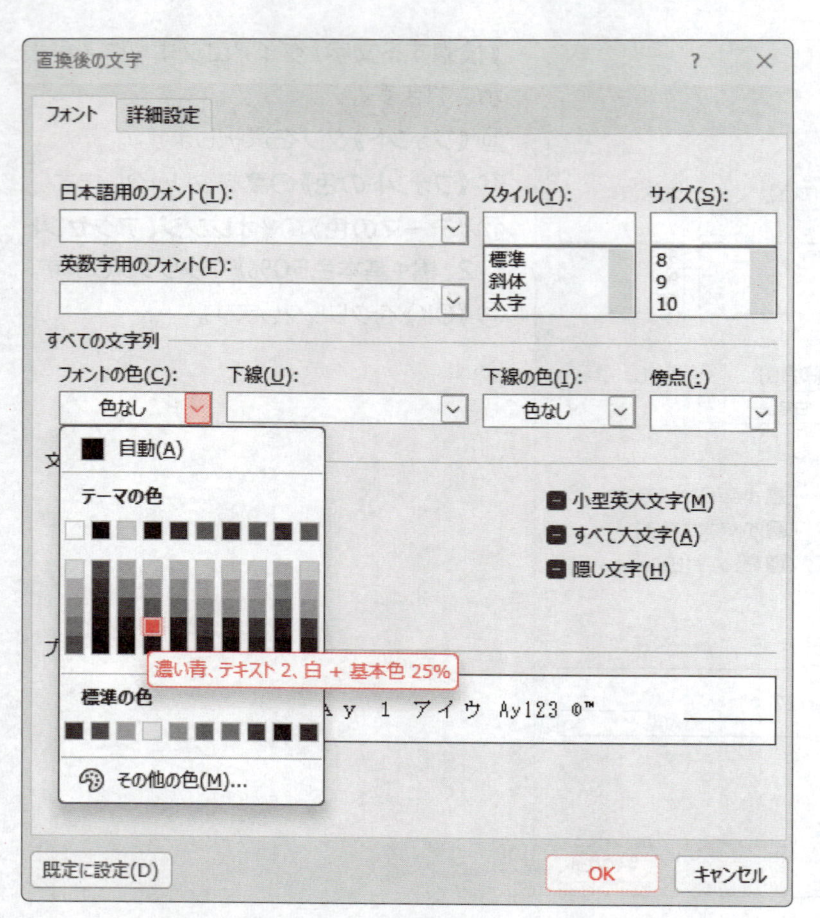

《置換後の文字》ダイアログボックスが表示されます。

⑰《フォントの色》の▼をクリックします。

⑱《テーマの色》の《濃い青、テキスト2、白+基本色25%》をクリックします。

⑲《OK》をクリックします。

《検索と置換》ダイアログボックスに戻り、《置換後の文字列》の下に《書式》が表示されます。

⑳《オプション》をクリックします。

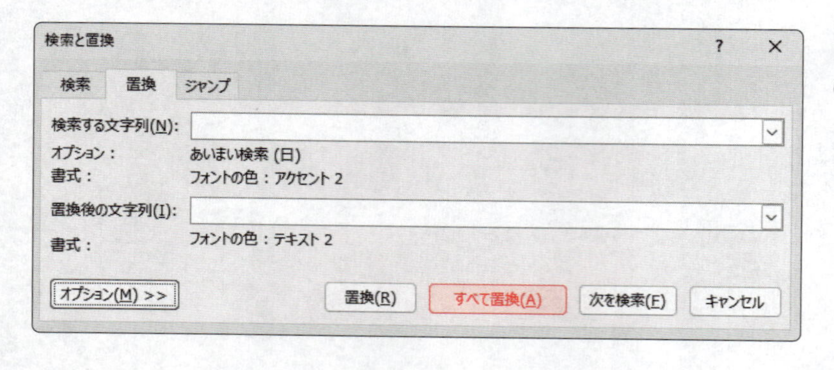

置換の詳細が非表示になります。

㉑《すべて置換》をクリックします。

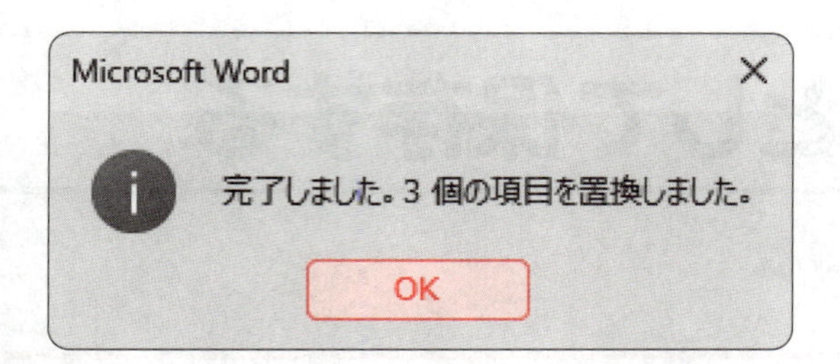

図のようなメッセージが表示されます。

㉒《OK》をクリックします。

※3個の項目が置換されます。

《検索と置換》ダイアログボックスを閉じます。

㉓《閉じる》をクリックします。

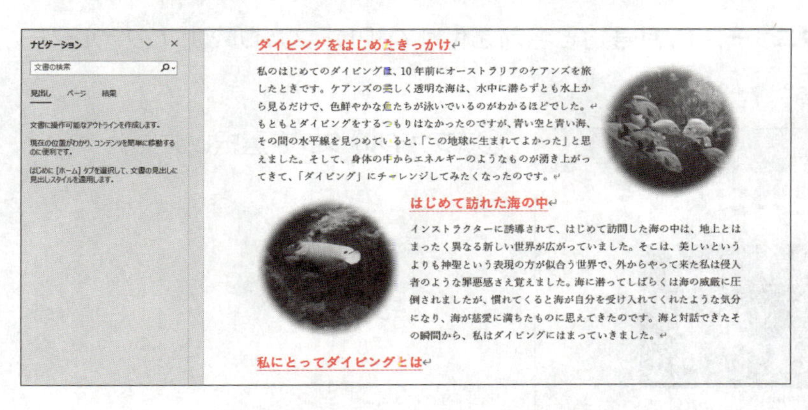

置換が終了します。

㉔「ダイビングをはじめたきっかけ」「はじめて訪れた海の中」「私にとってダイビングとは」の書式が置換されていることを確認します。

※ナビゲーションウィンドウを閉じておきましょう。

※文書に「便利な機能完成」と名前を付けて、フォルダー「第7章」に保存しておきましょう。次の操作のために、文書は開いたままにしておきましょう。

POINT 書式の削除

書式の検索や書式の置換を行うと、《検索と置換》ダイアログボックスには直前に指定した書式の内容が表示されます。書式を削除するには、《検索する文字列》または《置換後の文字列》にカーソルを移動し、《書式の削除》をクリックします。

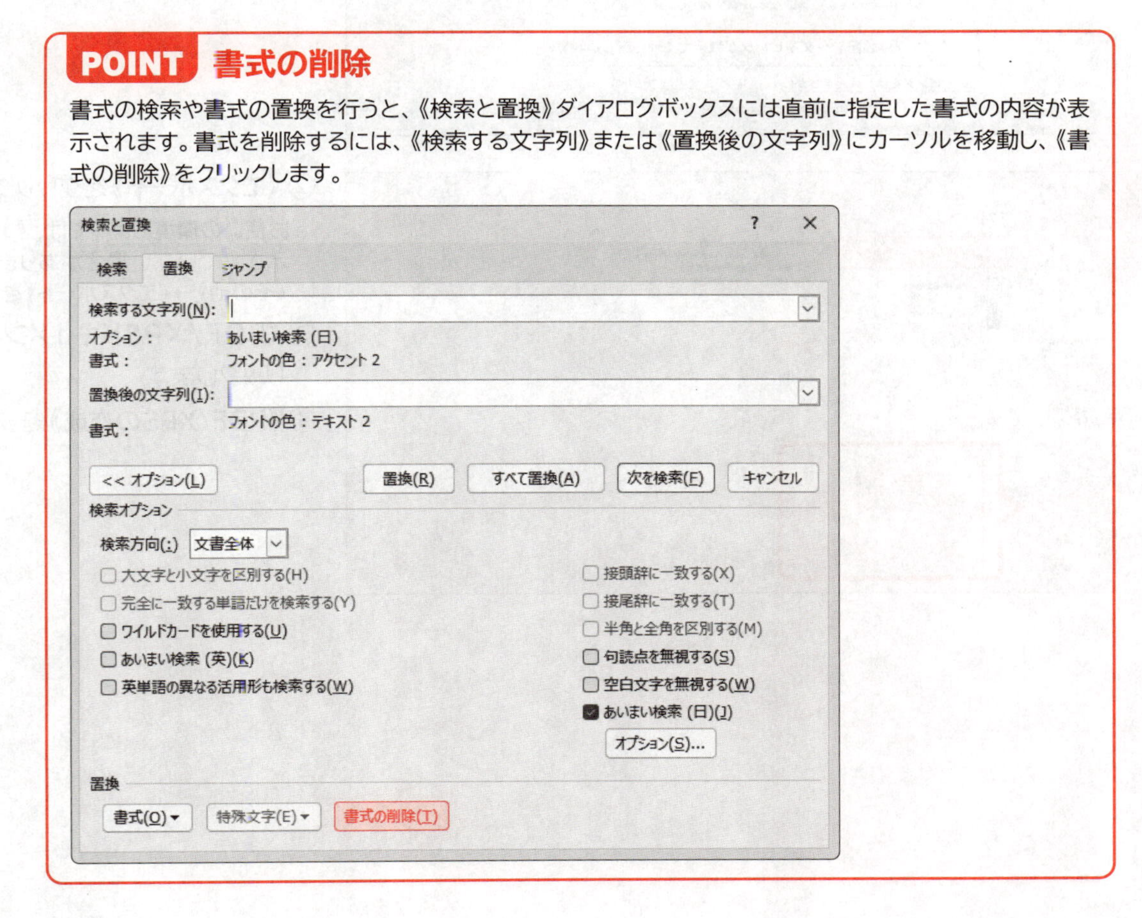

STEP 2 PDFファイルとして保存する

1 PDFファイル

「PDFファイル」とは、パソコンの機種や環境に関係なく、元のアプリで作成したとおりに正確に表示できるファイル形式です。作成したアプリがなくてもファイルを表示できるので、閲覧用によく利用されています。
Wordでは、保存時にファイルの形式を指定するだけで、PDFファイルを作成できます。

2 PDFファイルとして保存

文書に**「ダイビングクラブニュース（7月号）」**と名前を付けて、PDFファイルとしてフォルダー**「第7章」**に保存しましょう。

①**《ファイル》**タブを選択します。

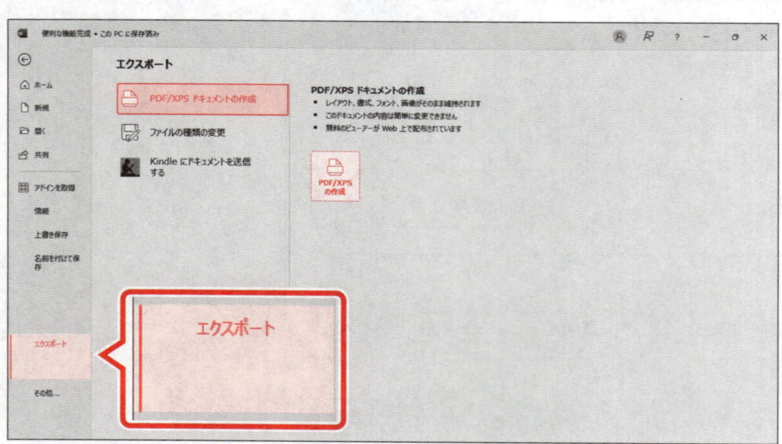

②**《エクスポート》**をクリックします。
※お使いの環境によっては、《エクスポート》が表示されていない場合があります。その場合は、《その他》→《エクスポート》をクリックします。
③**《PDF/XPSドキュメントの作成》**をクリックします。
④**《PDF/XPSの作成》**をクリックします。

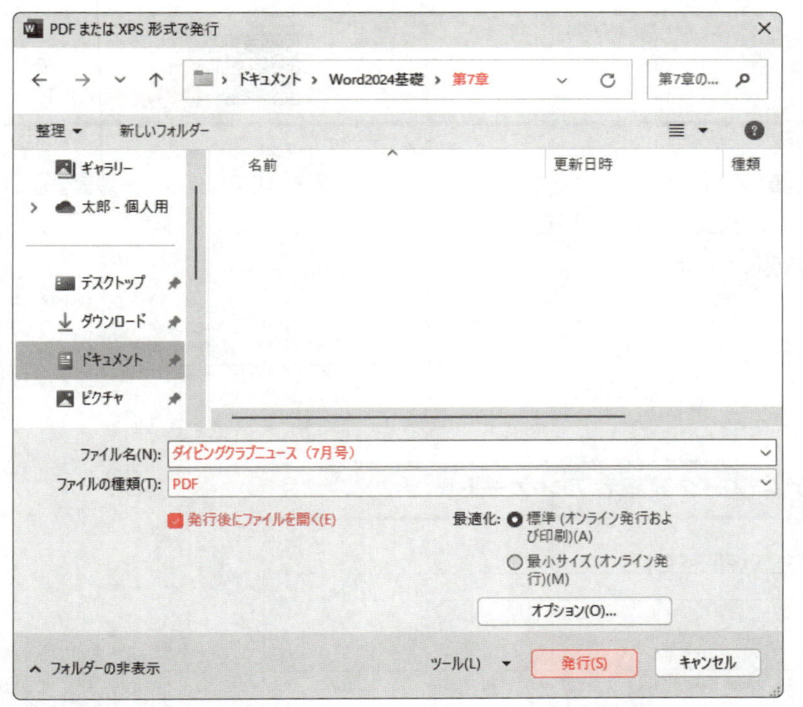

《PDFまたはXPS形式で発行》ダイアログボックスが表示されます。
PDFファイルを保存する場所を指定します。
⑤フォルダー**「第7章」**が表示されていることを確認します。
※フォルダー「第7章」が表示されていない場合は、《ドキュメント》→「Word2024基礎」→「第7章」を選択します。
⑥**《ファイル名》**に**「ダイビングクラブニュース（7月号）」**と入力します。
⑦**《ファイルの種類》**が**《PDF》**になっていることを確認します。
⑧**《発行後にファイルを開く》**を☑にします。
⑨**《発行》**をクリックします。

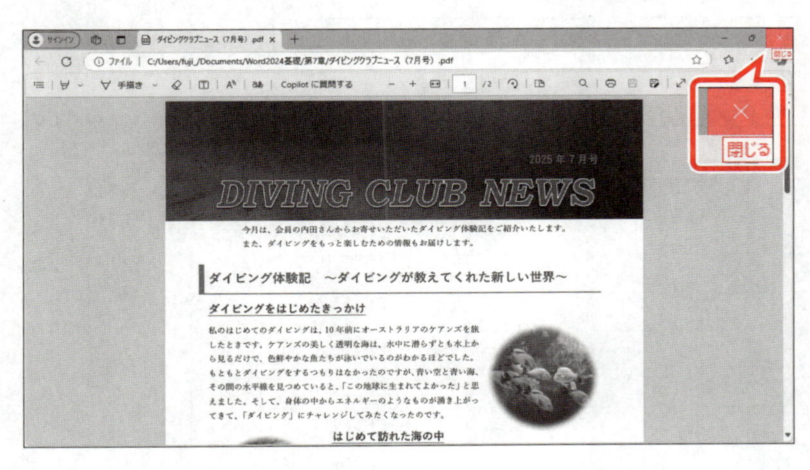

PDFファイルが作成されます。
PDFファイルを表示するアプリが起動し、PDFファイルが表示されます。

PDFファイルを閉じます。
⑩**《閉じる》**をクリックします。
※文書「便利な機能完成」を閉じておきましょう。

STEP UP 範囲を指定したPDFの作成

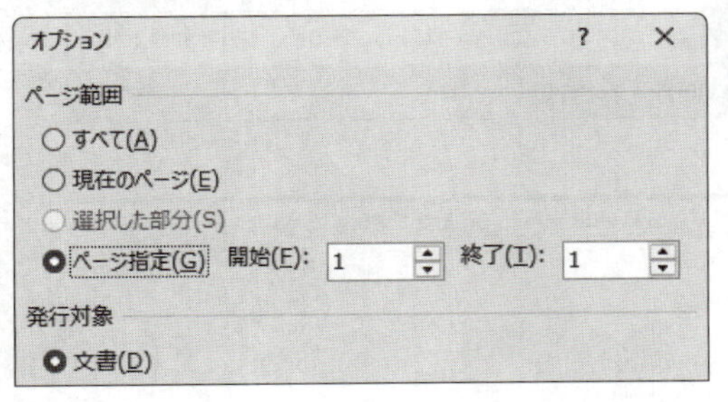

複数ページの文書をPDFファイルとして保存すると、すべてのページが発行対象になります。
一部のページだけを保存する場合は、《PDFまたはXPS形式で発行》ダイアログボックスの《オプション》をクリックし、《ページ範囲》の《ページ指定》を設定します。

STEP UP PDFファイルの編集

PDFファイルは、Wordで表示したり編集したりすることもできます。PDFファイルをWordで開くと、PDFファイル内のデータを自動的に変換して表示されます。ただし、ワードアートや図形、表などを使っている場合は、レイアウトが崩れてしまったり、文字として認識されなかったりする場合があります。
WordでPDFファイルを開く方法は、次のとおりです。
◆《ファイル》タブ→《開く》

練習問題

OPEN
第7章練習問題

あなたは、人事部門に所属しており、テレワークの改善点について検討するため、従業員に配布するアンケートを作成することになりました。
完成図のような文書を作成しましょう。

●完成図

テレワーク実施者アンケート

❖テレワーク実施時の環境について、ご回答ください。

所属	
業務内容	
家族構成	本人・配偶者・18歳以上（　　）人・18歳未満（　　）人
自宅住所	
事業所住所	
通勤手段	電車・バス・徒歩・その他　約　　時間　　分
テレワーク実施場所	自宅・実家（　　　）・サテライトオフィス（自社指定・一般共用）・その他（　　　）

❖テレワーク実施時において、事業所勤務時との違いをご回答ください。

集中して作業できる。	はい・いいえ・変わらない
不安に感じることがある。	はい・いいえ・変わらない
1日のタイムマネジメントがしやすい。	はい・いいえ・変わらない
時間外勤務が増えた。	はい・いいえ・変わらない
出費が増えた。	はい・いいえ・変わらない
趣味や運動などの自己実現の機会が増えた。	はい・いいえ・変わらない
家族関係が以前より良くなった。	はい・いいえ・変わらない
家族に負担がかかっていると感じる。	はい・いいえ・変わらない
地域の活動・学校行事などに参加できる。	はい・いいえ・変わらない

❖今後のテレワークにおける課題について、ご回答ください。

テレワークを継続したいですか。	はい・いいえ・どちらとも言えない
今後、許可してほしいテレワーク実施場所はどこですか。	

提出方法：メールに添付し、健康推進室（fom-healthup@xx.xx）までご送付ください。

① 文書内の**「Yes」**という単語を**「はい」**に、**「No」**という単語を**「いいえ」**に置換しましょう。

② 文書に**「テレワーク実施者アンケート（配布用）」**と名前を付けて、PDFファイルとしてフォルダー**「第7章」**に保存しましょう。保存後、PDFファイルを表示しましょう。

※PDFファイルを閉じておきましょう。
※文書に「第7章練習問題完成」と名前を付けて、フォルダー「第7章」に保存し、閉じておきましょう。

総合問題

総合問題1

PDF 標準解答 ▶ P.12

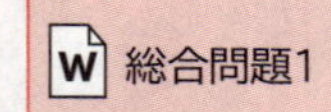

OPEN
総合問題1

あなたは、コーヒーの総合メーカーのカスタマーサポートに所属しており、カタログの送付状を作成することになりました。
完成図のような文書を作成しましょう。

※標準解答は、FOM出版のホームページで提供しています。P.5「5 学習ファイルと標準解答のご提供について」を参照してください。

※文書「総合問題1」は、行間やフォントサイズなどの設定がされている白紙の文書です。学習ファイルを使用せずに、新しい文書を作成して操作する場合は、P.100「Q&A」を参照してください。

●完成図

2025年4月1日

横浜雑貨販売株式会社
港店　小石川　様

FOMコーヒー株式会社
カスタマーサポート

カタログ送付のご案内

拝啓　陽春の候、貴社いよいよご隆盛のこととお慶び申し上げます。平素は格別のご高配を賜り、厚く御礼申し上げます。
　さて、ご請求いただきましたカタログを下記のとおりご送付いたします。ご査収のほど、よろしくお願い申し上げます。

敬具

記

【送付内容】
① コーヒーマシン総合カタログ　500部
② コーヒーマシンGREENシリーズカタログ　300部
③ コーヒーマシンREDシリーズカタログ　300部

以上

担当：九十九(つくも)

① 次のようにページのレイアウトを設定しましょう。

用紙サイズ	：A4
印刷の向き	：縦
1ページの行数	：28行

② 次のように文章を入力しましょう。

※入力を省略する場合は、フォルダー「総合問題」の文書「総合問題1（入力完成）」を開き、③に進みましょう。

HINT あいさつ文を挿入するには、《挿入》タブ→《テキスト》グループの《あいさつ文の挿入》を使います。

2025年4月1日↵
横浜雑貨販売株式会社↵
□□港店□小石川□様↵
FOMコーヒー株式会社↵
カスタマーサポート↵
↵
カタログ送付のご案内↵
↵
拝啓□陽春の候、貴社いよいよご隆盛のこととお慶び申し上げます。平素は格別のご高配を賜り、厚く御礼申し上げます。↵
□さて、下記のとおりご請求いただきました新シリーズのカタログをご送付いたします。よろしくお願い申し上げます。↵
敬具↵
↵
記↵
↵
【送付内容】↵
コーヒーマシン総合カタログ500部↵
コーヒーマシンGREENシリーズカタログ300部↵
コーヒーマシンREDシリーズカタログ300部↵
↵
以上↵
↵
担当：九十九

※↵で Enter を押して改行します。
※□は全角空白を表します。
※「【 】」は「かっこ」と入力して変換します。
※お使いの環境によっては、文章の折り返し位置が異なる場合があります。

③ 発信日付**「2025年4月1日」**と発信者名**「FOMコーヒー株式会社」「カスタマーサポート」**、担当者名**「担当：九十九」**を右揃えにしましょう。

④ タイトル**「カタログ送付のご案内」**に、次の書式を設定しましょう。

フォント　　　：MSゴシック	二重下線
フォントサイズ：20	中央揃え
太字	

⑤ **「下記のとおり」**を**「ご送付いたします。」**の前に移動しましょう。

⑥ **「新シリーズの」**を削除しましょう。

⑦ **「…ご送付いたします。」**のうしろに**「ご査収のほど、」**を挿入しましょう。

⑧ **「【送付内容】」**の行から**「コーヒーマシンRED…」**で始まる行までに、5文字分の左インデントを設定しましょう。

⑨ カタログの部数の**「500部」「300部」**を約30字の位置にそろえましょう。

⑩ **「コーヒーマシン総合カタログ…」**で始まる行から**「コーヒーマシンRED…」**で始まる行までに、「①②③」の段落番号を付けましょう。

⑪ 担当名の**「九十九」**に**「つくも」**とルビを付けましょう。

⑫ 印刷イメージを確認し、1部印刷しましょう。

※文書に「総合問題1完成」と名前を付けて、フォルダー「総合問題」に保存し、閉じておきましょう。

総合問題2

PDF 標準解答 ▶ P.14

総合問題2

あなたは、照明専門のショールームに勤務しています。ショールームが移転することになり、お客様向けの案内文を作成することになりました。
完成図のような文書を作成しましょう。

●完成図

2025年2月24日

お客様各位

株式会社FOMライトニング
代表取締役　石橋　光司

ショールーム**AKARI**移転のお知らせ

拝啓　春寒の候、ますますご清祥の段、お慶び申し上げます。平素はひとかたならぬ御愛顧を賜り、厚く御礼申し上げます。

このたび、ショールームAKARIを下記のとおり移転することになりました。
新しいショールームは、住宅や店舗のシミュレーションコーナーを充実させ、ご検討中の計画に役立つあかり空間を体感していただけます。

これを機に、スタッフ一同、より質の高いサービスをお客様にご提供していく所存でございます。

今後とも、より一層の御愛顧を賜りますようお願い申し上げます。

敬具

記

◆　営業開始日：2025年4月1日（火）
※3月30日（日）までは、旧住所にて営業しております。
※3月31日（月）は、勝手ながら臨時休館とします。
◆　新住所　　：〒108-0074　東京都港区高輪X-X-X　FOMビル3階
◆　新電話番号：0120-XXX-XXX
◆　最寄り駅　：

駅名	路線名	出口	所要時間
品川駅	京急本線	高輪口	徒歩6分
	JR在来線／新幹線	高輪口	
高輪台駅	都営浅草線	A1	徒歩10分

以上

① **「株式会社FOMライトニング」**の下に1行追加して**「代表取締役□石橋□光司」**と入力しましょう。

※□は全角空白を表します。

② 発信日付**「2025年2月24日」**と発信者名**「株式会社FOMライトニング」「代表取締役　石橋　光司」**を右揃えにしましょう。

③ タイトル**「ショールームAKARI移転のお知らせ」**に、次の書式を設定しましょう。
次に、**「AKARI」**のフォントを**「Arial Black」**に設定しましょう。

> **フォントサイズ：14**
> **中央揃え**

④ **「営業開始日…」**で始まる行、**「新住所…」**で始まる行から**「最寄り駅　：」**の行までに、2文字分の左インデントを設定しましょう。

⑤ **「営業開始日…」**で始まる行、**「新住所…」**で始まる行から**「最寄り駅　：」**の行までに、**「◆」**の行頭文字を付けましょう。

⑥ **「※3月30日(日)…」**で始まる行から**「※3月31日(月)…」**で始まる行までに、10文字分の左インデントを設定しましょう。

⑦ **「◆最寄り駅　：」**の下の行に4行4列の表を作成し、次のように表に文字を入力しましょう。

駅名	路線名	出口	所要時間
品川駅	京急本線	高輪口	徒歩6分
	JR在来線／新幹線	高輪口	
高輪台駅	都営浅草線	A1	徒歩10分

⑧ 表の2～3行1列目と2～3行4列目のセルを結合しましょう。

⑨ 表全体の列の幅をセル内の最長のデータに合わせて、自動調整しましょう。
次に、完成図を参考に、表のサイズを縦方向に拡大しましょう。

⑩ 表の1行目の文字をセル内で**「中央揃え」**に設定しましょう。
次に、それ以外の文字をセル内で**「中央揃え(左)」**に設定しましょう。

⑪ 表の1行目に**「オレンジ、アクセント2、白+基本色60%」**の塗りつぶしを設定しましょう。

⑫ 表の1行目の下側の罫線を次のように変更しましょう。

> **種類　　：** ＝＝＝＝＝
> **線の太さ：0.25pt**

⑬ 表全体を行の中央に配置しましょう。

※文書に「総合問題2完成」と名前を付けて、フォルダー「総合問題」に保存し、閉じておきましょう。

総合問題3

OPEN

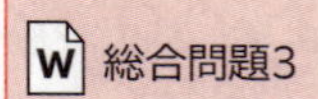

あなたは、ショッピングサイトの運営会社に勤務しています。ショッピングサイトの認証方法が変わるため、お客様向けの案内文を作成することになりました。
完成図のような文書を作成しましょう。

●完成図

2025年3月3日

会員各位

株式会社F&Mショッピング

ログイン方法変更のお知らせ

平素は格別のお引き立てをいただき、厚く御礼申し上げます。
さて、このたびF&Mショッピングでは、会員の皆様に安心してショッピングサイトをご利用いただけるよう、ログイン時の認証方法を下記のとおり2段階認証に変更いたします。2段階認証の利用開始にあたっては、ご自身で設定を行っていただく必要があります。
つきましては、設定の流れをご確認いただき、ワンタイムパスワードの設定を行っていただきますよう、お願い申し上げます。

記

- 利用開始日時　　2025年4月1日（火）　午前7時
- 変更後の認証方法　　【1段階目】従来のIDとパスワードで認証
  【2段階目】ワンタイムパスワードで認証
  ※2025年12月末日までは、従来の方法でもログイン可能
- ワンタイムパスワードの設定の流れ

1	F&Mショッピングサイト（https://www.fandm-shop.xx.xx/）にログイン ※現在のIDとパスワードでログインしてください。
2	《アカウント情報》を選択
3	《2段階認証の利用設定》を選択
4	《利用する》を選択
5	《送信》を選択
6	《認証キー》に「半角数字6桁」を入力 ※アカウント情報として登録したメールアドレスに「認証キー」（半角数字6桁）が届きます。
7	《設定》を選択
8	設定完了

以上

本件に関するお問い合わせ：F&Mショッピング　認証サポート窓口）0120-XXX-XXX

① 次のようにページのレイアウトを設定しましょう。

用紙サイズ	：A4
印刷の向き	：縦
余白	：上 25mm　下 20mm　左右 30mm
1ページの行数	：38行

② 次の文字を約12字の位置にそろえましょう。

2025年4月1日（火）　午前7時
【1段階目】従来のIDとパスワードで認証
【2段階目】ワンタイムパスワードで認証
※2025年12月末日までは、従来の方法でもログイン可能

③ **「利用開始日時…」**で始まる行、**「変更後の認証方法…」**で始まる行、**「ワンタイムパスワードの設定の流れ」**の行に、**「●」**の行頭文字を付けましょう。

④ 表にスタイル**「グリッド（表）5濃色」**を適用しましょう。
次に、1行目の強調と行方向の縞模様を解除しましょう。

⑤ 表全体の列の幅をセル内の最長のデータに合わせて、自動調整しましょう。

⑥ 表の1列目の文字をセル内で**「中央揃え」**に設定しましょう。

⑦ 表の7行目の下に1行挿入しましょう。
次に、挿入した行の1列目に**「8」**、2列目に**「設定完了」**と入力しましょう。

⑧ **「本件に関するお問い合わせ…」**で始まる行に、次の書式を設定しましょう。

●文字と段落

フォント	：游ゴシックLight
フォントの色	：濃い赤
太字	
中央揃え	

●段落罫線

種類	：段落の上と下　═══════
色	：濃い赤
線の太さ	：0.5pt

※文書に「総合問題3完成」と名前を付けて、フォルダー「総合問題」に保存し、閉じておきましょう。

総合問題4

PDF 標準解答 ▶ P.18

OPEN

総合問題4

あなたは、総合体育館のスタッフで、施設の利用届のフォーマットを作成することになりました。
完成図のような文書を作成しましょう。

●完成図

※ご利用終了後、以下の内容を記入し、体育館窓口に提出してください。

利用日：　　年　月　日

総合体育館　利用届

■利用者

代表者名		団体名	
電話番号			
メールアドレス			

■利用内容

利用施設		利用人数	名
利用目的			
利用日	年　月　日～　年　月　日		
利用時間	午前・午後　時　分　～　午前・午後　時　分		
終了時確認	□使った用具がそろっている。 □使った用具や施設が破損していない。 □使った用具を元の位置に戻した。 □掃除を行った。 □忘れ物はない。		
その他	※施設利用時にお気づきの点がございましたら、ご記入ください。		

<体育館窓口>

受付

① タイトルの**「総合体育館　利用届」**の文字を枠で囲みましょう。

HINT 文字を枠で囲むには、《ホーム》タブ→《フォント》グループの《囲み線》を使います。

② **「■利用者」**の下の行に3行4列の表を作成し、次のように表に文字を入力しましょう。

代表者名		団体名	
電話番号			
メールアドレス			

③ 完成図を参考に、**「■利用者」**の表の1列目と3列目の列の幅を変更しましょう。

④ **「■利用者」**の表の2行2～4列目のセルと3行2～4列目のセルを結合しましょう。

⑤ **「■利用者」**の表の1列目と1行3列目の文字をセル内で均等に割り付けましょう。

⑥ **「■利用者」**の表の1列目と1行3列目に、**「濃い青、テキスト2、白+基本色90%」**の塗りつぶしを設定しましょう。

⑦ **「■利用内容」**の表の**「利用日」**の行の上に1行挿入しましょう。
次に、挿入した行の1列目のセルに**「利用目的」**と入力しましょう。

⑧ **「■利用内容」**の表の1行2列目のセルを3つに分割しましょう。
次に、分割した1行3列目のセルに**「利用人数」**、1行4列目のセルに**「名」**と入力しましょう。

HINT セルを分割するには、《テーブルレイアウト》タブ→《結合》グループの《セルの分割》を使います。

⑨ 完成図を参考に、**「■利用内容」**の表の1行目の列の幅を変更しましょう。
次に、1行3列目のセルに**「濃い青、テキスト2、白+基本色90%」**の塗りつぶしを設定しましょう。

⑩ 完成図を参考に、**「■利用内容」**の表のそれぞれの行の高さを変更しましょう。

⑪ **「■利用内容」**の表の1列目と1行3列目、3～4行2列目の文字をセル内で**「中央揃え」**、1行4列目の文字を**「下揃え(右)」**に設定しましょう。

⑫ **「■利用内容」**の表の1列目と1行3列目の文字をセル内で均等に割り付けましょう。

⑬ **「<体育館窓口>」**の表の**「承認」**の列を削除しましょう。

⑭ **「<体育館窓口>」**と、**「<体育館窓口>」**の表全体を行の右端に配置しましょう。

※文書に「総合問題4完成」と名前を付けて、フォルダー「総合問題」に保存し、閉じておきましょう。

総合問題5

PDF 標準解答 ▶ P.20

OPEN

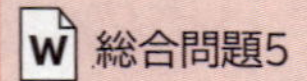

総合問題5

あなたは、市民講座の講師を担当しており、講座の説明資料を作成することになりました。
完成図のような文書を作成しましょう。

●完成図

市民講座「デジタル情報の管理方法」 第１部　情報を守る

あなたのパスワードは大丈夫？

自分の情報を守ること、それが「情報セキュリティ」です。

今回は、「パスワード」について考えてみましょう。

1. パスワードの決め方は？

パスワードを決めるときには、次のようなことに気を付けましょう。

身近な情報をパスワードに使わないようにしましょう。名前や生年月日、電話番号など、本人の個人情報から簡単に推測できるものや、辞書に載っている単語などは使わないようにします。

過去に使っていたパスワードや、同じパスワードをほかで使わないようにします。パソコンにログインするとき、インターネットを利用するときなど、それぞれ異なるパスワードを設定します。

英字の大文字や小文字、数字、記号など、複数の文字の種類を組み合わせて複雑なものにします。組み合わせる文字や記号に決まりがある場合もあるので、確認しましょう。

短いパスワードは見破られる可能性が高いので、8文字以上のパスワードを設定します。文字数が多いほど安全性が高くなります。

2. パスワードの管理は？

パスワードは大切な情報です。次のようなことに注意して、管理しましょう。

- ✓ 初期値のパスワードは必ず変更しましょう。
- ✓ パスワードを入力しているところを他人に見られないようにしましょう。
- ✓ パスワードは誰かに見られる可能性がある手帳などには記入しないようにしましょう。
- ✓ パスワードは他人に教えないようにしましょう。

いかがでしたか？　この機会に、自分の使っているパスワードについて見直してみましょう。
次回も、皆様の情報を守るお手伝いができる内容をお届けする予定です。お楽しみに。

わかば市役所　デジタル推進課

① 次のようにページのレイアウトを設定しましょう。

用紙サイズ	**：A4**
印刷の向き	**：縦**
余白	**：上下左右20mm**

② **「市民講座「デジタル情報の管理方法」　第1部　情報を守る」**に次の書式を設定しましょう。

フォント	**：Meiryo UI**
フォントの色	**：濃い青緑、アクセント1、黒+基本色25%**
囲み線	

③ **「市民講座「デジタル情報の管理方法」…」**の下の行に、ワードアートを使って、**「あなたのパスワードは大丈夫？」**というタイトルを挿入しましょう。ワードアートのスタイルは**「塗りつぶし：白；輪郭：オレンジ、アクセントカラー2；影（ぼかしなし）：オレンジ、アクセントカラー2」**にします。

④ ワードアートのフォントを**「Meiryo UI」**に変更しましょう。
次に、完成図を参考に、ワードアートの位置を変更しましょう。

⑤ **「自分の情報を守ること…」**で始まる行から**「今回は、「パスワード」…」**で始まる行までの行間を現在の1.5倍に変更しましょう。

⑥ **「パスワードの決め方は？」**に次の書式を設定しましょう。

フォント	**：MSPゴシック**	**フォントの色**	**：濃い青緑、アクセント1、黒+基本色25%**
フォントサイズ	**：14**	**文字の効果**	**：影　外側 オフセット：下**
太線の下線		**段落番号**	**：1.2.3.**

⑦ ⑥で設定した書式を**「パスワードの管理は？」**にコピーしましょう。

⑧ **「身近な情報を…」「過去に使っていた…」「英字の大文字や小文字…」「短いパスワード…」**で始まる段落の先頭文字に、次のようにドロップキャップを設定しましょう。

位置	**：本文内に表示**
ドロップする行数	**：2行**
本文からの距離	**：3mm**

⑨ **「初期値のパスワード…」**で始まる行から**「パスワードは他人に…」**で始まる行までに、**「✔」**の箇条書きを設定しましょう。

⑩ 完成図を参考に、**「いかがでしたか？…」**で始まる行から**「わかば市役所…」**で始まる行までを囲むように、図形**「四角形：メモ」**を作成しましょう。
次に、図形にスタイル**「透明、色付きの輪郭-濃い青緑、アクセント1」**を適用しましょう。

⑪ 次のようにページ罫線を設定しましょう。

種類	**：――――――――**
色	**：濃い青緑、アクセント1、黒+基本色25%**
線の太さ	**：2.25pt**

※文書に「総合問題5完成」と名前を付けて、フォルダー「総合問題」に保存し、閉じておきましょう。

総合問題6

PDF 標準解答 ▶ P.23

OPEN
総合問題6

あなたは、総合体育館のスタッフで、施設の利用ガイドを作成することになりました。
完成図のような文書を作成しましょう。

●完成図

2025年4月版

総合体育館利用ガイド

わかば市総合体育館の施設やスクールなどの利用方法をご

<フロント>

チェックイン・チェックアウトは、こちらで行ってください。

タオルやウェア、シューズなどレンタル品も貸し出しています。

<ロッカー>

トレーニングに必要なもの以外は、ロッカーで保管してください。

貴重品は専用のロッカーをご利用ください。月契約の貸ロッカーもご用

施設のご利用方法

チェックイン（入館時）からチェックアウト（退館時）まで、施設のご利用方法は、次のとおりです。

(1) チェックイン…………フロントのバーコードリーダーでチェックイン

(2) 着替え…………………ロッカールーム

※すべてのお荷物はロッカーで保管してください。

……スタジオ・プール・マシンジムなどでトレーニング

……フロントのバーコードリーダーでチェックアウト

ョンサービスのご利用方法

オル・シューズなどを貸し出しています。

ションサービスにご加入いただくと、月に何回でも借りることができます。

<レンタル料金表>

ンタル品	料金／回	レンタル品	料金／回
	200円	シューズ	200円
	100円	水着	200円
下	200円	スイムキャップ	100円

<レンタルオプションサービス料金表>

項目	レンタル品	料金／月
タル	タオル大・小・ウェア上下・シューズ	2,000円
ット	タオル大・小	1,000円
	シューズ	1,000円
ー	ロッカー	1,000円

2 / 3

スクールのご利用方法

総合体育館では、スイミング・ダンス・テニス・ゴルフの4つのスクールを開講しています。初心者の方から、レベルアップをはかりたい上級者の方まで、レベルと目的に合った様々なコースをご用意しています。

◆フロントでお申し込み

会員証を提示し、フロントでお申し込みください。

◆インターネットでお申し込み

以下のウェブページにアクセスして、フォームよりお申し込みください。

https://www.wakaba-city.xx.xx/　または「わかば市総合体育館」で検索

㊟定員になり次第、受付は終了となります。

作成：わかば市総合体育館

3 / 3

① **「総合体育館利用ガイド」**の段落に、次の段落罫線を設定しましょう。

種類	**：段落の上** ＝＝＝＝＝　**段落の下** ＝＝＝＝＝
色	**：緑、アクセント6**
線の太さ	**：3pt**

② **「総合体育館利用ガイド」**の左側に図形**「L字」**を作成し、完成図を参考に回転しましょう。次に、図形にスタイル**「枠線-淡色1、塗りつぶし-濃い緑、アクセント3」**を適用しましょう。

HINT 図形を回転するには、図形の（ハンドル）をドラッグします。

③ ②で作成した図形を**「総合体育館利用ガイド」**の右側にコピーし、完成図を参考に、図形を回転しましょう。

④ **「<フロント>」「<ロッカー>」「<ショップ>」「<スタジオ>」「<プール>」「<お風呂（温浴・冷浴）>」「<サウナ>」「<パウダールーム>」**に、文字の効果**「光彩：11pt；緑、アクセントカラー6」**を適用しましょう。

⑤ **「施設のご利用方法」**の行が2ページ目の先頭、**「スクールのご利用方法」**の行が3ページ目の先頭になるように、改ページを挿入しましょう。

⑥ **「施設のご利用方法」**の文字と段落に、次の書式を設定しましょう。

●文字

フォントの色	**：緑、アクセント6、黒+基本色25%**

●段落罫線

種類	**：段落の左と下** ―――――
色	**：緑、アクセント6**
線の太さ	**：2.25pt**

⑦ ⑥で設定した書式を**「レンタルオプションサービスのご利用方法」「スクールのご利用方法」**にコピーしましょう。

⑧ **「（1）チェックイン」「（2）着替え」「（3）トレーニング」「（4）チェックアウト」**のうしろの文字と、**「※すべてのお荷物は…」**を約12字の位置にそろえましょう。
次に、完成図を参考に、**「（1）チェックイン」「（2）着替え」「（3）トレーニング」「（4）チェックアウト」**の右側にリーダーを表示しましょう。

⑨ **「<レンタル料金表>」**と**「<レンタルオプションサービス料金表>」**の表に、スタイル**「グリッド（表）2-アクセント6」**を適用しましょう。次に、最初の列の強調を解除しましょう。
また、**「<レンタル料金表>」**と**「<レンタルオプションサービス料金表>」**の表全体を行の中央に配置しましょう。

⑩ **「定員になり次第、受付は終了となります。」**の行の先頭に**「㊟」**の囲い文字を挿入しましょう。囲い文字は文字のサイズを合わせます。

⑪ 文書内の**「窓口」**を**「フロント」**に一度に置換しましょう。

⑫ ページの下部に**「太字の番号3」**のページ番号を追加しましょう。次に、ページ番号を下から**「5mm」**の位置に設定しましょう。

HINT ページ番号の位置を変更するには、《ヘッダーとフッター》タブ→《位置》グループの《下からのフッター位置》を使います。

※文書に「総合問題6完成」と名前を付けて、フォルダー「総合問題」に保存し、閉じておきましょう。

総合問題7

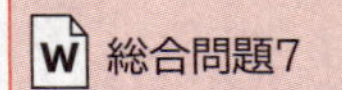

あなたは、フランス料理のレストランのスタッフで、新しいコース料理のチラシを作成することになりました。
完成図のような文書を作成しましょう。

●完成図

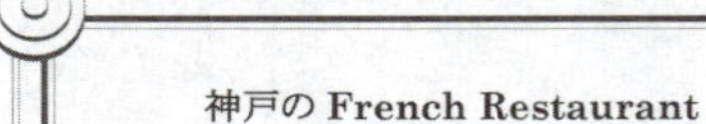

神戸の French Restaurant

Le Jardin de Piano

当レストランではフランスの伝統料理をお楽しみいただけます。
また、ディナータイムには、ピアノの生演奏が毎日ございます。
美味しいお料理を心地よい音色と共にお届けします。

Course Menu

Lunch Course　5,830円	Dinner Course　12,100円
本日のスープ	本日のスープ
シェフおすすめオードブル	シェフおすすめオードブル
全粒粉を使った手作りパン	グリーンサラダ
鹿ロースのグリル	全粒粉を使った手作りパン
本日のデザート	牛フィレ肉のシャトーブリアン
コーヒー	デザート3種
	コーヒー
全6品	全7品

Information

✧ 営業時間	ランチ	11:30～14:30(14:00 Last Order)
	ディナー	18:00～22:00(21:30 Last Order)
✧ 演奏者	音田 奏／前田 花音	

French Restaurant Le Jardin de Piano (ル ジャルダン ド ピアノ)
神戸市中央区波止場町X-X ℡078-333-XXXX

① テーマの色を**「シック」**、テーマのフォントを**「Century Schoolbook MSP明朝 MSP明朝」**に変更しましょう。

HINT テーマの色を変更するには、《デザイン》タブ→《ドキュメントの書式設定》グループの《テーマの色》を使います。

② **「神戸のFrench Restaurant」**の下の行に、ワードアートを使って、店名の**「Le␣Jardin␣de␣Piano」**を挿入しましょう。
ワードアートのスタイルは**「塗りつぶし：濃い紫、アクセントカラー5；輪郭：白、背景色1；影(ぼかしなし)：濃い紫、アクセントカラー5」**にします。

※␣は半角空白を表します。

③ 次のようにワードアートを変更しましょう。

フォント	**：メイリオ**
変形	**：三角形：上向き**

④ 完成図を参考に、ワードアートのサイズと位置を変更しましょう。

⑤ **「Lunch Course　5,830円」**から**「全7品」**までの文章を2段組みにしましょう。

⑥ **「営業時間」「演奏者」**を5文字分の幅に均等に割り付けましょう。

⑦ **「ランチ…」「ディナー…」「音田　奏…」**を約10字の位置にそろえましょう。
次に、**「11：30…」「18：00…」**を約16字の位置にそろえましょう。

⑧ **「演奏者…」**の下の行に、フォルダー**「総合問題」**の画像**「ピアノ」**を挿入しましょう。
次に、完成図を参考に画像のサイズを変更し、行内で中央に配置しましょう。

⑨ 住所の上の**「Le Jardin de Piano」**に**「ル ジャルダン ド ピアノ」**とルビを付けましょう。
ルビのフォントは**「MSP明朝」**にします。

⑩ 次のようにページ罫線を設定しましょう。

絵柄	**：**
色	**：オレンジ、アクセント1、黒+基本色25%**
線の太さ	**：31pt**

※文書に「総合問題7完成」と名前を付けて、フォルダー「総合問題」に保存し、閉じておきましょう。

総合問題8

PDF 標準解答 ▶ P.28

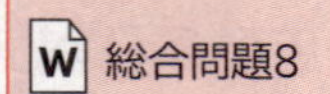

OPEN
総合問題8

あなたは、生花店のスタッフで、母の日のフラワーギフトのチラシを作成することになりました。
完成図のような文書を作成しましょう。

●完成図

Florist FOM

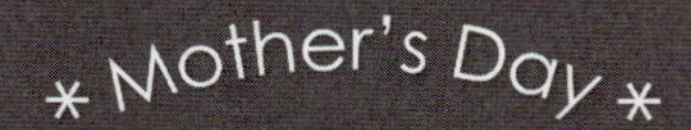

母の日ギフト

5月第2日曜日は『母の日』です。

日頃の感謝の気持ちを込めてお花を贈りませんか？

Florist FOMでは、ご予約のお客様限定のフラワーギフトをご用意いたしました。

◆ 商品案内

商品番号①：カーネーション鉢植え
レッド／ピンク／イエローの3色からお選びいただけます。ご注文時にご指定ください。
高さ：約30cm
特別販売価格：2,700円（税込）

商品番号②：寄せ植え
ミニバラ、ガーベラ、アイビーの寄せ植えです。
お花の色は当店にお任せください。
高さ：約20cm
特別販売価格：3,600円（税込）

◆ 特典

・特別販売価格（商品価格の10%OFF）でご提供
・オリジナルカード、ラッピング、鉢カバー、人形のピックをプレゼント
・長く楽しむためのお手入れBOOKをプレゼント

◆ お届け期間：2025年5月9日（金）～11日（日）

◆ お申し込み方法

申込用紙に必要事項をご記入いただき、5月1日（木）までにお申し込みください。

◆ お問い合わせ先

Florist FOM　担当：高梨（TEL：0120-333-XXX）

① テーマ**「イオンボードルーム」**を適用しましょう。

② 完成図を参考に、ページ上部に**「長方形」**の図形を作成し、次のように図形に書式を設定しましょう。

文字列の折り返し：背面 **図形のスタイル　：塗りつぶし-赤、アクセント2、アウトラインなし**

③ **「5月第2日曜日…」**で始まる行から**「Florist FOMでは、…」**で始まる行までのフォントの色を**「白、背景1」**に設定しましょう。

④ ワードアートを使って、1行目に次のようなタイトルを挿入しましょう。ワードアートのスタイルは**「塗りつぶし：黒、文字色1；影」**にします。

1行目：＊Mother's␣Day＊ **2行目：母の日ギフト**

※「＊」は全角で入力します。
※␣は半角空白を表します。

⑤ 次のようにワードアートの文字の効果を変更しましょう。
次に、完成図を参考にワードアートのサイズと位置を変更しましょう。

フォントサイズ　：1行目　28ポイント **　　　　　　　　　2行目　48ポイント** **文字の塗りつぶし：白、背景1** **変形　　　　　　：ボタン**

⑥ 完成図を参考に、ページ右上に**「正方形/長方形」**の図形を作成し、**「Florist␣FOM」**と入力しましょう。次に、次のように書式を設定し、完成図を参考に図形を回転しましょう。

塗りつぶし：白、背景1	**フォントの色　：赤、アクセント2**
枠線　　　：枠線なし	**フォントサイズ：24ポイント**

※␣は半角空白を表します。

⑦ **「商品案内」**の行に次の書式を設定しましょう。次に、設定した書式を**「特典」「お届け期間…」「お申し込み方法」「お問い合わせ先」**の行にコピーしましょう。

フォントサイズ：16ポイント	**文字の効果：影　外側 オフセット：右下**
フォントの色　：赤、アクセント2	**箇条書き　：◆の行頭文字**

⑧ **「・特別販売価格…」**で始まる行から**「・長く楽しむための…」**で始まる行、**「申込用紙に…」**で始まる行、**「Florist FOM　担当…」**で始まる行に2文字分の左インデントを設定しましょう。

⑨ フォルダー**「総合問題」**の画像**「カーネーション」**と**「寄せ植え」**を挿入しましょう。
次に、2つの画像に次の書式を設定し、完成図を参考に位置とサイズを変更しましょう。

文字列の折り返し：四角形 **図のスタイル　　：メタルフレーム** **枠線の色　　　　：赤、アクセント2**

⑩ フォルダー**「総合問題」**の画像**「ピンクボーダー」**を挿入し、文字列の折り返しを**「背面」**に設定しましょう。次に、完成図を参考に位置とサイズを変更しましょう。

※文書に「総合問題8完成」と名前を付けて、フォルダー「総合問題」に保存し、閉じておきましょう。

総合問題9

標準解答 ▶ P.32

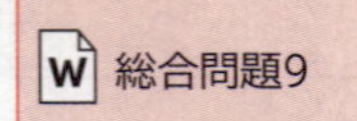

あなたは、生花店のスタッフで、母の日のフラワーギフトのチラシと申込用紙を作成することになりました。
完成図のような文書を作成しましょう。

●完成図

◆ 商品案内

選び
い。

です。

OFF）でご提供
鉢カバー、人形のピックをプレゼント
Kをプレゼント
9日（金）～11日（日）

き、5月1日（木）までにお申し込みください。
（TEL：0120-333-XXX）

■母の日特別ギフト　申込用紙■

お届け先①

〒	商品番号	
	商品名	
電話番号	特別販売価格	円
		様

お届け先②

〒	商品番号	
	商品名	
電話番号	特別販売価格	円
		様

お届け先③

〒	商品番号	
	商品名	
電話番号	特別販売価格	円
		様

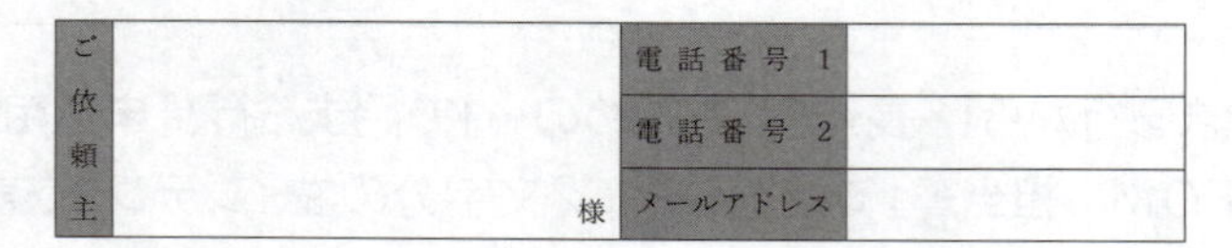

ご依頼主		電話番号1	
		電話番号2	
	様	メールアドレス	

※ご依頼主の電話番号には日中つながりやすい番号をご記入ください。

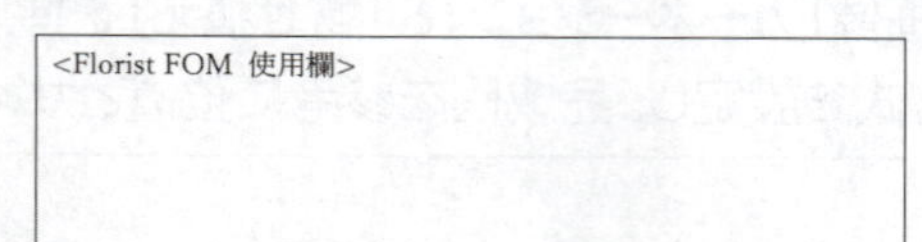
<Florist FOM 使用欄>

① **「■母の日特別ギフト　申込用紙■」**の行が2ページ目の先頭になるように、改ページを挿入しましょう。

② 2ページ目の**「お届け先①」**の下の行に4行3列の表を作成し、次のように表に文字を入力しましょう。

〒	商品番号	
	商品名	
電話番号	特別販売価格	円
		様

※「〒」は「ゆうびん」と入力して変換します。

③ 表の1～2行1列目のセルと4行1～3列目のセルを結合しましょう。
次に、完成図を参考に、表の列の幅を変更しましょう。

④ 表の**「円」**と**「様」**の文字をセル内で**「中央揃え（右）」**に設定しましょう。

⑤ 表の**「商品番号」「商品名」「特別販売価格」**の文字をセル内で均等に割り付けましょう。
次に、**「プラム、アクセント5、白+基本色60%」**の塗りつぶしを設定しましょう。

⑥ **「お届け先①」**の表を**「お届け先②」「お届け先③」**の下の行にコピーしましょう。

⑦ **「お届け先③」**の表の2行下に3行4列の表を作成し、次のように表に文字を入力しましょう。

ご依頼主	様	電話番号1	
		電話番号2	
		メールアドレス	

⑧ **「ご依頼主」**の表の1列目と2列目のセルを列ごとに結合しましょう。
次に、完成図を参考に、**「ご依頼主」**の表の列の幅を変更し、行の高さをそろえましょう。

HINT 行の高さをそろえるには、《テーブルレイアウト》タブ→《セルのサイズ》グループの《高さを揃える》を使います。

⑨ **「ご依頼主」**の表の2列目の**「様」**の文字をセル内で**「下揃え（右）」**、3列目の文字をセル内で**「中央揃え」**に設定しましょう。

⑩ **「ご依頼主」**の表の3列目の文字をセル内で均等に割り付けましょう。
次に、**「ご依頼主」**の表の1列目と3列目に**「プラム、アクセント5、白+基本色60%」**の塗りつぶしを設定しましょう。

⑪ 完成図を参考に、**「<Florist FOM使用欄>」**の表のサイズを変更し、表全体を行の右端に配置しましょう。

⑫ **「◆商品案内」**の表の2列目のセルに、フォルダー**「総合問題」**の画像を挿入しましょう。
次に、完成図を参考に画像のサイズを変更しましょう。

1行目 ： 画像「カーネーション」
2行目 ： 画像「寄せ植え」

⑬ 文書に**「特別ギフトのご案内（配布用）」**と名前を付けて、PDFファイルとしてフォルダー**「総合問題」**に保存しましょう。保存後、PDFファイルを表示します。

※PDFファイルを閉じておきましょう。
※文書に「総合問題9完成」と名前を付けて、フォルダー「総合問題」に保存し、閉じておきましょう。

総合問題10

PDF 標準解答 ▶ P.34

OPEN

総合問題10

あなたは、こども向けのサーカスワークショップを企画しており、チラシを作成することになりました。
完成図のような文書を作成しましょう。

●完成図

サーカス芸って、見ているだけでワクワクドキドキしませんか？自分には絶対できないと思っているみなさん！この機会に、サーカス芸にチャレンジしてみましょう。サーカスの体の動きは体幹を鍛え、サーカスの芸術性は個性を伸ばし表現力を養います。当日の指導は、活躍中のサーカスアクターの方々です。普段できない運動を体験しながら、プロの技もお楽しみください。

◇コース（各コース 1,000 円）

・ジャグリング

ボールやクラブを使って複数の物を空中に投げたり取ったりを繰り返す技を体験します。
対象：中学生以上
定員：10 名

・シルホイール

自分の身長よりも大きな輪を扱う芸を体験します。使用する輪は身長によって決めるため、身長の制限があります。
対象：高校生以上
身長：155cm～175cm 程度
定員：5 名

・エアリアルシルク

天井からぶら下がる布を使った空中芸を体験します。
対象：中学生以上
定員：10 名

・クラウン

クラウン（道化師）の所作や、簡単なパントマイムなど、身体だけで表現する方法を体験します。
対象：制限なし
定員：7 名

◇開催スケジュール

（2025 年 3 月）

	2 日（日）	3 日（月）	4 日（火）	5 日（水）	6 日（木）	7 日（金）	8 日（土）
ジャグリング	△			★			◆
シルホイール	◆					★	△
エアリアルシルク			★		○		★
クラウン	○			△			○

○：10 時～　△：14 時～　◆：16 時～　★：19 時～

◇申込方法

お申し込みフォーム（ホームページ：https://www.wakaba-city.xx.xx/）よりお申し込みください。
※先着順です。定員になり次第、締め切らせていただきます。

お問い合わせ：わかば市役所　こども育成課　サーカスワークショップ担当　XXX-XXXX-XXXX

① テーマの色を「**赤紫**」、テーマのフォントを「**Arial　MSPゴシック　MSPゴシック**」に変更しましょう。

HINT テーマの色を設定するには、《デザイン》タブ→《ドキュメントの書式設定》グループの《テーマの色》を使います。

② 次の文字に書式を設定しましょう。

文字	フォントサイズ	文字の効果
こども育成ワークショップ	22	塗りつぶし：白；輪郭：青、アクセントカラー5；影
Challenge　ザ・サーカス	44	塗りつぶし：白；輪郭：青、アクセントカラー5；影
◇コース（各コース1,000円）	18	塗りつぶし：白；輪郭：ピンク、アクセントカラー1；光彩：ピンク、アクセントカラー1
・ジャグリング	16	塗りつぶし（グラデーション）：青、アクセントカラー4；輪郭：青、アクセントカラー4

HINT フォントサイズの一覧にないサイズを設定する場合は、フォントサイズを直接入力します。

③ 「**◇コース（各コース1,000円）**」に設定した書式を、次の文字にコピーしましょう。

◇開催スケジュール
◇申込方法

④ 「**・ジャグリング**」に設定した書式を、次の文字にコピーしましょう。

・シルホイール
・エアリアルシルク
・クラウン

⑤ 「**・ジャグリング**」から「**定員：7名**」までの文章を2段組みにしましょう。
次に、「**・エアリアルシルク**」の行が2段目の先頭になるように、段区切りを挿入しましょう。

⑥ 「**◇開催スケジュール（2025年3月）**」の表にスタイル「**一覧（表）2-アクセント4**」を適用しましょう。

⑦ 完成図を参考に、「**◇開催スケジュール（2025年3月）**」の表の「**3日（月）**」の空欄のセルに、次のような右下がりの斜め罫線を引きましょう。

線の太さ　：1.5pt
色　　　　：青、アクセント4、白+基本色60%

HINT 右下がりの斜め罫線を引くには、《テーブルデザイン》タブ→《飾り枠》グループの《罫線》を使います。

⑧ 「**◇開催スケジュール（2025年3月）**」の表の1列目以外の文字をセル内で「**中央揃え**」に設定しましょう。

⑨ **「◇開催スケジュール（2025年3月）」**の表全体を行の中央に配置しましょう。

⑩ **「◇開催スケジュール（2025年3月）」**の**「（2025年3月）」**を約36字の位置にそろえましょう。

⑪ **「○：10時…」**で始まる行に、1文字分の左インデントを設定しましょう。

⑫ **「お問い合わせ…」**で始まる行に、次の書式を設定しましょう。

文字の網かけ
右揃え

HINT 文字の網かけを設定するには、《ホーム》タブ→《フォント》グループの《文字の網かけ》を使います。

⑬ **「こども育成ワークショップ」**の行の先頭に、**「教育」**で検索されるアイコンを挿入しましょう。次に、アイコンに次の書式を設定し、完成図を参考にサイズと位置を変更しましょう。

グラフィックのスタイル：淡色1の塗りつぶし、色付きの枠線-アクセント5
文字列の折り返し　　：四角形

※インターネットに接続している状態で操作します。

⑭ フォルダー**「総合問題」**の画像**「ボール」**を挿入しましょう。
次に、画像の文字列の折り返しを**「背面」**に設定し、完成図を参考に画像の位置とサイズを変更しましょう。

※文書に「総合問題10完成」と名前を付けて、フォルダー「総合問題」に保存し、閉じておきましょう。

実践問題

実践問題をはじめる前に

本書の学習の仕上げに、実践問題にチャレンジしてみましょう。
実践問題は、ビジネスシーンにおける上司や先輩からの指示・アドバイスをもとに、求められる結果を導き出すためのWordの操作方法を自ら考えて解く問題です。
次の流れを参考に、自分に合ったやり方で、実践問題に挑戦してみましょう。

1　状況や指示・アドバイスを把握する

まずは、ビジネスシーンの状況と、上司や先輩からの指示・アドバイスを確認しましょう。

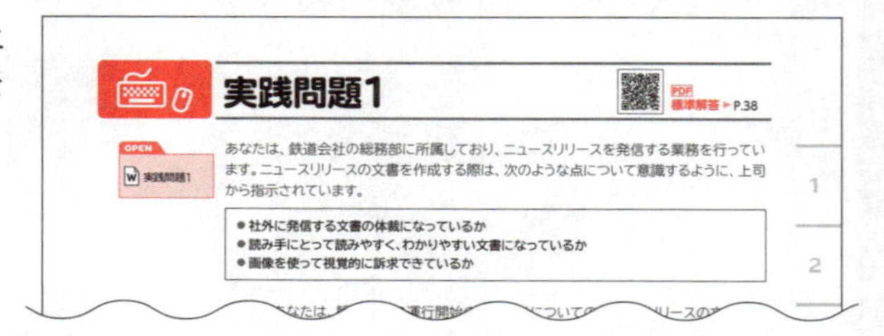

実践問題1

PDF 標準解答 ▶ P.38

OPEN 実践問題1

あなたは、鉄道会社の総務部に所属しており、ニュースリリースを発信する業務を行っています。ニュースリリースの文書を作成する際は、次のような点について意識するように、上司から指示されています。

- 社外に発信する文書の体裁になっているか
- 読み手にとって読みやすく、わかりやすい文書になっているか
- 画像を使って視覚的に訴求できているか

2　条件を確認する

問題文だけでは判断しにくい内容や、補足する内容を「条件」として記載しています。この条件に従って、操作をはじめましょう。
完成例と同じに仕上げる必要はありません。自分で最適と思える方法で操作してみましょう。

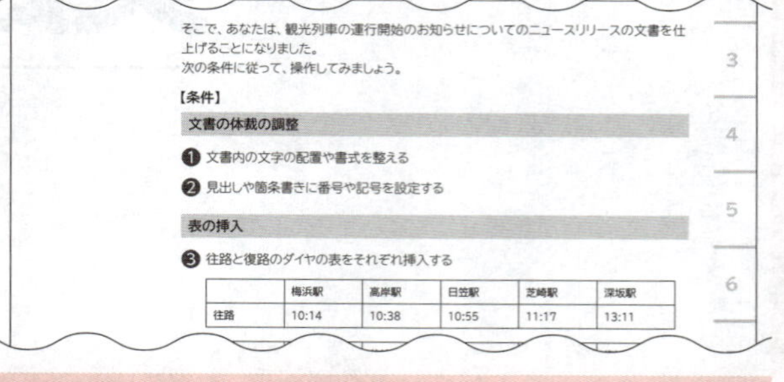

そこで、あなたは、観光列車の運行開始のお知らせについてのニュースリリースの文書を仕上げることになりました。
次の条件に従って、操作してみましょう。

【条件】

文書の体裁の調整

❶ 文書内の文字の配置や書式を整える
❷ 見出しや箇条書きに番号や記号を設定する

表の挿入

❸ 往路と復路のダイヤの表をそれぞれ挿入する

	梅浜駅	高岸駅	日笠駅	芝崎駅	深坂駅
往路	10:14	10:38	10:55	11:17	13:11

3　完成例・アドバイス・操作手順を確認する

最後に、標準解答で、完成例とアドバイスを確認しましょう。アドバイスには、完成例のとおりに作成する場合の効率的な操作方法や、操作するときに気を付けたい点などを記載しています。
自力で操作できなかった部分は、操作手順もしっかり確認しましょう。
※標準解答は、FOM出版のホームページで提供しています。P.5「5　学習ファイルと標準解答のご提供について」を参照してください。

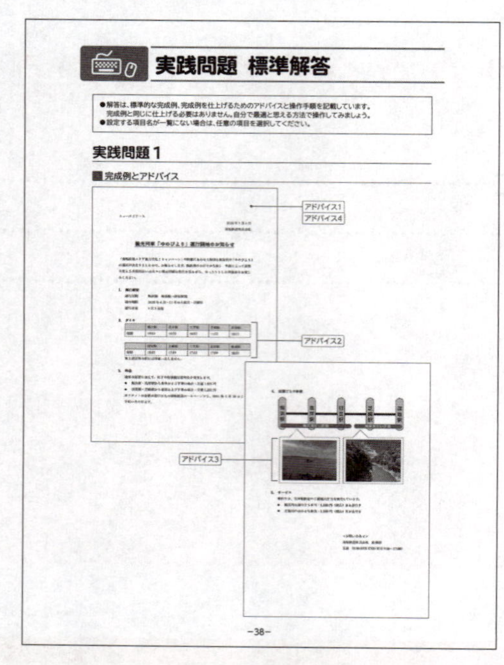

実践問題　標準解答

- 解答は、標準的な完成例、完成例を仕上げるためのアドバイスと操作手順を記載しています。
  完成例と同じに仕上げる必要はありません。自分で最適と思える方法で操作してみましょう。
- 設定する項目名が一覧にない場合は、任意の項目を選択してください。

実践問題1

■完成例とアドバイス

-38-

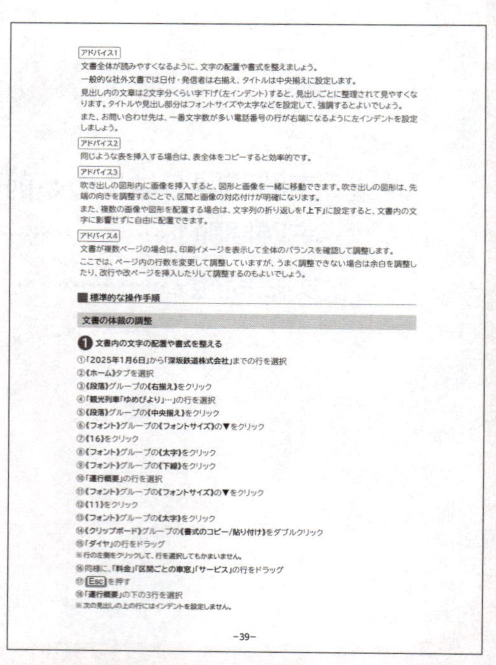

アドバイス1

文書全体が読みやすくなるように、文字の配置や書式を整えましょう。
一般的な社外文書では日付・発信者は右揃え、タイトルは中央揃えに設定します。
見出し内の文章は2文字分くらい字下げ(左インデント)すると、見出しごとに整理されて見やすくなります。タイトルや見出し部分はフォントサイズや太字などを設定して、強調するとよいでしょう。
また、お問い合わせ先は、一番文字数が多い電話番号の行が右端になるように左インデントを設定しましょう。

アドバイス2

同じような表を挿入する場合は、表全体をコピーすると効率的です。

アドバイス3

吹き出しの図形内に画像を挿入すると、図形と画像を一緒に移動できます。吹き出しの図形は、先端の向きを調整することで、区間と画像の対応付けが明確になります。
また、複数の画像や図形を配置する場合は、文字列の折り返しを「上下」に設定すると、文書内の文字に影響せずに自由に配置できます。

アドバイス4

文書が複数ページの場合は、印刷イメージを表示して全体のバランスを確認して調整します。
ここでは、ページ内の行数を変更して調整していますが、うまく調整できない場合は余白を調整したり、改行や改ページを挿入したりして調整するのもよいでしょう。

■標準的な操作手順

文書の体裁の調整

❶ 文書内の文字の配置や書式を整える

①「2025年1月6日」から「深坂鉄道株式会社」までの行を選択
②《ホーム》タブを選択
③《段落》グループの《右揃え》をクリック
④「観光列車「ゆめびより」…」の行を選択
⑤《段落》グループの《中央揃え》をクリック
⑥《フォント》グループの《フォントサイズ》の▼をクリック
⑦《16》をクリック
⑧《フォント》グループの《太字》をクリック
⑨《フォント》グループの《下線》をクリック
⑩「運行概要」の行を選択
⑪《フォント》グループの《フォントサイズ》の▼をクリック
⑫《11》をクリック
⑬《フォント》グループの《太字》をクリック
⑭《クリップボード》グループの《書式のコピー/貼り付け》をダブルクリック
⑮「ダイヤ」の行をドラッグ
※行の左側をクリックして、行を選択してもかまいません。
⑯同様に、「料金」「区間ごとの車窓」「サービス」の行をドラッグ
⑰ Esc を押す
⑱「運行概要」の下の3行を選択
※次の見出しの上の行にはインデントを設定しません。

-39-

実践問題1

PDF 標準解答 ▶ P.38

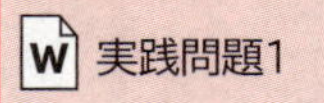
OPEN
実践問題1

あなたは、鉄道会社の総務部に所属しており、ニュースリリースを発信する業務を行っています。ニュースリリースの文書を作成する際は、次のような点について意識するように、上司から指示されています。

- 社外に発信する文書の体裁になっているか
- 読み手にとって読みやすく、わかりやすい文書になっているか
- 画像を使って視覚的に訴求できているか

そこで、あなたは、観光列車の運行開始のお知らせについてのニュースリリースの文書を仕上げることになりました。
次の条件に従って、操作してみましょう。

【条件】

文書の体裁の調整

❶ 文書内の文字の配置や書式を整える

❷ 見出しや箇条書きに番号や記号を設定する

表の挿入

❸ 往路と復路のダイヤの表をそれぞれ挿入する

	梅浜駅	高岸駅	日笠駅	芝崎駅	深坂駅
往路	10:14	10:38	10:55	11:17	13:11

	深坂駅	芝崎駅	日笠駅	高岸駅	梅浜駅
復路	15:25	17:19	17:42	17:59	18:23

画像と図形の挿入

❹ **「区間ごとの車窓」**の下に路線図の画像を挿入する
画像の場所：フォルダー**「実践問題」**

❺ 吹き出しの図形を作成し、図形内に区間のイメージ写真を挿入する
画像の場所：フォルダー**「実践問題」**

❻ 路線図とイメージ写真の吹き出しの配置を調整する

文書全体のレイアウトの調整

❼ 全体のバランスを確認して、ページ内の行数を変更する

※文書に「実践問題1完成」と名前を付けて、フォルダー「実践問題」に保存し、閉じておきましょう。

実践問題2

PDF 標準解答 ▶ P.43

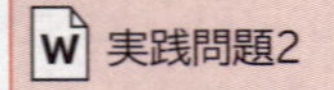

実践問題2

あなたは、総務部で社内企画を担当しており、社内コミュニケーション活性化企画として行われるeスポーツ大会の案内チラシを作成することになりました。
作成中のチラシを先輩に見せたところ、次のような意見をもらいました。

- **もう少し楽しい雰囲気を出して、『参加したい！』と思わせるようなデザインにしてはどうか**

そこで、あなたは、先輩の意見を取り入れながら、チラシをブラッシュアップすることにしました。
次の条件に従って、操作してみましょう。

【条件】

デザインの変更

❶ テーマの配色とフォントを変更する

❷ 文書の周りにページ罫線を設定する

ワードアートの挿入

❸ タイトルをワードアートに変更する

表とアイコンの挿入

❹ **「4.賞品」**の内容を表に変更する

HINT 列を分ける位置にタブを挿入しておくと、《挿入》タブ→《表》グループの《表の追加》→《文字列を表にする》を使って、文字を表に変換できます。

❺ 順位の列を強調する

❻ **「1位」**の前にアイコンを挿入する

PDFファイルの作成

❼ PDFファイルとして保存する
ファイル名：**「eスポーツ大会開催のご案内」**
保存場所　：フォルダー**「実践問題」**

※PDFファイルを閉じておきましょう。
※文書に「実践問題2完成」と名前を付けて、フォルダー「実践問題」に保存し、閉じておきましょう。

索 引

INDEX 索引

英字

あ

い

う

え

お

か

き

く

け

こ

さ

し

す

せ

そ

た

ち

て

と

な

に

は

ひ

ふ

へ

ほ

ローマ字・かな対応表

あ	あ	い	う	え	お
	A	I	U	E	O
	ぁ	ぃ	ぅ	ぇ	ぉ
	LA XA	LI XI	LU XU	LE XE	LO XO
か	か	き	く	け	こ
	KA	KI	KU	KE	KO
	きゃ	きぃ	きゅ	きぇ	きょ
	KYA	KYI	KYU	KYE	KYO
さ	さ	し	す	せ	そ
	SA	SI SHI	SU	SE	SO
	しゃ	しぃ	しゅ	しぇ	しょ
	SYA SHA	SYI	SYU SHU	SYE SHE	SYO SHO
た	た	ち	つ	て	と
	TA	TI CHI	TU TSU	TE	TO
			っ		
			LTU XTU		
	ちゃ	ちぃ	ちゅ	ちぇ	ちょ
	TYA CYA CHA	TYI CYI	TYU CYU CHU	TYE CYE CHE	TYO CYO CHO
	てゃ	てぃ	てゅ	てぇ	てょ
	THA	THI	THU	THE	THO
な	な	に	ぬ	ね	の
	NA	NI	NU	NE	NO
	にゃ	にぃ	にゅ	にぇ	にょ
	NYA	NYI	NYU	NYE	NYO
は	は	ひ	ふ	へ	ほ
	HA	HI	HU FU	HE	HO
	ひゃ	ひぃ	ひゅ	ひぇ	ひょ
	HYA	HYI	HYU	HYE	HYO
	ふぁ	ふぃ		ふぇ	ふぉ
	FA	FI		FE	FO
	ふゃ	ふぃ	ふゅ	ふぇ	ふょ
	FYA	FYI	FYU	FYE	FYO
ま	ま	み	む	め	も
	MA	MI	MU	ME	MO
	みゃ	みぃ	みゅ	みぇ	みょ
	MYA	MYI	MYU	MYE	MYO

や	や	い	ゆ	いぇ	よ
	YA	YI	YU	YE	YO
	ゃ		ゅ		ょ
	LYA XYA		LYU XYU		LYO XYO
ら	ら	り	る	れ	ろ
	RA	RI	RU	RE	RO
	りゃ	りぃ	りゅ	りぇ	りょ
	RYA	RYI	RYU	RYE	RYO
わ	わ	うぃ	う	うぇ	を
	WA	WI	WU	WE	WO
ん	ん				
	NN				
が	が	ぎ	ぐ	げ	ご
	GA	GI	GU	GE	GO
	ぎゃ	ぎぃ	ぎゅ	ぎぇ	ぎょ
	GYA	GYI	GYU	GYE	GYO
ざ	ざ	じ	ず	ぜ	ぞ
	ZA	ZI JI	ZU	ZE	ZO
	じゃ	じぃ	じゅ	じぇ	じょ
	JYA ZYA JA	JYI ZYI	JYU ZYU JU	JYE ZYE JE	JYO ZYO JO
だ	だ	ぢ	づ	で	ど
	DA	DI	DU	DE	DO
	ぢゃ	ぢぃ	ぢゅ	ぢぇ	ぢょ
	DYA	DYI	DYU	DYE	DYO
	でゃ	でぃ	でゅ	でぇ	でょ
	DHA	DHI	DHU	DHE	DHO
	どぁ	どぃ	どぅ	どぇ	どぉ
	DWA	DWI	DWU	DWE	DWO
ば	ば	び	ぶ	べ	ぼ
	BA	BI	BU	BE	BO
	びゃ	びぃ	びゅ	びぇ	びょ
	BYA	BYI	BYU	BYE	BYO
ぱ	ぱ	ぴ	ぷ	ぺ	ぽ
	PA	PI	PU	PE	PO
	ぴゃ	ぴぃ	ぴゅ	ぴぇ	ぴょ
	PYA	PYI	PYU	PYE	PYO
ヴ	ヴぁ	ヴぃ	ヴ	ヴぇ	ヴぉ
	VA	VI	VU	VE	VO
っ	後ろに「N」以外の子音を2つ続ける 例:だった→DATTA				
	単独で入力する場合 LTU　XTU				

おわりに

最後まで学習を進めていただき、ありがとうございました。Wordの学習はいかがでしたか？本書では、文字の入力にはじまり、あいさつ文の挿入、文字の書式設定、印刷、表、ページ罫線、ワードアート、画像、図形など、ビジネス文書や簡単なチラシなどの作成に役立つ機能をご紹介しました。
Wordを使うと、「こんなに効率よく文書が作成できるんだ」「ちょっと手を加えるだけでこんなに見栄えのする文書が作成できるんだ」など、学習の中に新しい発見があったら、うれしいです。
もし、難しいなと思った部分があったら、練習問題や総合問題を活用して、学習内容を振り返ってみてください。繰り返すことでより理解が深まります。さらに、実践問題に取り組めば、最適な操作や資料のまとめ方を自ら考えることで、すぐに実務に役立つ力が身に付くことでしょう。
また、本書での学習を終了された方には、「よくわかる」シリーズの次の書籍をおすすめします。
「よくわかる Word 2024応用」では、図形や写真を使ったデザイン性のあるチラシやポスターを作成する方法、スタイルを利用して見栄えのする長文に仕上げる方法、コメントや変更履歴などを使って文書を校閲する方法など、ビジネス文書だけでは終わらない、Wordの多彩な機能を習得できます。Let's Challenge!!

FOM出版

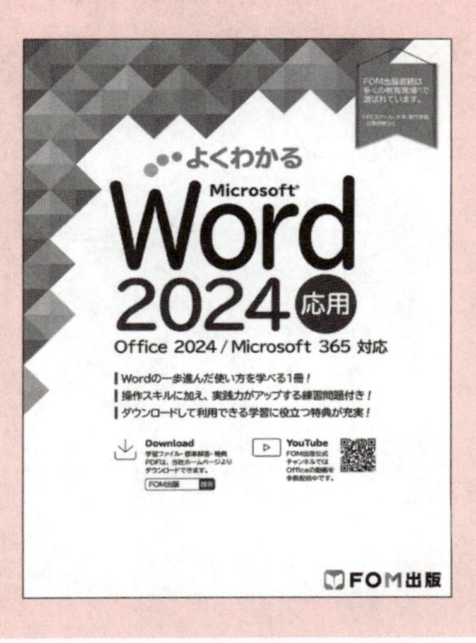

よくわかる
Microsoft® Word 2024 基礎
Office 2024／Microsoft 365 対応
(FPT2416)

2025年３月17日　初版発行

著作／制作：株式会社富士通ラーニングメディア

発行者：佐竹　秀彦

発行所：FOM出版（株式会社富士通ラーニングメディア）
〒212-0014 神奈川県川崎市幸区大宮町１番地５ JR川崎タワー
https://www.fom.fujitsu.com/goods/

印刷／製本：株式会社サンヨー

●本書に関するご質問は、ホームページまたはメールにてお寄せください。
<ホームページ>
上記ホームページ内の「FOM出版」から「QAサポート」にアクセスし、「QAフォームのご案内」からQAフォームを選択して、必要事項をご記入の上、送信してください。
<メール>
FOM-shuppan-QA@cs.jp.fujitsu.com
なお、次の点に関しては、あらかじめご了承ください。
・ご質問の内容によっては、回答に日数を要する場合があります。
・本書の範囲を超えるご質問にはお答えできません。　・電話やFAXによるご質問には一切応じておりません。
●本製品に起因してご使用者に直接または間接的損害が生じても、株式会社富士通ラーニングメディアはいかなる責任も負わないものとし、一切の賠償などは行わないものとします。
●本書に記載された内容などは、予告なく変更される場合があります。
●落丁・乱丁はお取り替えいたします。

ISBN978-4-86775-144-2